全国中等职业学校机械类专业行动导向教材

U0210491

钳工工艺与技能训练

（第二版）

人力资源社会保障部教材办公室组织编写

中国劳动社会保障出版社

简 介

本书主要内容包括钳工的基本知识，钳工常用测量器具，制作 U 形板，U 形板的孔加工，复合作业，制作圆弧和角度结合件，刮削长方体，刮削滑动轴承套，研磨长方体平面和内、外圆柱面，制作内卡钳，阀体的立体划线，CA6140 型卧式车床主轴的装配，减速器的装配，CA6140 型卧式车床主要传动机构的装配，CA6140 型卧式车床主要部件的结构与调整，CA6140 型卧式车床的总装配等。

本书由孙丽娟任主编，王文显任副主编，袁启玉、张玉福、高振雷、洪善慧、王鹏、林清大参加编写，李爱玲任主审。

图书在版编目（CIP）数据

钳工工艺与技能训练/人力资源社会保障部教材办公室组织编写. -- 2 版. -- 北京：中国劳动社会保障出版社，2022

全国中等职业学校机械类专业行动导向教材

ISBN 978-7-5167-5540-2

Ⅰ.①钳… Ⅱ.①人… Ⅲ.①钳工-工艺学-中等专业学校-教学参考资料 Ⅳ.①TG9

中国版本图书馆 CIP 数据核字（2022）第 204020 号

中国劳动社会保障出版社出版发行

（北京市惠新东街 1 号 邮政编码：100029）

*

三河市华骏印务包装有限公司印刷装订 新华书店经销

787 毫米×1092 毫米 16 开本 19.75 印张 467 千字
2022 年 12 月第 2 版 2022 年 12 月第 1 次印刷

定价：**39.00 元**

营销中心电话：400-606-6496

出版社网址：http://www.class.com.cn

http://jg.class.com.cn

前　　言

为了更好地适应全国中等职业学校机械类专业的教学要求，全面提升教学质量，人力资源社会保障部教材办公室组织有关学校的一线教师和行业、企业专家，在充分调研企业生产和学校教学情况、广泛听取教师对教材使用反馈意见的基础上，对全国中等职业学校机械类专业行动导向教材进行了修订。本次修订的教材包括《机械制图与技术测量（第二版）》《车工工艺与技能训练（第二版）》《钳工工艺与技能训练（第二版）》《铣工工艺与技能训练（第二版）》《焊工工艺与技能训练（第二版）》等。

本次教材修订工作的重点主要体现在以下几个方面：

第一，更新教材内容，体现时代发展。

根据机械类专业毕业生所从事岗位的实际需要和教学实际情况的变化，合理确定学生应具备的能力与知识结构，对部分教材内容及其深度、难度做了适当调整。

第二，反映技术发展，涵盖职业技能标准。

根据相关职业及专业领域的最新发展，在教材中充实新知识、新技术、新设备、新材料等方面的内容，体现教材的先进性。教材编写以国家职业技能标准《车工（2018年版）》《钳工（2020年版）》《铣工（2018年版）》《焊工（2018年版）》等为依据，涵盖国家职业技能标准（中级）的知识和技能要求。

第三，精心设计教材形式，激发学生学习兴趣。

在教材内容的呈现形式上，尽可能使用图片、实物照片和表格等形式将知识点生动地展示出来，力求让学生更直观地理解及掌握所学内容。针对不同的知识点，设计了许多贴近实际的互动栏目，在激发学生学习兴趣和自主学习积极性的同时，使教材"易教易学，易懂易用"。

第四，开发配套资源，提供教学服务。

本套教材配有习题册和方便教师上课使用的多媒体电子课件，可以通过技工教育网（http://jg.class.com.cn）下载。

本次教材的修订工作得到了河北、辽宁、江苏、山东等省人力资源和社会保障厅及有关学校的大力支持，在此我们表示诚挚的谢意。

人力资源社会保障部教材办公室

2022 年 11 月

目　　录

课题一　钳工的基本知识

◎ 学习目标

1. 明确钳工工作的意义、性质和任务。

2. 了解钳工常用设备及场地布置。

3. 明确钳工基本操作内容。

4. 掌握安全文明生产的基本要求。

想一想　　公路上奔驰的汽车、天上飞翔的飞机、工厂里的切削机床是如何制造出来的？

如图 1-1-1 所示的 CA6140 型卧式车床是由许多零件和部件组成的。它的制造要经过以下生产过程：毛坯制造→零件加工→部件装配→总装配。为了完成整个生产过程，就要经过铸造、锻造、焊接、热处理、车削、铣削、磨削等多种加工，最终装配成机器。因此，相应地产生了铸工、锻工、焊工、热处理工、车工、铣工、磨工、钳工等多个工种，其中钳工是起源较早、技术性较强的工种之一。

图 1-1-1　CA6140 型卧式车床

一、钳工的工作范围和特点

钳工是大多采用手工工具并经常在台虎钳上进行操作的一个工种，主要从事零件的加工、机器的装配与调试、设备的安装与维修、模具的制造与修理及机械加工中不方便或难以解决的工作。其特点是以手工操作为主、灵活性强、工作范围广、技术要求高。钳工是机械制造业中不可缺少的工种之一，其基本操作见表1-1-1。

表1-1-1 钳工的基本操作

序号	钳工基本操作	图示	简介
1	划线	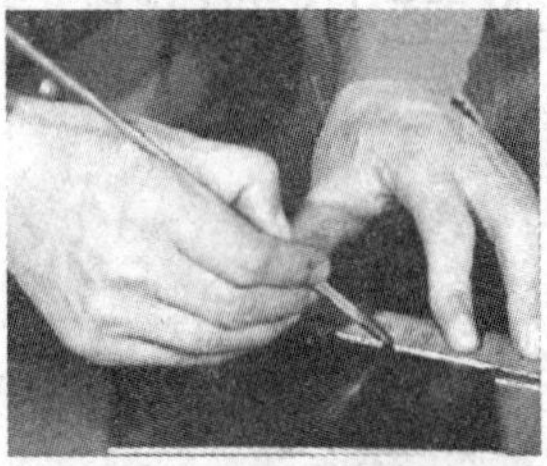	根据图样的尺寸要求，用划线工具在毛坯或半成品上划出待加工部位的轮廓线（或称加工界线）的一种操作方法
2	錾削		用锤子打击錾子对金属工件进行切削加工的方法
3	锯削		利用锯条锯断金属材料（或工件）或在工件上进行切槽的加工方法
4	锉削		用锉刀对工件表面进行切削加工，使它达到零件图样要求的形状、尺寸和表面粗糙度的加工方法
5	钻孔、扩孔和锪孔		用钻头在实体材料上加工孔称为钻孔。用扩孔工具扩大已加工出的孔称为扩孔。用锪钻在孔口表面锪出一定形状的孔或表面的加工方法称为锪孔
6	铰孔		用铰刀从工件孔壁上切除微量金属层，以提高孔的尺寸精度和表面质量的加工方法

序号	钳工基本操作	图示	简介
7	攻螺纹和套螺纹	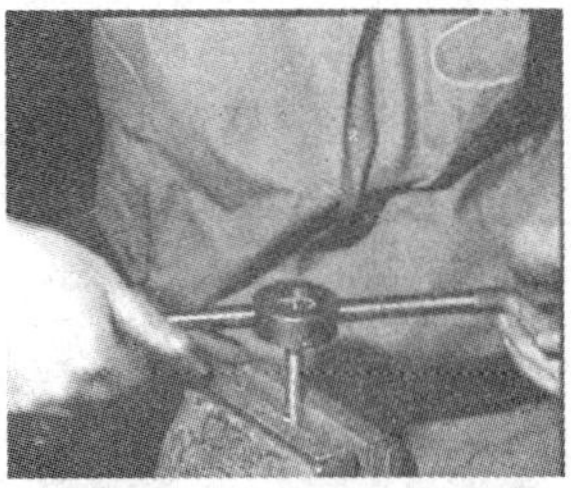	用丝锥在工件内圆柱面上加工出内螺纹称为攻螺纹。用圆板牙在圆柱杆上加工出外螺纹称为套螺纹
8	矫正和弯形		消除材料或工件弯曲、翘曲、凸凹不平等缺陷的加工方法称为矫正。将坯料弯成所需要形状的加工方法称为弯形
9	铆接和粘接	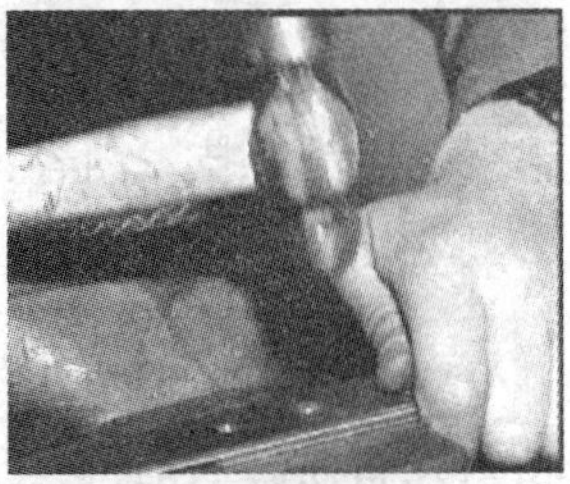	用铆钉将两个或两个以上工件组成不可拆卸的连接称为铆接。利用黏结剂把不同或相同的材料牢固地连接成一体的操作称为粘接
10	刮削		用刮刀在工件已加工表面刮去一层很薄的金属的操作称为刮削
11	研磨		用研磨工具和研磨剂从工件上研去一层极薄表面层的精加工方法称为研磨
12	装配（和调试）		将若干合格的零件按规定的技术要求组合成部件，或将若干个零件和部件组合成机器设备，并经过调整、试验等使之成为合格产品的工艺过程

序号	钳工基本操作	图示	简介
13	测量		用量具、量仪来检测工件或产品的尺寸、形状和位置是否符合图样技术要求的操作
14	简单的热处理		通过对工件的加热、保温和冷却，来改变金属或合金表面或内部的组织结构，以达到改变材料的力学、物理和化学性能的目的

二、钳工的分类

随着机械工业的飞速发展，钳工的工作范围越来越广泛，技术内容也越发丰富。于是产生了专业分工，目前，我国《国家职业标准》将钳工划分为装配钳工、机修钳工和工具钳工三大类。

1. 装配钳工

装配钳工主要从事零件的加工和机器设备的装配、调整等工作。

2. 机修钳工

机修钳工主要从事机器设备的安装、调试和维修等工作。

3. 工具钳工

工具钳工主要从事工具、夹具、量具、辅具、模具、刀具的制造和修理等工作。

尽管钳工的分工不同，但都应熟练掌握钳工的基础理论知识和基本操作技能，其内容包括划线、錾削、锯削、锉削、钻孔、扩孔、锪孔、铰孔、攻螺纹、套螺纹、矫正和弯形、铆接、刮削、研磨以及机器的装配与调试、设备维修和简单的热处理等。

三、钳工的工作场地

1. 钳工工作场地的常用设备

钳工的工作场地就是钳工组（或工段）固定的工作地点。在工作场地常用的设备主要有钳台、台虎钳、砂轮机、台式钻床、立式钻床等。

（1）钳台

钳台也称钳桌，有多种样式，如图 1-1-2 所示。钳台的高度一般以 800～900 mm 为宜，其长度和宽度可随工作需要而定。为保证钳台工作时的稳定性，钳台一般由钢和铸铁制成，也可以由质地坚硬的木材或复合板制成，台面上安装台虎钳、照明灯、挂板等。

（2）台虎钳

台虎钳是用来夹持工件的，如图 1-1-3 所示。其规格用钳口的宽度来表示，常用的有100 mm、125 mm 和 150 mm 等。

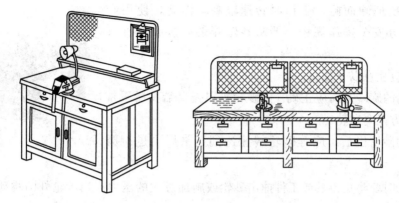

图 1-1-2 钳台

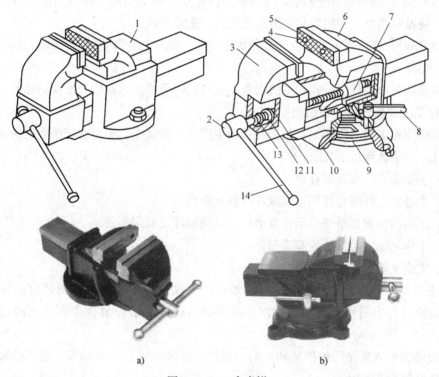

a)　　　　　　　b)

图 1-1-3 台虎钳

a）固定式　b）回转式

1—砧座　2—丝杆　3—活动钳身　4—螺钉　5—钳口　6—固定钳身　7—螺母　8—手柄

9—夹紧盘　10—转盘座　11—销　12—挡圈　13—弹簧　14—手柄

台虎钳有固定式（见图 1-1-3a）和回转式（见图 1-1-3b）两种。回转式台虎钳的整个钳身可以回转，能满足各种方位的加工需要，因此应用广泛。

（3）砂轮机

砂轮机主要用于刃磨錾子、钻头和刮刀等刀具或其他工具，也可用来磨去工件或材料上的毛刺、锐边、氧化皮等。砂轮机主要由砂轮、电动机和机体组成，如图 1-1-4 所示。

砂轮的质地硬而脆，工作时转速较高，因此，使用砂轮机时应遵守安全操作规程，严防砂轮碎裂或造成人身事故。

图 1-1-4 砂轮机

工作时应注意以下几点：

1）砂轮的旋转方向应正确（按砂轮机罩壳上箭头所示），使磨屑向下方飞离砂轮。

2）启动砂轮机后，应等砂轮转速达到正常后再进行磨削。

3）磨削时要防止刀具或工件撞击砂轮或施加过大的压力。当砂轮外圆跳动严重时，应及时修整。

4）砂轮机的搁架与砂轮间的距离一般应保持在 3 mm 以内，并且当砂轮因磨损而直径变小时，应及时调整，否则容易使磨削件轧入，造成事故。

5）磨削时，操作者不要站立在砂轮的正对面，而应站在砂轮的侧面或斜对面。

（4）钻床

钻床是用来对工件进行孔加工的设备，有台式钻床、立式钻床和摇臂钻床等。

2. 钳工工作场地的合理组织

合理组织钳工的工作场地，是提高劳动生产率，保证工作质量和安全生产的一项重要措施。为此，必须做到以下几点：

（1）主要设备的布置要合理。

（2）毛坯和工件要有规则地存放，尽量放在搁架上。

（3）工具的摆放要整齐，不任意堆放，以防损坏或取用不便。

（4）工作场地应经常清理和清扫。

四、安全文明生产的基本要求

1. 主要设备的布置要合理、适当，如钳台要放在便于工作和光线适宜的位置；两对面使用的钳台，中间要装安全防护网；钻床和砂轮机一般应放在工作场地的边沿，以保证安全。

2. 要经常检查所使用的机床和工具，如钻床、砂轮机、手电钻等，发现故障应及时报修，在修复前不得使用。

3. 使用电动工具时，要有绝缘防护和安全接地措施。在钳台上进行錾削时，要有防护网。清除切屑要用刷子，不得直接用手或棉纱清除，也不可用嘴吹。

4. 毛坯和已加工的零件应放在规定位置，排列要整齐、平稳，保证安全，便于取放，并避免碰伤已加工过的工件表面。

5. 工具、量具安放的要求

（1）在钳台上工作时，工具、量具应按次序排列整齐，常用的工具、量具要放在工作位置附近，且不能超出钳台边缘，防止活动钳身上的手柄旋转时与工具、量具等发生碰撞出现事故。

（2）量具不能与工具或工件混放在一起，应放在量具盒内或专用的搁架上。精密量具要轻放，使用前要检验它的精确度，并定期检修。

（3）工具要整齐地安放在工具箱内，并有固定位置，不得任意堆放，以防损坏和取用不便。

（4）量具使用完毕应擦干净，并在工作面上涂油防锈。

6.工作场地应经常清理和清扫。工作完毕，所有用过的设备和工具都要按要求进行清理和涂油，工作场地要清扫干净，切屑、余料、垃圾等要倒在指定地点。

课题二 钳工常用测量器具

◎ 学习目标

1. 认识钳工常用测量器具。
2. 能正确使用钳工常用测量器具并进行测量。

◎ 课题描述

可单独或与其他装置一起，用以确定几何量值的器具称为几何量测量器具（简称"测量器具"）。为了保证零件和产品的质量，必须用测量器具对其进行测量。几何量测量器具的种类很多，根据其特点和用途可分为长度测量器具、角度测量器具、几何误差测量器具、表面结构质量测量器具、齿轮测量器具、螺纹测量器具以及其他测量器具等多种类型。本课题主要介绍钳工常用的长度、角度及几何误差测量器具。

◎ 材料准备

实习件名称	规格	材料来源	件数
游标卡尺	0～150 mm	购买	1
外径千分尺	0～25 mm，25～50 mm，50～75 mm 等	购买	各1
光滑极限量规		购买	1
塞尺		购买	1
量块		购买	1
百分表		购买	1

§2-1 长度测量器具

◎ 学习目标

1. 认识游标卡尺、外径千分尺、光滑极限量规、塞尺、量块、百分表。
2. 能正确使用游标卡尺、外径千分尺、光滑极限量规、塞尺、量块、百分表等进行测量。

◎ 工作任务

学习并掌握游标卡尺、外径千分尺、光滑极限量规、塞尺、量块、百分表等的原理及使用方法。

◎ 相关知识

用于在平面内测量长度量的测量器具称为长度测量器具。它包含卡尺类、千分尺类、指示表类以及实物量具类等若干类。钳工常用的长度测量器具有游标卡尺、外径千分尺、光滑极限量规、塞尺、量块、百分表等。

◎ 任务实施

一、游标卡尺

卡尺是一种中等精度的量具，有游标卡尺、数显卡尺、带表卡尺、游标深度卡尺、游标高度卡尺等多种类型，可以直接测量出工件的内径、外径、长度、宽度、深度等。

1. 游标卡尺的类型及结构

游标卡尺可分为三用游标卡尺、双面量爪游标卡尺和单面量爪游标卡尺三种类型，其中三用游标卡尺和单面量爪游标卡尺又分为带台阶测量面和不带台阶测量面两种形式。其主要结构如图 2-1-1 所示。

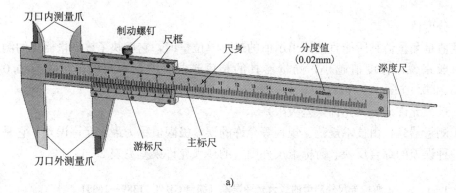

a)

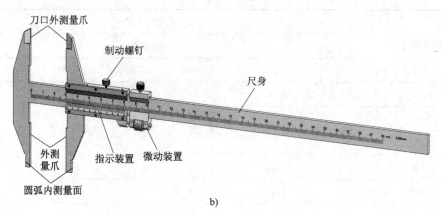

b)

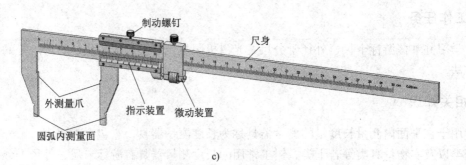

图 2-1-1　游标卡尺主要结构

a) 三用游标卡尺　b) 双面量爪游标卡尺　c) 单面量爪游标卡尺

2. 游标卡尺的基本参数

（1）标尺间距

标尺间距是指沿着标尺长度的同一条线测得的两相邻标尺标记之间的距离。游标卡尺尺身上的标尺间距为 1 mm。

（2）测量范围

测量范围是指测量器具的误差在规定极限内的一组被测量的值（被测量值的下限值至上限值的范围）。钳工常用的游标卡尺的测量范围有 0～150 mm、0～200 mm、0～300 mm 等几种。

（3）分度值

分度值是测量器具所能直接读出示值的最小单位量值，它反映了该测量器具的测量精度高低。一般来说，分度值越小，测量器具的精度越高。游标卡尺的分度值有 0.02 mm、0.05 mm 和 0.10 mm 三种。

（4）最大允许误差（允许误差极限）

对于测量器具，由技术规范、规程等允许的误差极限值称为最大允许误差。它是测量器具本身各种误差的综合反映。游标卡尺外测量的最大允许误差见表 2-1-1。

表 2-1-1　　游标卡尺外测量的最大允许误差（摘自 GB/T 21389—2008）　　　　mm

测量范围上限	最大允许误差		
	分度值		
	0.02	0.05	0.10
70	±0.02	±0.05	±0.10
150	±0.03		
200			
300	±0.04	±0.06	
500	±0.05	±0.07	
1 000	±0.07	±0.10	±0.15

3. 游标卡尺的标记原理与示值读取方法

钳工常用游标卡尺的分度值有 0.02 mm、0.05 mm 两种，如图 2 - 1 - 2 所示。

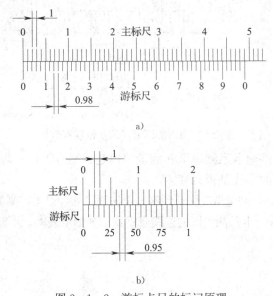

图 2 - 1 - 2 游标卡尺的标记原理
a) 分度值为 0.02 mm 的游标卡尺   b) 分度值为 0.05 mm 的游标卡尺

（1）标记原理

1）分度值为 0.02 mm 的游标卡尺。尺身上主标尺间距（每小格长度）为 1 mm，当两测量爪合并时，游标尺上的 50 格刚好与主标尺上的 49 mm 对正，则游标尺间距（每小格长度）为 49 mm/50＝0.98 mm，主标尺间距与游标尺间距相差 1 mm－0.98 mm＝0.02 mm，即 0.02 mm 就是该游标卡尺的分度值（最小读数值）。

2）分度值为 0.05 mm 的游标卡尺。尺身上主标尺间距（每小格长度）为 1 mm，当两测量爪合并时，游标尺上的 20 格刚好与主标尺上的 19 mm 对正。主标尺与游标尺每格之差为：（20 mm－19 mm）/20＝0.05 mm，此差值即为游标卡尺的分度值。还有一种分度值为 0.05 mm 的游标卡尺，是游标尺上的 20 格刚好与主标尺上的 39 mm 对正，则游标尺间距（每小格长度）＝39 mm/20＝1.95 mm，主标尺两格与游标尺一格相差 0.05 mm，这种放大刻度的游标卡尺线条清晰，容易看准。

（2）示值读取方法

游标卡尺是以游标零线为基准进行读数的，其读数步骤为：

1）读整数。在主标尺上读出位于游标尺零线左边最接近的整数值。

2）读小数。用游标尺上与主标尺刻线对齐的刻线格数乘以游标卡尺的分度值，读出小数部分。

3）求和。将两项读数值相加，即为被测尺寸数值，如图 2 - 1 - 3 所示。

4. 使用游标卡尺的注意事项

（1）游标卡尺适用于 IT10～IT16 尺寸的测量和检验，应按工件的尺寸及精度要求合理选用。

（2）不能用游标卡尺测量铸、锻件毛坯尺寸，也不能用游标卡尺去测量精度要求过高的工件。

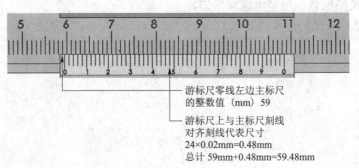

游标尺零线左边主标尺
的整数值（mm）59

游标尺上与主标尺刻线
对齐刻线代表尺寸
24×0.02mm=0.48mm
总计 59mm+0.48mm=59.48mm

图 2-1-3 游标卡尺的示值读取方法

（3）使用前要检查游标卡尺测量爪和测量刃口是否平直无损；两测量爪贴合时有无漏光现象，主标尺和游标尺的零线是否对齐。

（4）测量外尺寸时，外测量爪应张开到略大于被测尺寸，以固定测量爪贴住工件，用轻微推力把活动测量爪推向工件，卡尺测量面的连线应垂直于被测量表面，不能偏斜，如图 2-1-4 所示。

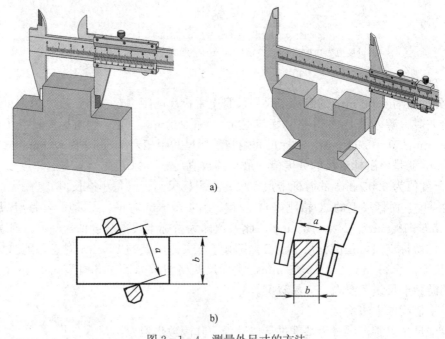

a)

b)

图 2-1-4 测量外尺寸的方法
a）正确 b）错误

（5）测量内尺寸时，内测量爪开度应略小于被测尺寸。测量时，两内测量爪测量位置要正确，不得倾斜，如图 2-1-5 所示。

（6）测量孔深等深度尺寸时，应使深度尺的测量面紧贴孔底，游标卡尺的端面与被测件的表面接触，且深度尺要垂直，不可前后左右倾斜，如图 2-1-6 所示。

（7）读数时，游标卡尺应置于水平位置，视线垂直于刻线表面，避免视线歪斜造成示值读取误差。

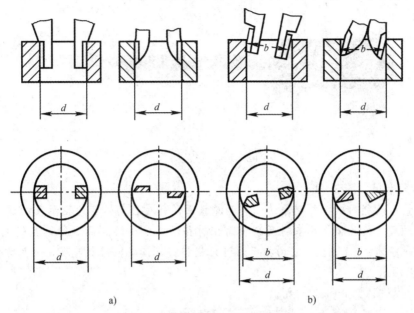

图 2-1-5　测量内尺寸的方法

a) 正确　b) 错误

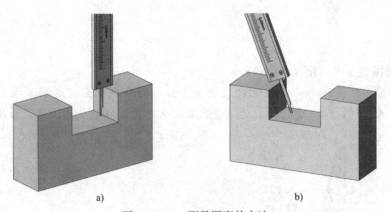

图 2-1-6　测量深度的方法

a) 正确　b) 错误

知识链接

1. 数显卡尺 (图 2-1-7)

数显卡尺是利用电子测量、数字显示原理，对两测量面相对移动分隔的距离进行读数的测量器具。此类卡尺用分辨力（一般为 0.01 mm）来代替分度值，其特点是读数直观准确，使用方便。当数显卡尺测得某一尺寸时，数字显示部分就清晰地显示出测量结果。使用米制英制转换键，可用米制和英制两种长度单位分别进行测量。

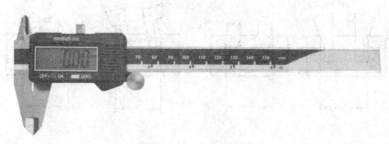

图 2-1-7 数显卡尺

2. 带表卡尺 (图 2-1-8)

带表卡尺是利用机械传动系统，将两测量面的相对移动转变为指示表指针的回转运动，并借助尺身标尺和指示表对两测量面相对移动所分隔的距离进行读数的测量器具。其分度值一般为 0.01 mm，它由指示表标记代替游标读数，读数直观，使用方便。

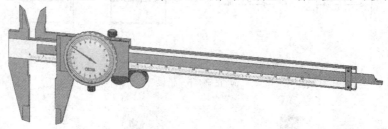

图 2-1-8 带表卡尺

3. 游标深度卡尺 (图 2-1-9)

游标深度卡尺是利用游标原理对尺框测量面和尺身测量面（或测量爪的深度测量面）相对移动分隔的距离进行读数的测量器具，主要用来测量孔的深度、台阶的高度和沟槽深度。

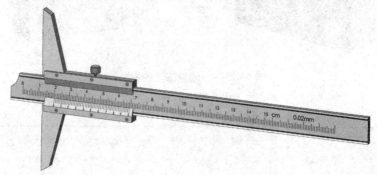

图 2-1-9 游标深度卡尺

4. 游标高度卡尺 (图 2-1-10)

游标高度卡尺是利用游标原理对尺框上的划线量爪或测量头工作面与底座工作面相对移动分隔的距离进行读数的测量器具，主要用来测量零件的高度和进行划线。

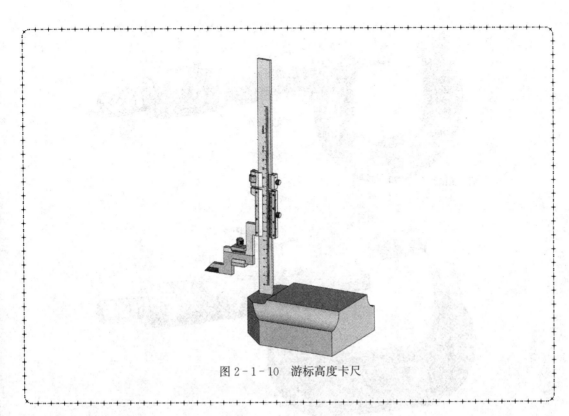

图 2-1-10　游标高度卡尺

二、外径千分尺

利用螺旋副把测微螺杆的旋转角度转换成测微螺杆的轴向位移，对尺架上两测量面间分隔的距离进行读数的外尺寸测量器具称为外径千分尺。

外径千分尺是一种精密量具，其测量精度比游标卡尺高，应用广泛。

1. 外径千分尺的结构

图 2-1-11 所示为外径千分尺的结构，它由尺架、测砧、测微螺杆、固定套管、微分筒、测力装置和锁紧装置等组成。外径千分尺应附有调零位的工具，测量范围下限大于或等于 25 mm 的外径千分尺应附有校对量杆，尺架上应安装有隔热装置。

2. 外径千分尺的标记原理与示值读取方法

外径千分尺的分度值有 0.01 mm、0.001 mm 和 0.002 mm 几种，其中分度值为 0.01 mm 的外径千分尺的标记原理如下：

如图 2-1-12 所示，固定套管上的标记为主标尺，在基准线两侧有两排标记，标有数字的一排间距为 1 mm，另一排为每毫米标记的中分线，即上、下两相邻标记的间距为 0.5 mm；微分筒圆锥面上的标记为副标尺，在圆周上有 50 个等分标记。由于外径千分尺测微螺杆的螺距为 0.5 mm，因此，当微分筒（与测微螺杆相连接）旋转 1 周时，测微螺杆轴向移动 0.5 mm。若微分筒旋转 1/50 周（转过 1 格）时，则测微螺杆的轴向移动距离为 0.5 mm÷50＝0.01 mm。

由此可知，该外径千分尺的分度值为 0.01 mm。

外径千分尺的示值读取方法为：

（1）在固定套管上读出与微分筒相邻近的标记数值。

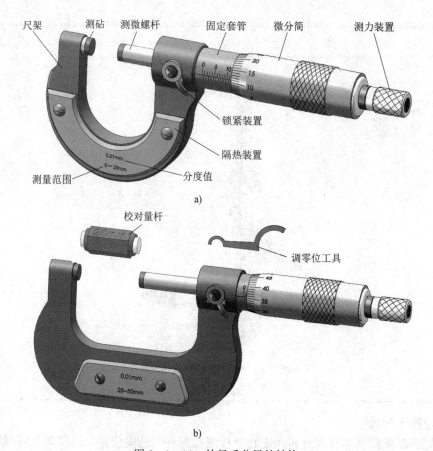

图 2-1-11 外径千分尺的结构

a）测量范围 0～25 mm   b）测量范围 25～50 mm

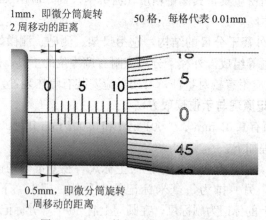

图 2-1-12 外径千分尺的标记原理

　　（2）用微分筒上与固定套管的基准线对齐的标记格数乘以外径千分尺的分度值（0.01 mm），读出不足 0.5 mm 的数值。

　　（3）将两项读数相加，即为被测尺寸的数值，如图 2-1-13 所示。

3. 外径千分尺的测量范围

　　外径千分尺的测量范围是指被测量值的下限值至上限值的范围，常用的有 0～25 mm、

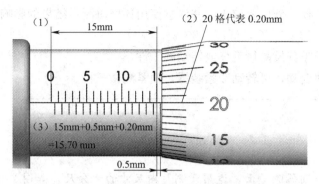

图 2-1-13 外径千分尺的示值读取方法

$25 \sim 50$ mm、$50 \sim 75$ mm、$75 \sim 100$ mm、$100 \sim 125$ mm、$125 \sim 150$ mm 等几种。

4. 使用外径千分尺的注意事项

（1）外径千分尺适用于 IT6～IT16 尺寸的测量和检验，应按工件的尺寸及精度要求正确合理地选用外径千分尺。

（2）外径千分尺的测量面应保持干净，使用前应校零。如图 2-1-14 所示。

（3）测量时，先转动微分筒，当测量面接近工件时，改用测力装置，直到测力装置发出吱吱声为止。

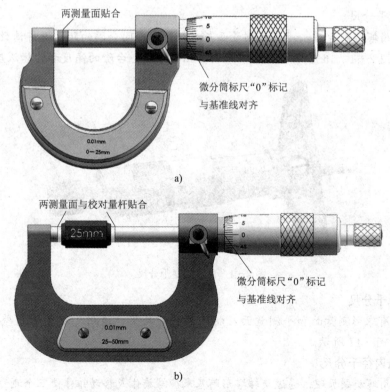

图 2-1-14 外径千分尺校零

a）测量范围 0～25 mm　b）测量范围 25～50 mm

（4）测量时，外径千分尺要放正，并注意使用环境对测量结果的影响。外径千分尺的使用环境要求为温度（22±5）℃，湿度≤80%。

（5）不能用外径千分尺测量毛坯或转动的工件。

（6）为防止尺寸变动，可转动锁紧装置，锁紧测微螺杆。

知识链接

1. 内测千分尺

它是具有两个圆弧测量面，适用于测量内尺寸的千分尺，如图2-1-15所示，用来测量内径及槽宽等尺寸。其刻线方向与外径千分尺的刻线方向相反。

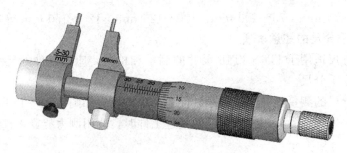

图2-1-15　内测千分尺

2. 深度千分尺

它是利用螺旋副原理，对底板测量面与测杆测量面间分隔的距离进行读数的深度测量器具。如图2-1-16所示，主要用来测量孔的深度、台阶的高度和沟槽深度。

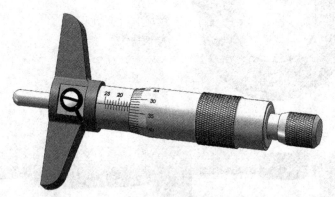

图2-1-16　深度千分尺

3. 壁厚千分尺

它是具有球形测量面和平测量面及特殊形状的尺架，适用于测量管材壁厚的千分尺，如图2-1-17所示。

4. 三爪内径千分尺

它是利用螺旋副原理，通过旋转塔形阿基米德螺旋体或移动锥体使三个测量爪做径向位移，使其与被测量内孔接触，对内孔尺寸进行读数的内径千分尺，如图2-1-18所示。

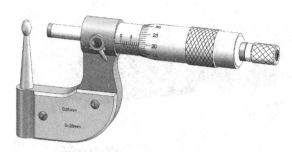

图 2-1-17　壁厚千分尺

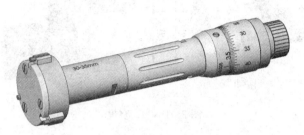

图 2-1-18　三爪内径千分尺

5. 可换测砧千分尺

千分尺的测砧可以根据测量尺寸的不同进行更换，以适应不同长度的尺寸测量。可换测砧千分尺如图 2-1-19 所示。

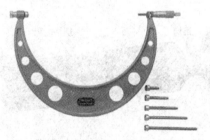

图 2-1-19　可换测砧千分尺

三、实物量具

前面介绍的长度测量器具，如游标卡尺等，它们的特点是可以直接读出被测零件的尺寸数值。此外，还存在一类长度测量器具，它们是以固定形态复现或提供给定量的一个或多个已知量值的器具，称为实物量具（简称"量具"）。如光滑极限量规（塞规、卡规等）、塞尺和量块等。

1. 塞规

塞规是指用于孔径检验的光滑极限量规（具有以孔径或轴径的上极限尺寸和下极限尺寸为标准测量面，能以包容原则反映被检孔或轴边界条件的实物量具），其测量面为外圆柱面。其中，圆柱直径具有被检孔径下极限尺寸的一端为通规，具有被检孔径上极限尺寸的一端为止规。如图 2-1-20 所示。

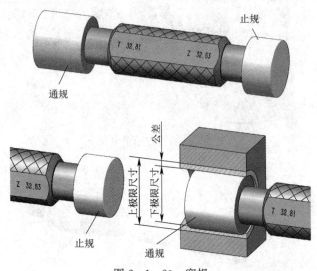

图 2-1-20　塞规

塞规是一种专用测量器具，它不能读出被测零件的实际尺寸数值，但是能判断被测零件的尺寸是否合格。当用塞规检验工件时，如果通规能通过，止规不能通过，就说明这个零件尺寸是合格的。否则，为不合格。塞规有多种型式和规格，其中钳工常用来检验铰孔精度的锥柄圆柱塞规（利用 1∶50 的锥度将通规和止规测头安装在手柄上）如图 2-1-21 所示。

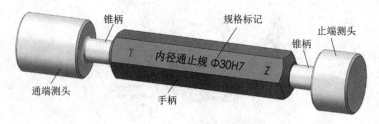

图 2-1-21　锥柄圆柱塞规

2. 卡规

卡规是用于轴径检验的光滑极限量规，其测量面为两对称的平面。两测量面间距具有被检轴径上极限尺寸的为通规，具有被检轴径下极限尺寸的为止规。卡规有两端使用和一端使用两种形式，如图 2-1-22 所示。

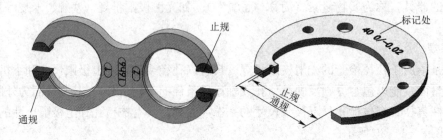

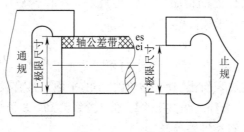

图 2-1-22 卡规

用卡规检验轴类工件时，如果通规能通过且止规不能通过，说明该工件的尺寸在允许的公差范围内，是合格的。否则，就不合格。卡规的特点是检验效率高，在成批大量生产中应用广泛。

3. 塞尺

塞尺是具有准确厚度尺寸的单片或成组的薄片，用于检验间隙的实物量具。它有两个平行的测量平面，每套塞尺由若干片组成，如图 2-1-23 所示。测量时，用塞尺片直接塞入间隙，若一片或数片能塞进两贴合面之间，则一片或数片的厚度（可由每片上的标记值读出）即为两贴合面的间隙值。

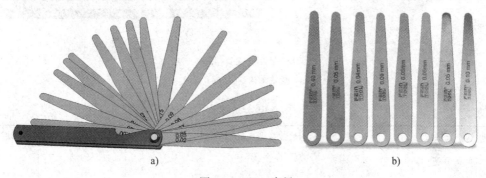

图 2-1-23 塞尺

a）成组塞尺　b）单片塞尺

图 2-1-24 所示为用塞尺配合直角尺检测工件垂直度的情况。

塞尺可单片使用，也可多片叠起来使用，在满足所需尺寸的前提下，片数应越少越好。塞尺容易弯曲和折断，测量时不能用力太大，塞入间隙以稍感拖滞为宜，塞尺不能用于测量温度较高的工件，用完后要擦拭干净，及时合到夹板中。

4. 量块

量块是具有一对相互平行测量面，且两平面间具有准确尺寸，其横截面为矩形的实物量具。量块是机械制造业中长度尺寸的标准，它

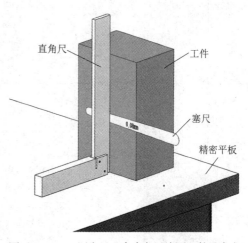

图 2-1-24 用塞尺配合直角尺检测工件垂直度

可以用于测量器具和测量仪器的检验校验、精密划线和精密机床的调整，附件与量块并用时，还可以测量某些精度要求较高的工件尺寸。

（1）量块的结构

如图 2-1-25a 所示，量块有两个工作面和四个非工作面，工作面（即测量面）是一对相互平行而且平面度误差及表面粗糙度 Ra 值极小的平面，具有较好的研合性，其精度等级分为 K 级、0 级、1 级、2 级和 3 级共五个级别（K 级最高，3 级最低）。量块按材质分为钢制量块、硬质合金量块和陶瓷量块等。

（2）量块的应用

量块一般成套使用，装在特制的木盒中，如图 2-1-25b 所示。常用成套量块的尺寸系列和块数见表 2-1-2。

a)   b)

图 2-1-25 量块
a）量块结构 b）成套量块

表 2-1-2   成套量块

套别	总块数	尺寸系列/mm	间隔/mm	块数
1	91	0.5	—	1
		1	—	1
		1.001, 1.002, …, 1.009	0.001	9
		1.01, 1.02, …, 1.49	0.01	49
		1.5, 1.6, …, 1.9	0.1	5
		2.0, 2.5, …, 9.5	0.5	16
		10, 20, …, 100	10	10
2	83	0.5	—	1
		1	—	1
		1.005	—	1
		1.01, 1.02, …, 1.49	0.01	49
		1.5, 1.6, …, 1.9	0.1	5
		2.0, 2.5, …, 9.5	0.5	16
		10, 20, …, 100	10	10

套别	总块数	尺寸系列/mm	间隔/mm	块数
3	46	1	—	1
		1.001，1.002，…，1.009	0.001	9
		1.01，1.02，…，1.09	0.01	9
		1.1，1.2，…，1.9	0.1	9
		2，3，…，9	1	8
		10，20，…，100	10	10
4	38	1	—	1
		1.005	—	1
		1.01，1.02，…，1.09	0.01	9
		1.1，1.2，…，1.9	0.1	9
		2，3，…，9	1	8
		10，20，…，100	10	10

把不同标称尺寸的量块进行组合可得到所需要的尺寸。为了工作方便，减少累积误差，选用量块时，应尽可能选用最少的块数，一般情况下块数不超过 5 块。计算时，应根据所需组合的尺寸，从最后一位数字开始选择，每选一块，应使尺寸数字的位数减少一位，以此类推，直至组合成完整的尺寸。例如，所要组合的尺寸为 38.935 mm，从 83 块一套的盒中选取：

$$
\begin{array}{ll}
38.935 & \text{组合尺寸} \\
-1.005 & \text{第一块量块尺寸} \\
\hline
37.93 & \\
-1.43 & \text{第二块量块尺寸} \\
\hline
36.5 & \\
-6.5 & \text{第三块量块尺寸} \\
\hline
30 & \text{第四块量块尺寸}
\end{array}
$$

即选用 1.005 mm、1.43 mm、6.5 mm、30 mm 量块共四块。

操作提示

使用量块时的注意事项：

1. 量块属精密量具，应轻拿轻放，在桌上放置量块时只允许非工作表面与桌面接触。

2. 测量时应注意灰尘和温度对测量精度的影响。

3. 用后的量块应及时擦净，涂上凡士林油或防锈油后放入盒中。

4. 为了保持量块的精度，一般不允许用量块直接测量工件。

四、百分表

利用机械传动系统将测杆的直线位移转变为指针在度盘上的角位移，并由度盘进行读数的测量器具称为指示表。其中，分度值为 0.1 mm 的称为十分表，分度值为 0.01 mm 的称为百分表，分度值为 0.001 mm、0.002 mm 的称为千分表，钳工常用的是分度值为 0.01 mm 的百分表。

百分表主要用来测量工件的尺寸和几何误差，也可用于检验机床的几何精度或调整工件的装夹位置偏差等。

1. 百分表的结构

百分表的结构如图 2-1-26 所示，主要由测头、测杆、大小齿轮、指针、度盘、表圈等组成。

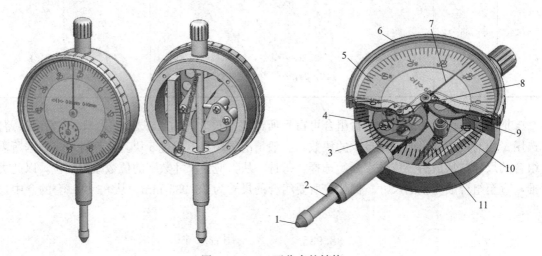

图 2-1-26　百分表的结构

1—测头　2—测杆　3—小齿轮（$z=16$）　4、9—大齿轮（$z=100$）
5—度盘　6—表圈　7—长指针　8—转数指针　10—小齿轮（$z=10$）　11—拉簧

2. 百分表的标记原理与示值读取方法

百分表测杆上的齿距是 0.625 mm。当测杆上升 16 齿时（即上升 0.625 mm×16＝10 mm），16 齿的小齿轮正好转 1 周，与其同轴的大齿轮（$z=100$）也转 1 周，从而带动齿数为 10 的小齿轮和指针转 10 周。即当测杆移动 1 mm 时，长指针转 1 周。由于度盘上共等分 100 格，长指针每转 1 格，表示测杆移动 0.01 mm。所以百分表的分度值为 0.01 mm。

测量时，测杆被推向轴套内，测杆移动的距离等于转数指针的读数（测出的整数部分）加上长指针的读数（测出的小数部分）。

3. 百分表的测量范围和精度

钳工常用百分表的测量范围一般有 0~3 mm、0~5 mm 和 0~10 mm 等几种规格，使用时测杆的移动不能超过其上限值，不允许使用百分表测量过于粗糙的工件，通常可用来测量和检验 IT6~IT12 精度工件。

4. 使用百分表的注意事项

（1）使用百分表时应安装在专用表架或磁性表架上。

（2）百分表装在表架上后，一般可转动度盘，使指针处于零位。

（3）测量平面或圆柱形工件时，百分表的测头应与平面垂直或与圆柱形工件轴线垂直，否则百分表测杆移动不灵活，测量结果不准确。

（4）测量时测杆的升降范围不宜过大，以减少由于存在间隙而产生的误差。

知识链接

1. 内径百分表

利用机械传动系统，将活动测头的直线位移转变为指针在度盘上的角位移，并由度盘进行读数的内尺寸测量器具称为内径指示表。其中，分度值为 0.01 mm 的称为内径百分表。它可用来测量孔径和孔的形状误差，对于测量深孔极为方便。

内径百分表的外形与结构如图 2-1-27 所示。测量时，测头通过摆块使杆上移，推动百分表指针转动而指出读数。测量完毕，在弹簧力的作用下，测头自动回位。

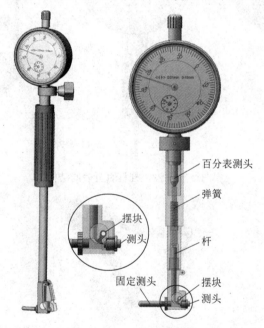

百分表测头
弹簧
杆
摆块
测头
固定测头
摆块
测头

图 2-1-27　内径百分表

通过更换固定测头可改变百分表的测量范围。内径百分表的示值误差较大，一般为 ±0.015 mm。因此，在每次测量前都必须用外径千分尺进行校对。

2. 杠杆百分表

利用机械传动系统，将杠杆测头的摆动位移转变为指针在度盘上的角位移，并由度盘上的标尺进行读数的测量器具称为杠杆指示表。其中，分度值为 0.01 mm 的称为杠杆百分表，测量范围有 0～0.8 mm 和 0～1.6 mm 两种规格。杠杆百分表常用于在机床上校正工件的安装位置或用在普通百分表无法使用的场合。其结构如图 2-1-28 所示。

杠杆百分表在使用时，应安装在相应的表架或专用的夹具上，如图 2-1-29 所示。

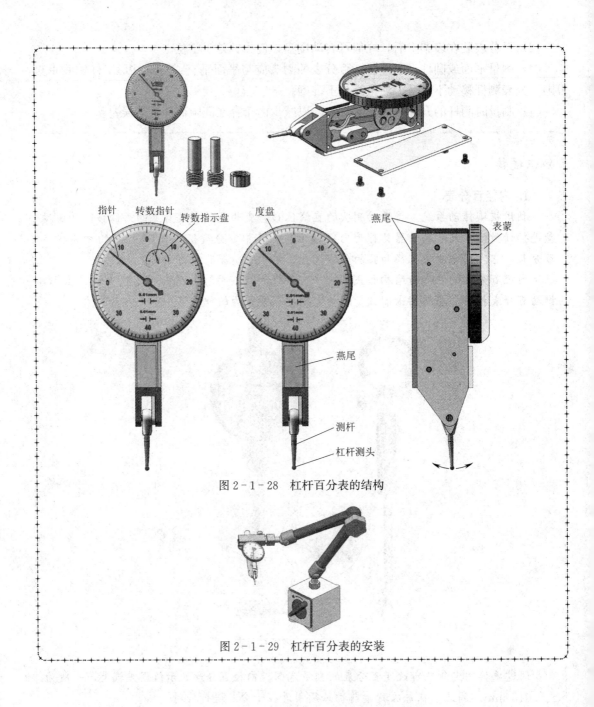

指针　转数指针　转数指示盘　度盘　　　　　　燕尾　　表蒙

0.01mm
0.01mm

燕尾

测杆

杠杆测头

图 2-1-28　杠杆百分表的结构

图 2-1-29　杠杆百分表的安装

§2-2　角度测量器具

◎ 学习目标

1. 熟悉并掌握角度测量器具的读数和工作原理。

2. 能正确使用角度测量器具并进行测量。

◎ 工作任务

学习并掌握直角尺、游标万能角度尺、正弦规等的使用方法。

◎ 相关知识

用于在平面内测量角度量的测量器具称为角度测量器具。钳工常用的角度测量器具有直角尺、游标万能角度尺、正弦规等。

◎ 任务实施

一、直角尺

测量面和基面相互垂直，用于检验直角、垂直度和平行度误差的测量器具称为直角尺。它具有结构简单、使用方便、制造精度高、稳定性好等特点。钳工常用的有刀口形直角尺、平面形直角尺和宽座直角尺等。

1. 刀口形直角尺

刀口形直角尺是指两测量面为刀口形的直角尺，有平面刀口形直角尺与宽座刀口形直角尺两种，如图 2-2-1 所示。常用刀口形直角尺的基本参数见表 2-2-1。

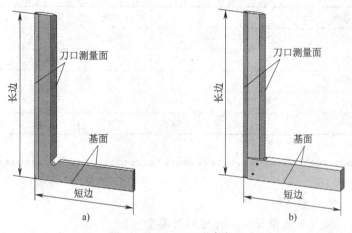

图 2-2-1　刀口形直角尺

a) 平面刀口形直角尺　b) 宽座刀口形直角尺

表 2-2-1　　　常用刀口形直角尺基本参数（摘自 GB/T 6092—2021）　　　　　mm

平面刀口形直角尺	精度等级	0 级、1 级						
	长边	50	63	80	100	125	160	200
	短边	32	40	50	63	80	100	125
宽座刀口形直角尺	精度等级	0 级、1 级						
	长边	50	75	100	150	200	250	300
	短边	40	50	70	100	130	165	200

2. 平面形直角尺

平面形直角尺是指测量面与基面宽度相等的直角尺，如图 2-2-2 所示。常用平面形直角尺的基本参数见表2-2-2。

3. 宽座直角尺

宽座直角尺是指基面宽度大于测量面宽度的直角尺，如图2-2-3所示。常用宽座直角尺的基本参数见表2-2-2。

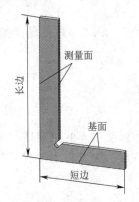

图2-2-2　平面形直角尺

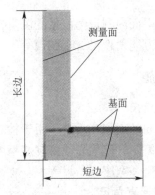

图2-2-3　宽座直角尺

表2-2-2　　常用平面形直角尺和宽座直角尺基本参数（摘自 GB/T 6092—2021）　　　　　　mm

	精度等级	0级、1级、2级						
平面形直角尺	长边	50	75	100	150	200	250	300
	短边	40	50	70	100	130	165	200
	精度等级	0级、1级、2级						
宽座直角尺	长边	63	80	100	125	160	200	250
	短边	40	50	63	80	100	125	160

操作提示

使用直角尺的注意事项：

1. 使用前，必须将直角尺和工件被测面擦干净。

2. 使用时，先将直角尺的基面紧贴工件的测量基准面，然后逐步慢慢向下移动直角尺（直角尺基面不可与工件基准面分离），使直角尺的测量面与工件的被测表面接触，平视观察透光情况，凭经验根据光隙强弱进行估测，或用塞尺在最大间隙处试塞获取数值。

3. 使用直角尺要轻拿、轻放，不许与其他工具、量具堆放在一起。

4. 使用完毕，应将直角尺擦净并放置在专用盒内。若长时间不用，应涂上专用防锈油保存，以防生锈。

二、游标万能角度尺

游标万能角度尺是利用活动直尺测量面相对于基尺测量面的旋转，对该两测量面间分隔的角度利用游标原理进行读数的角度测量器具。游标万能角度尺用来测量工件和样板的内、外角度和进行角度划线。它有Ⅰ型、Ⅱ型两种，其测量范围分别为0°～320°和0°～360°。其中0°～320°游标万能角度尺应用较为普遍。

1. 0°~320°游标万能角度尺的结构

0°~320°游标万能角度尺如图 2-2-4 所示。其游标尺固定在扇形板上,基尺和主尺连成一体,游标尺与主尺可做相对回转运动,直角尺和直尺可根据需要通过卡块安装到扇形板上。

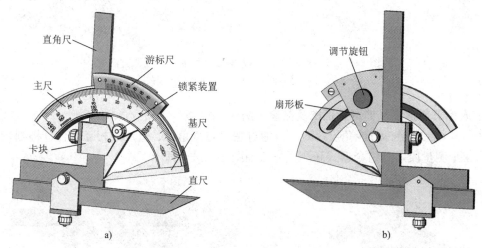

图 2-2-4 0°~320°游标万能角度尺
a) 正面 b) 背面

2. 0°~320°游标万能角度尺的标记原理

游标万能角度尺的分度值有 5′和 2′两种。

分度值为 2′的游标万能角度尺的标记原理:主尺每格标记的弧长对应的角度为 1°,游标尺标记是将主尺上 29°所占的弧长等分为 30 格,每格所对的角度为 29°/30,因此游标尺 1 格与主尺 1 格相差:

$$1° - \frac{29°}{30} = \frac{1°}{30} = 2'$$

即游标万能角度尺的分度值为 2′,如图 2-2-5 所示。

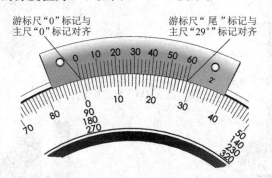

图 2-2-5 0°~320°游标万能角度尺的标记原理

3. 0°~320°游标万能角度尺的示值读取方法

游标万能角度尺的示值读取方法与游标卡尺相似,即先从主尺上读出游标尺"0"标记前的整"度"数,然后在游标尺上读出"分"的数值(格数×2′),两者相加就是被测工件的角度数值,如图 2-2-6 所示。

图 2-2-6 0°~320°游标万能角度尺的示值读取方法

a) 2°+8×2'=2°16' b) 16°+6×2'=16°12'

4. 游标万能角度尺的测量范围及测量方法

使用 0°~320°游标万能角度尺时，可通过主尺与直角尺、直尺的相互组合，将测量范围划分为 4 个测量段，其组合形式和测量方法如图 2-2-7 所示。

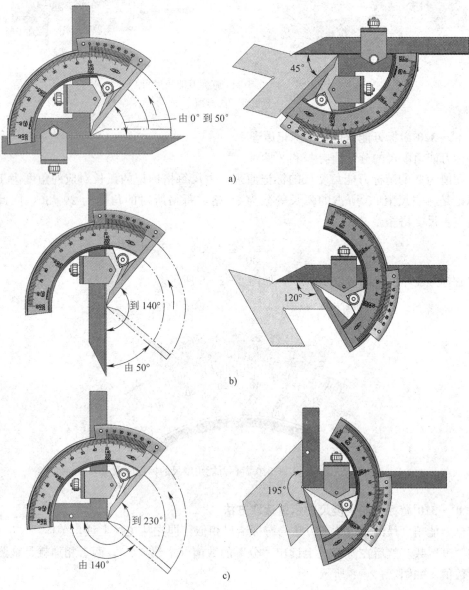

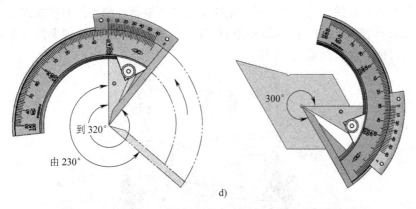

图 2－2－7　0°～320°游标万能角度尺组合形式和测量方法

a）测量范围 0°～50°　　b）测量范围 50°～140°

c）测量范围 140°～230°　d）范围测量 230°～320°

操作提示

使用游标万能角度尺的注意事项：

1. 根据测量工件的不同角度正确选用直尺和直角尺。

2. 使用前要检查主尺和游标尺的零线是否对齐，基尺和直尺间是否漏光。

3. 测量时，工件应与角度尺的两个测量面在全长上接触良好，避免误差。

三、正弦规

正弦规是根据正弦函数原理，利用量块的组合尺寸，以间接方法测量角度的测量器具。它有Ⅰ型、Ⅱ型两种，精度等级分为 0 级和 1 级。钳工常用的普通正弦规由平台工作面和直径相同且轴线互相平行的两个支承圆柱所组成。正弦规的规格用两个圆柱的中心距表示，一般有 100 mm、200 mm 两种。其中心距要求很精确，100 mm 规格的正弦规如图 2－2－8 所示。

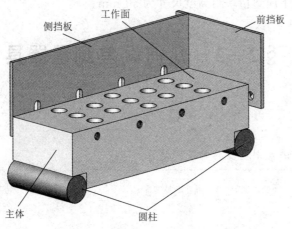

图 2－2－8　100 mm 规格的正弦规

使用时，将正弦规放置在精密平板上，工件放在正弦规的工作面上，在正弦规一个圆柱的下面垫上量块组，如图2-2-9所示。量块组的高度根据被测工件的角度或锥度通过计算获得。然后用百分表检查工件上表面两端的高度，若两端高度相等，说明角度正确。若高度不等，说明工件的角度有误差。

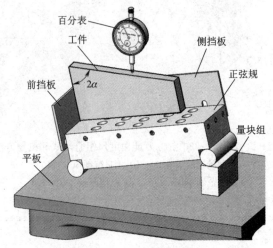

图2-2-9　正弦规的使用方法

所需量块组的高度可按下式计算：

$$h = L \sin 2\alpha$$

式中　h——量块组高度，mm；

L——正弦规中心距，mm；

2α——被测工件角度，(°)。

例2-1　使用中心距为100 mm的正弦规，检验圆锥角为30°的圆锥塞规，试求圆柱下应垫量块组的高度。

解：由题意知 $L=100$ mm，$2\alpha=30°$，则

$$h = L \sin 2\alpha = 100 \text{ mm} \times \sin 30° = 50 \text{ mm}$$

答：正弦规圆柱下应垫量块组高度尺寸为50 mm。

§2-3　几何误差测量器具

◎ 学习目标

　　熟悉并掌握几何误差测量器具的使用方法。

◎ 工作任务

　　学习使用刀口尺、平板、方箱等测量几何误差。

◎ 任务实施

一、刀口尺

具有一个刀口状测量面，用于测量工件平面形状误差的测量器具称为刀口尺。其结构如图 2-3-1 所示，主要用来测量工件的直线度或平面度误差。它具有结构简单、操作方便、测量效率高等优点，是机械加工常用的测量器具。

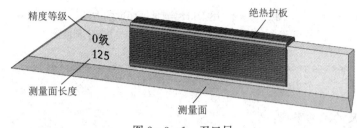

图 2-3-1　刀口尺

1. 刀口尺的规格及精度等级

刀口尺的精度等级分为 0 级和 1 级两个级别。其规格及测量面直线度最大允许误差见表 2-3-1。

表 2-3-1　　　常用刀口尺的直线度最大允许误差（摘自 GB/T 6091—2004）

规格 （测量面长度/mm）	测量面直线度最大允许误差/μm	
	0 级	1 级
75	0.5	1.0
125	0.5	1.0
200	1.0	2.0
300	1.5	3.0
400	1.5	3.0
500	2.0	4.0

2. 用刀口尺测量平面度的方法

手握刀口尺的绝热护板，使测量面轻轻地（凭刀口尺的自重）与工件被测表面垂直接触，采用透光法检查。如果刀口尺测量面与被测线之间透光均匀一致，说明该处较平直。如果透光不均匀或光隙较大时，可借助塞尺试塞获取其间隙值。测量时应在纵向、横向、对角线方向多处逐一进行测量，其最大直线度误差即为该测量面的平面度误差。如图 2-3-2 所示。

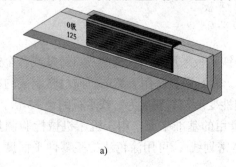

a)

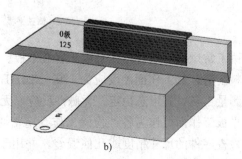

b)

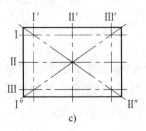

c)

图 2-3-2　用刀口尺测量平面度的方法

a）用透光法检查　b）用塞尺配合检查　c）检测不同位置

二、平板

平板是用于工件检测或划线的平面基准器具，又称为平台。其结构如图 2-3-3 所示。

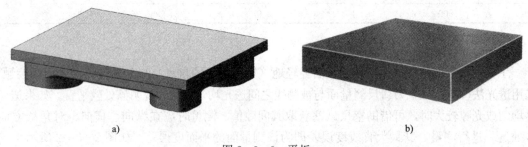

a)　　　　　　　　　　　　　　　　　　b)

图 2-3-3　平板

a）铸铁平板　b）岩石平板

钳工常用的平板有铸铁平板和岩石平板。铸铁平板采用优质细密的灰口铸铁或合金铸铁等材料制造，其工作面硬度应为 170～220HBW。岩石平板是用天然的石质材料制成的精密基准测量工具，其形态稳定，无磁性反应，无塑性变形，其硬度为铸铁平板的 2～3 倍。

平板工作面可作为各种检验工作、精密测量用的基准平面，用于机床机械检验测量基准，检查零件的尺寸精度或几何误差，并用于精密划线；可用涂色法检验零件平面度。它具有准确、直观、方便的优点。在经过刮削和研点（简称刮研）的铸铁平板上推动百分表座、工件比较顺畅，无发涩感觉，方便了测量，保证了测量精度。

1. 平板的规格及精度等级

钳工常用平板规格及平面度公差见表2-3-2。

表2-3-2　　　　　常用平板规格及平面度公差（摘自GB/T 22095—2008）

平板尺寸 （公称尺寸）	对角线长度 （近似值）	边缘区域 （宽度）	精度等级对应的整个工作面平面度公差值/μm			
mm			0级	1级	2级	3级
长方形：						
160×100	188	2	3	6	12	25
250×160	296	3	3.5	7	14	27
400×250	471	5	4	8	16	32
630×400	745	8	5	10	20	39
1 000×630	1 180	13	6	12	24	49
1 600×1 000	1 880	20	8	16	33	66
方形：						
250×250	354	5	3.5	7	15	30
400×400	566	8	4.5	9	17	34
630×630	891	13	5	10	21	42
1 000×1 000	1 414	20	7	14	28	56

精度等级为0级和1级的平板工作面应采用刮研法进行精加工；精度等级为2级和3级的平板工作面允许采用机械加工方法进行精加工。

2. 铸铁平板的使用注意事项

（1）铸铁平板的支承点应垫好、垫平，保证每个支承点受力均匀，保证整个平板平稳放置。

（2）使用平板时，要轻拿轻放工件，不要在平板上挪动比较粗糙的工件，以免对平板工作面造成磕碰、划伤等损坏。

（3）铸铁平板使用完毕，要将工件从平板上拿下来，避免工件长时间对平板重压造成铸铁平板的变形。

（4）铸铁平板不用时要及时洗净工作面，然后涂上一层防锈油，并用防锈纸盖上，用平板的外包装将铸铁平板盖好，以防止平时不注意造成对平板工作面的损伤。

（5）铸铁平板应安装在通风、干燥的环境中，并远离热源及有腐蚀性的气体、液体。

（6）铸铁平板按国家标准实行定期检定，检定周期根据具体情况可为6～12个月。

三、方箱

方箱是由相互垂直的平面组成的矩形基准器具，又称为方铁。钳工常用的方箱是用优质灰铸铁（HT200）制成的具有 6 个工作面的空腔正方体，尺寸规格用边长表示，其中一个工作面上有 V 形槽，结合配件可以对轴类零件进行支承和装夹。其结构如图 2 - 3 - 4 所示。

图 2 - 3 - 4　方箱

方箱主要用于零部件的平行度、垂直度等的检验和划线时支承工件，精度等级分为 0 级和 1 级。钳工常用方箱的规格及工作面的几何公差要求见表 2 - 3 - 3。

表 2 - 3 - 3　　常用方箱规格及工作面的几何公差要求（摘自 JB/T 12196—2015）

尺寸规格/mm	工作面的平面度公差/μm		工作面的垂直度、平行度及 V 形槽对底面和侧面的平行度公差/μm	
	精度等级			
	0 级	1 级	0 级	1 级
100	1.5	3	3	6
160	2	4	4	8
200	2.5	4.5	5	9
250	2.5	5	5	10
315	3	5.5	6	11
400	3	6.5	6	13
500	3.5	7	7	14

平板与方箱配合使用，可以检测工件的平面度和垂直度。精度等级较高的方箱可以作为小型的平台使用，也可以作为直角测量的基准，还可以作为等高垫箱使用。

§2 - 4　常用测量器具的维护和保养

为了保持测量器具的精度，延长其使用寿命，必须要注意对测量器具的维护和保养，一般应做到以下几点：

1. 测量前应将测量器具的测量面擦洗干净，以免脏物存在而影响测量精度和加快测量器具的磨损。不能用精密测量器具测量粗糙的铸、锻毛坯或带有研磨剂的表面。

2. 测量器具在使用过程中，不能与刀具、工具等堆放在一起，以免磕碰；也不要随便放在机床上，以免因机床振动使测量器具掉落而损坏。

3. 测量器具不能当作其他工具使用，例如不能把千分尺当锤子使用，不能用游标卡尺划线。

4. 温度对测量结果的影响很大，精密测量一定要在 20 ℃左右进行；一般测量可在室温下进行，但必须使工件和量具的温度一致。测量器具不能放在热源（电炉、暖气设备等）附近，以免受热变形而失去精度。

5. 不要把测量器具放在磁场附近，以免其被磁化。

6. 发现精密测量器具有不正常现象（如表面不平、毛刺、锈斑、尺身弯曲变形、活动零部件不灵活等）时，不要自行拆修，应及时送交计量部门检修。

7. 测量器具应保持清洁。测量器具使用后应及时擦拭干净，并涂上防锈油放入专用盒内，存放在干燥处。

8. 精密测量器具应定期送计量部门检定，以免其示值误差超差而影响测量结果。

课题三　制作 U 形板

◎ **学习目标**

通过 U 形板的制作练习，学习并掌握平面划线、錾削、锯削和锉削等钳工的基本操作技能。

◎ **课题描述**

加工如图 3-0-1 所示的 U 形板，选用 75 mm×55 mm×10 mm 的板料。

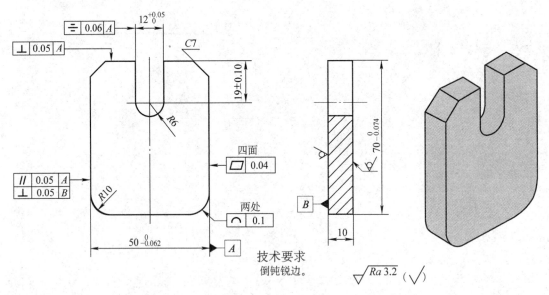

图 3-0-1　U 形板

◎ **材料准备**

实习件名称	材料	材料来源	件数
75 mm×55 mm×10 mm 的板料	45 钢	备料	1

◎ **加工过程**

加工步骤	步骤描述
1. 平面划线	按图样尺寸划出 U 形板的加工线
2. 錾削	去除长边 70 mm、短边 50 mm 以外多余的材料
3. 锯削	锯削 12 mm×19 mm 的槽
4. 锉削	将錾削、锯削等粗加工的表面用锉削的方法精加工至图样要求

§3-1 对板料进行平面划线

◎ **学习目标**

1. 明确划线的作用。
2. 能正确使用平面划线工具。
3. 掌握一般的划线方法并能正确地在线条上冲眼。
4. 划线操作应保证线条清晰且粗细均匀，尺寸误差不大于±0.3 mm。

◎ **工作任务**

在 75 mm×55 mm×10 mm 的长方体板料上划出 U 形板的外形轮廓，以便錾削、锯削和锉削加工时有明确的界线。U 形板划线工序示意图如图 3-1-1 所示。

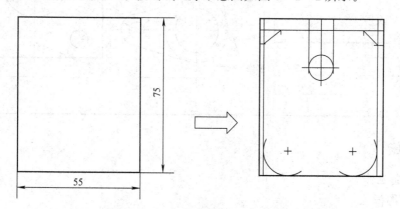

图 3-1-1　U 形板划线工序示意图

◎ **工艺分析**

划线是在毛坯或工件上，用划线工具划出待加工部位的轮廓线或作为基准的点、线。

划线分为平面划线和立体划线两种。只需在工件的一个表面上划线，便能明确表示出加工界线的，称为平面划线；需要在工件几个不同方向的表面上同时划线，才能明确表示出加工界线的，称为立体划线。

所划的线准确与否，将直接影响产品的质量和生产率的高低。划线除要求划出的线条清晰、均匀外，最重要的是保证尺寸准确。划线精度一般为 0.25～0.5 mm，在加工过程中必须通过测量来保证尺寸精度。

◎ 相关知识

一、划线的作用

1. 能确定工件的加工余量，使加工有明确的尺寸界线。

2. 可按划线找正定位，便于在机床上装夹复杂的工件。

3. 能及时发现和处理不合格的毛坯，避免加工后造成损失。

4. 采用借料划线可使误差不大的毛坯得到补救，提高毛坯的利用率。

二、划线基准的选择

划线时通常要遵守一个规则，即从基准开始划起。基准就是零件上用来确定其他点、线、面位置的依据。

在零件图上用来确定其他点、线、面位置的基准称为设计基准。在划线时划线基准应与设计基准一致。

划线基准一般可根据以下三种类型来选择，见表 3-1-1。

表 3-1-1　　　　　　　　　　　　　　划线基准的选择

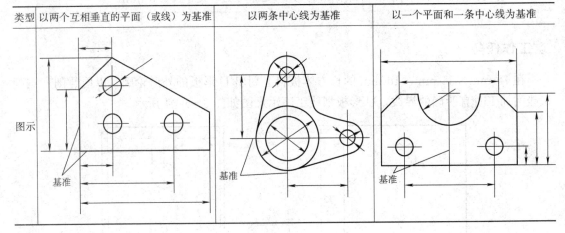

类型	以两个互相垂直的平面（或线）为基准	以两条中心线为基准	以一个平面和一条中心线为基准
图示			

◎ 任务实施

一、准备工作

1. 分析图样

U 形板工件相对 12 mm 的槽的中心线左右对称。

2. 去除 U 形板工件周边的毛刺

3. 涂色

由于该工件表面为加工表面，因此工件表面应涂蓝油。

4. 准备工具

常用划线工具见表 3-1-2。

表 3 - 1 - 2　　　　　　　　　　　常用划线工具

名称	图示	用途
平板		用来安放工件和划线工具并在其工作面上完成划线及检测过程。一般用木架搁置，放置时应使平板工作面处于水平状态
划线盘		用来直接在工件上划线或找正工件位置。一般情况下，划针的直头端用来划线，弯头端用来找正工件位置
划针	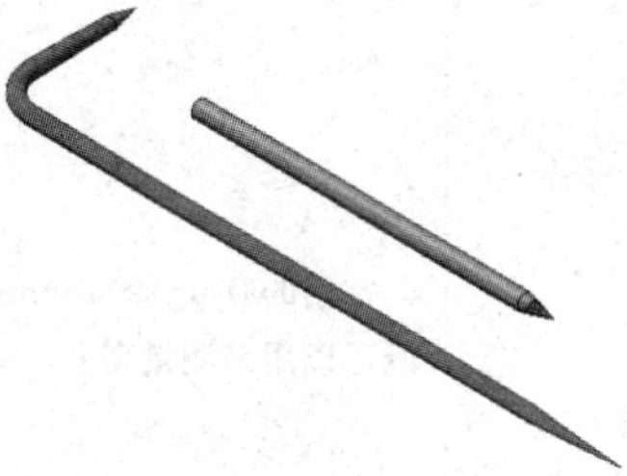	划线用的基本工具。常用的划针是用 $\phi3\sim\phi6$ mm 的弹簧钢丝或高速钢制成，其长度为 $200\sim300$ mm，尖端磨成 $15°\sim20°$ 的尖角，并经热处理淬硬，以提高其硬度和耐磨性（硬度可达 $55\sim60$HRC）
划规	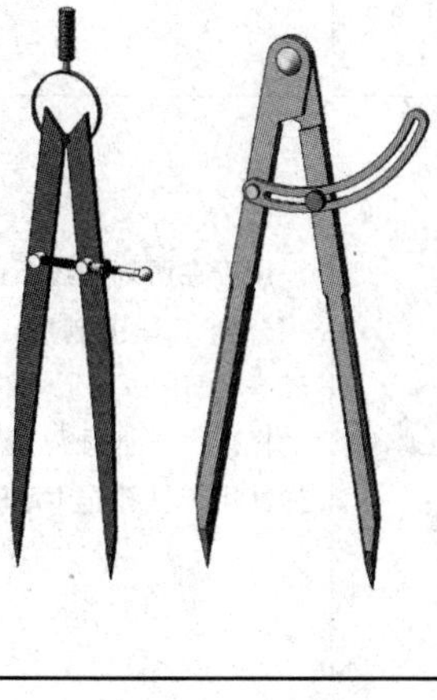	用来划圆和圆弧、等分线段、等分角度及量取尺寸等。一般用工具钢制成，脚尖经热处理，硬度可达 $48\sim53$HRC。有的划规在两脚尖部焊上一段硬质合金，使用时，耐磨性更好 划规两脚的长短要磨得稍有不同，而且两脚合拢时脚尖能靠紧，以便划出尺寸较小的圆和圆弧

名称	图示	用途
长划规	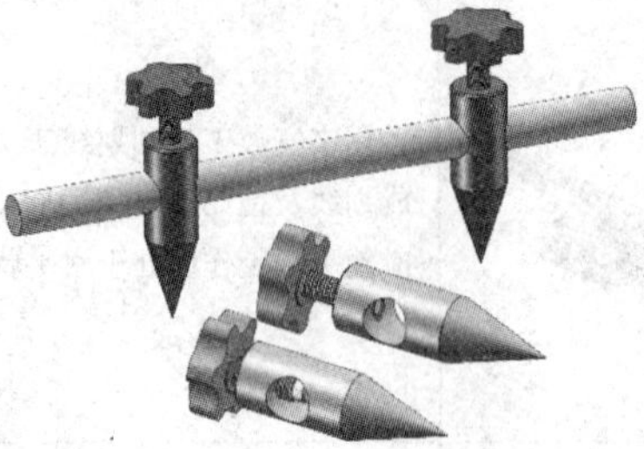	专门用来划大尺寸圆或圆弧。在滑杆上调整两个划规脚，就可得到所需要的尺寸
单脚划规	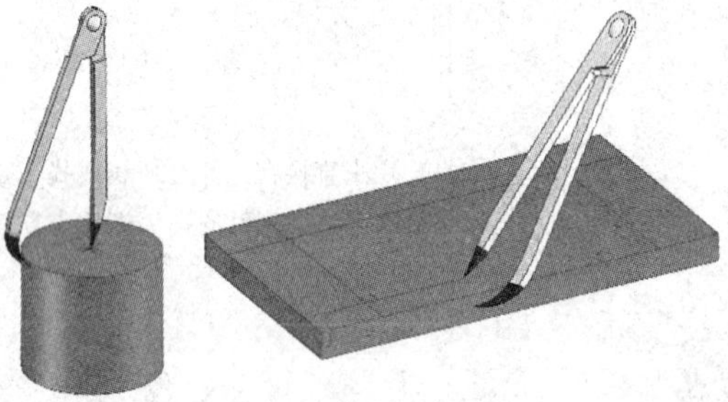 a)　　　　　b)	用非合金工具钢制成，尖端焊上硬质合金。可用来求出圆形工件的中心（图 a），操作比较方便。也可沿加工好的平面划平行线（图 b）
游标高度卡尺	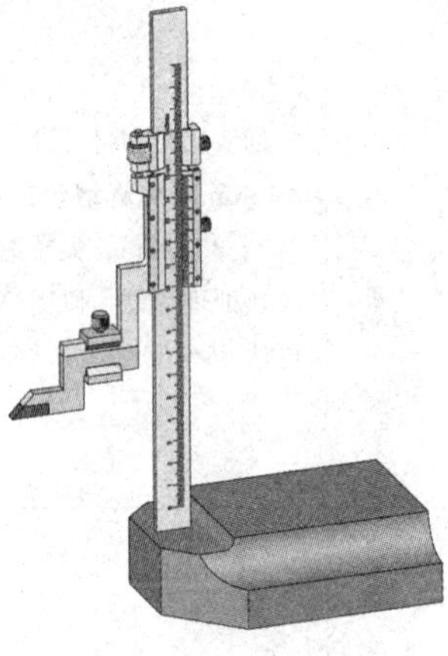	常用的有 0～200 mm、0～300 mm 等规格，既可以用来测量高度，又可以用量爪直接划线
样冲	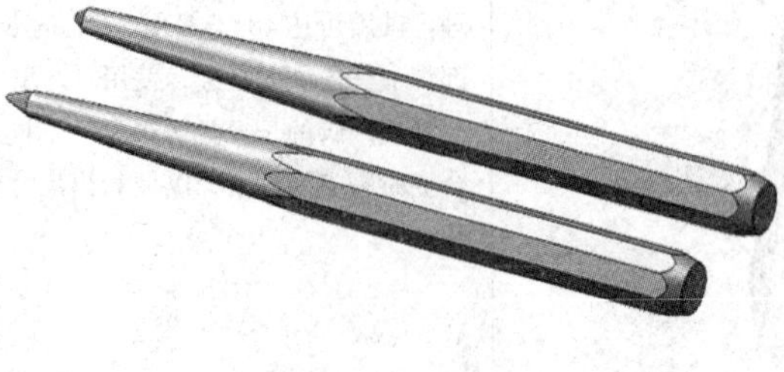	用于在所划的线条或圆弧中心上冲眼。一般用合金工具钢制成，并经热处理，硬度可达 55～60HRC,其顶角约为 40°或 60°（顶角为 40°的样冲用于加强界线标记时用，顶角为 60°的样冲用于钻孔定中心时用）

名称	图示	用途
直角尺	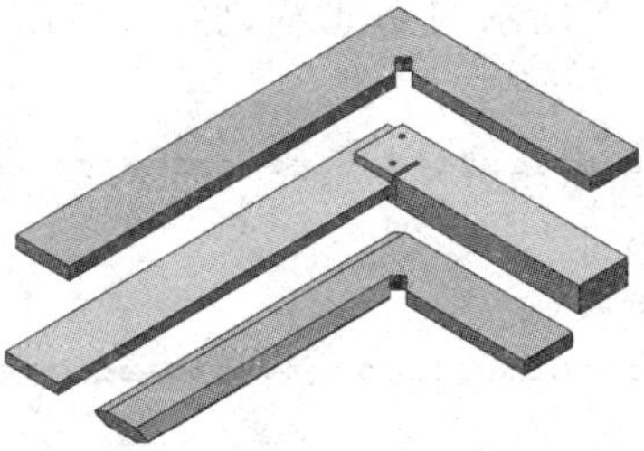	划线时可作为划垂直线或平行线的导向工具，同时可用来找正工件在平板上的垂直位置
方箱	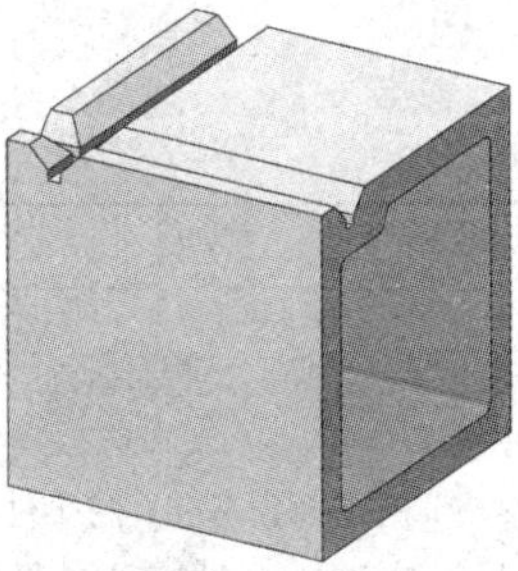	方箱上的 V 形槽平行于相应的平面，用它装夹圆柱形工件划线时，可用 C 形夹头将工件夹于方箱上，再通过翻转方箱，便可以在一次安装的情况下，将工件上互相垂直的三个方向的线全部划出来
V 形架	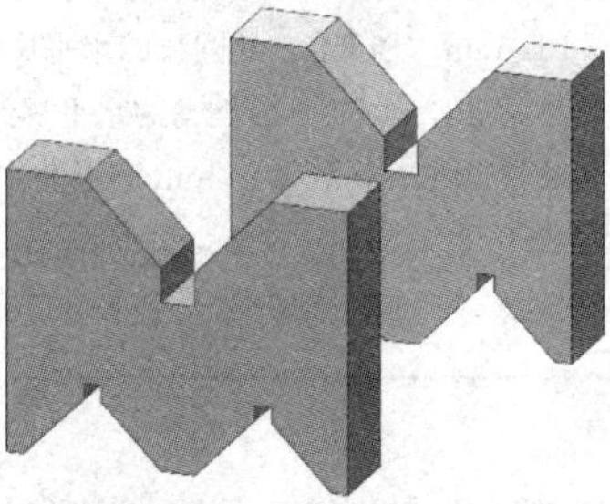	一般的 V 形架都是两块一副，V 形槽夹角为 90°或 120°，主要用于支承轴类工件
垫铁	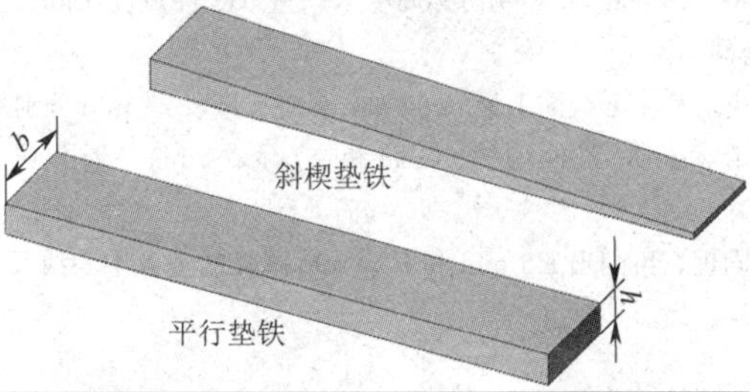 斜楔垫铁 平行垫铁	垫铁一般有平行垫铁和斜楔垫铁。平行垫铁相对的两个平面互相平行，每副平行垫铁有两块，两块的 h 和 b 两个尺寸是一起磨出的。平行垫铁常有许多副，其尺寸各不相同，主要用来把工件平行垫高。斜楔垫铁用于支承和调整各种毛坯件，也可用于微量调节工件的高低
千斤顶	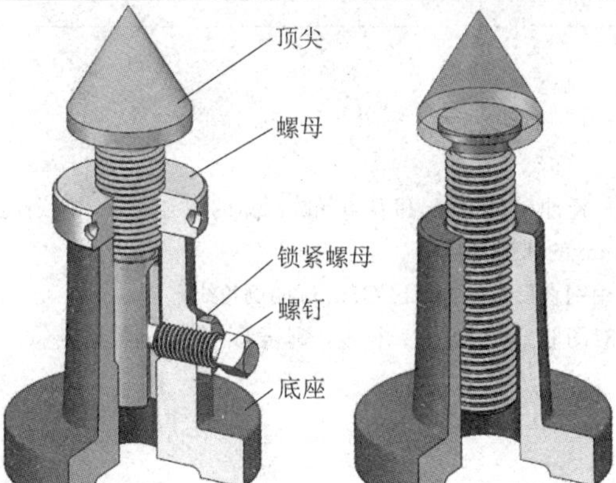 顶尖 螺母 锁紧螺母 螺钉 底座	用来支承毛坯或形状不规则的工件进行立体划线。它可调整高度，以便安放不同类型的工件

二、划线

1. 选择划线基准

依据划线基准的选择原则，对如图 3 - 0 - 1 所示的 U 形板划线时应以宽度为 50 mm 的底边和 12 mm 槽的中心线为基准。

操作提示

该工件也可以以两个互相垂直的平面为基准。

2. 划线步骤

划线步骤见表 3 - 1 - 3。

表 3 - 1 - 3 划线步骤

步骤	图示	说明
1	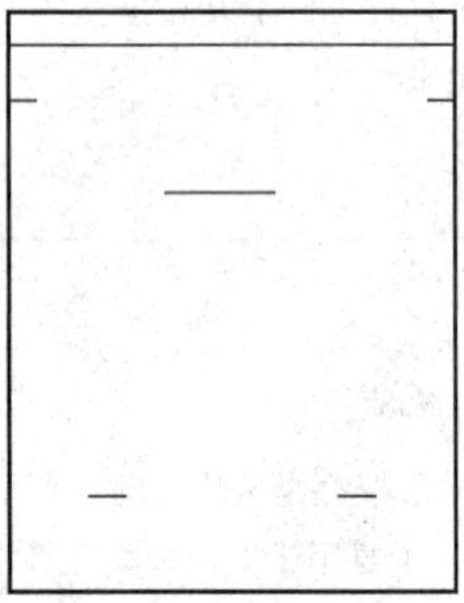	(1) 以 50 mm×10 mm 的平面为基准，将工件放置在平板上 (2) 用游标高度卡尺量取 70 mm，划底面的平行线 (3) 量取（70−19）mm，划 R6 mm 圆弧的水平中心线 (4) 量取（70−7）mm，划 C7 mm 倒角的水平界线 (5) 从底面向上量取 10 mm，划 R10 mm 圆弧的水平中心线
2	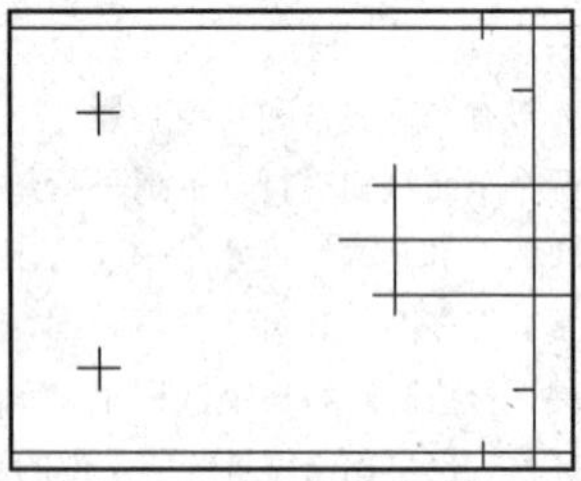	(1) 将工件旋转 90°，用游标高度卡尺量取工件宽度实际尺寸的 1/2，划对称中心线 (2) 由对称中心线向上量取 25 mm 和向下量取 25 mm 分别划线 (3) 由对称中心线向上量取 6 mm 和向下量取 6 mm，划出 12 mm 槽的轮廓线 (4) 同理，可划出 R6 mm 和 R10 mm 圆弧的垂直中心线及 C7 mm 倒角的垂直界线
3	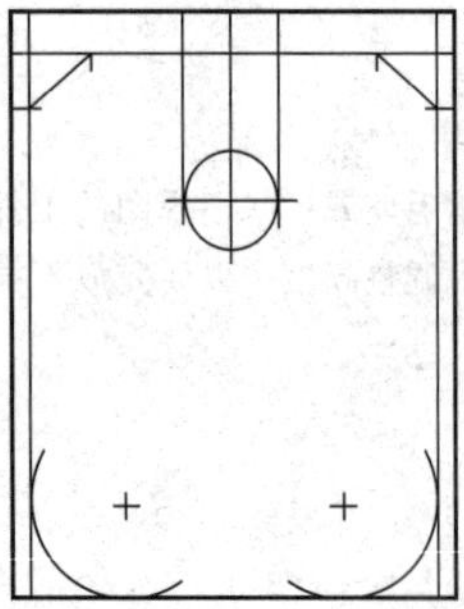	(1) 用样冲在 R6 mm 和 R10 mm 圆弧的中心冲眼，用划规划出 R6 mm 和 R10 mm 的圆弧线 (2) 用钢直尺和划针划出 C7 mm 的倒角线 (3) 对图形、尺寸复检及校核，确认无误后，划线结束

利用分度头划线

在生产中经常会遇到在圆形、盘形或棒料等工件上需要借助分度头进行划线的情况，分度头是铣床上用来对工件进行等分、分度的重要附件，钳工常用它来对中、小型工件进行分度划线。分度头使用方便，精确度较高。

分度头的主要规格是以主轴中心到底面的高度来表示的。例如 FW125 型万能分度头，其主轴中心到底面的高度为 125 mm。常用万能分度头的型号有 FW100、FW125和 FW160 等几种。

万能分度头的外形和传动系统如图 3-1-2 所示。它主要由主轴、回转体、分度盘、分度叉等组成。

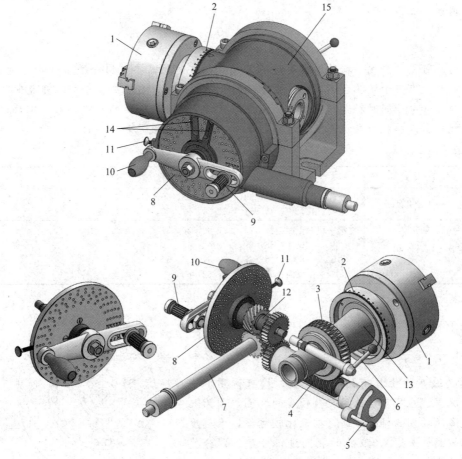

图 3-1-2 万能分度头的外形和传动系统

1—卡盘 2—刻度盘 3—蜗轮 4—单头蜗杆 5—蜗杆脱落手柄 6—主轴锁紧手柄

7—挂轮轴 8—分度盘 9—定位插销 10—分度手柄 11—锁紧螺钉 12—轴

13—主轴 14—分度叉 15—回转体

分度头的分度原理：分度手柄转一周，单头蜗杆也转一周，与蜗杆啮合的 40 个齿的蜗轮转一个齿，即转 1/40 周，被三爪自定心卡盘夹持的工件也转 1/40 周。如果需将工件进行 z 等分，则每次分度头主轴应转 1/z 周，分度手柄每次分度时应转过的圈数为：

$$n = \frac{40}{z}$$

式中　n——分度手柄转数；

　　　　z——工件的等分数。

例 3-1　欲在工件某一圆周上划出均匀分布的 10 个孔，每划完一个孔的位置后，分度手柄应转几转后再划第二个孔的位置？

解：
$$n = \frac{40}{z} = \frac{40}{10} = 4$$

即每划完一个孔的位置后，分度手柄应转过 4 转再划第二个孔的位置。

例 3-2　要在一圆盘端面上划出 7 等分线，求每划一条线后，分度手柄应转过几转后再划第二条线？

解：
$$n = \frac{40}{z} = \frac{40}{7} = 5\frac{5}{7}$$

由此可见，分度手柄的转数有时不是整数，这时就需要利用分度盘一起进行分度。在分度盘上有若干圈孔数不同、等分准确的孔眼。此时，应把分度手柄的转数中分数部分的分母和分子同时扩大相同倍数，使分母数与分度盘某一圈的孔数相同，扩大后的分子数就是分度手柄应在该圈上转过的孔数。分度盘的孔数见表 3-1-4。

表 3-1-4　　　　　　　　　　　　　　**分度盘的孔数**

分度头形式		分度盘的孔数
带一块分度盘		正面：24, 25, 28, 30, 34, 37, 38, 39, 41, 42, 43 反面：46, 47, 49, 51, 53, 54, 57, 58, 59, 62, 66
带两块分度盘	第一块	正面：24, 25, 28, 30, 34, 37 反面：38, 39, 41, 42, 43
	第二块	正面：46, 47, 49, 51, 53, 54 反面：57, 58, 59, 62, 66

在例 3-2 中，根据表 3-1-4，将 5/7 的分母和分子同时扩大倍数，则分度手柄的转数 $n = \frac{40}{7} = 5\frac{5}{7} = 5\frac{20}{28} = 5\frac{30}{42} = 5\frac{35}{49}$。其中分母 28、42 和 49 皆为分度盘上具有的孔圈孔数，均可选用。一般情况下，应尽可能选用孔数较多的孔圈，因为孔数较多的孔圈离轴心较远，摇动比较方便，准确度也比较高。如选用 49 孔的孔圈进行分度，则分度手柄应先转 5 转，再在 49 孔的孔圈上转过 35 个孔距。

用分度盘分度时，为使分度准确而迅速，避免每分度一次要数一次孔距数，可利用安装在分度头

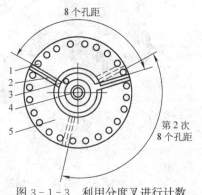

图 3-1-3　利用分度叉进行计数
1—插销孔　2—分度叉　3—紧定螺钉
4—心轴　5—分度盘

· 46 ·

上的分度叉进行计数。分度叉由两个叉脚组成，它们安装在心轴上，并可绕其旋转。如图 3-1-3 所示为每次分度转 8 个孔距的情况。分度时，应先按分度所要求的孔距数调整好分度叉，再转动手柄。

为了消除传动和配合间隙对分度产生的影响，保证划线的准确性，分度手柄不应摇过应摇的孔距数，否则须把手柄多退回一些再正摇，保证划线的准确性。

§3-2　錾削去除多余的材料

◎ 学习目标

1. 正确掌握錾子和锤子的握法及锤击动作。
2. 錾削的姿势、动作正确，协调自然。
3. 了解錾削时的安全文明生产要求。

◎ 工作任务

根据所划线对 U 形板的周边进行加工，錾削去除多余的材料，并为后面的精加工（锉削）留出 0.5～1 mm 的加工余量，如图 3-2-1 所示。

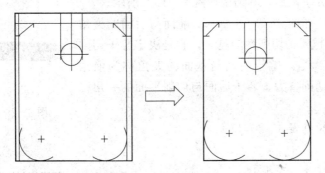

图 3-2-1　錾削去除多余的材料

◎ 工艺分析

去除多余材料有两种方案可选，一种是錾削，另一种是锯削。本任务选用錾削的方法进行加工。

用锤子打击錾子对金属工件进行切削加工的方法称为錾削。目前錾削工作主要用于不便于机械加工的场合，如去除毛坯上的多余金属、分割材料、錾削平面及沟槽等。

◎ 相关知识

一、錾削工具

錾子是錾削工件的刀具，由头部、錾身和切削部分组成，一般用碳素工具钢（T7A）锻成，切削部分刃磨成楔形，经热处理后硬度达到56～62HRC。

常用的錾子见表3-2-1。

表3-2-1　　　　　　　　　　　　　常用的錾子

名称	图示	说明
扁錾		切削部分扁平，刃口略带弧形，主要用来錾削平面、分割薄金属板料或切断小直径棒料及去毛刺等，是用途最广的一种錾子
尖錾		切削刃比较短，切削部分的两侧面从切削刃到錾身逐渐变窄，以防止錾槽时两侧面被卡住。尖錾主要用来錾削沟槽及分割曲线形板料
油槽錾		切削刃很短，并呈圆弧形，为了能在对开式的内曲面上錾削油槽，其切削部分做成弯曲形状。油槽錾常用来錾削平面或曲面上的油槽

二、錾子的几何角度

錾子的切削部分呈楔形，其结构如图3-2-2所示。

錾子的几何角度如图3-2-3所示。前面与后面的夹角 β_o 称为楔角，楔角越大，切削性能越差，它是决定錾子切削性能和强度的重要参数。錾子前面与基面的夹角称为前角（γ_o），前角大，则切削省力。錾子后面与切削平面的夹角称为后角（α_o）。

錾子楔角的选择见表3-2-2。

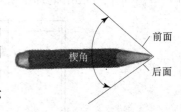

图3-2-2　錾子的结构

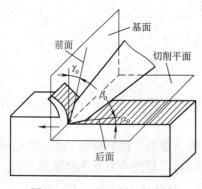

图3-2-3　錾子的几何角度

表3-2-2　錾子楔角的选择

工件材料	β_o（楔角）
工具钢、铸铁	60°～70°
结构钢	50°～60°
铜、铝、锡	30°～50°

三、锤子

锤子是钳工常用的工具，它由锤体、锤柄和倒楔三部分组成，如图3-2-4所示。

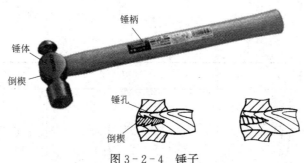

图 3 - 2 - 4　锤子

　　锤子的规格用其锤体质量大小表示，钳工常用的有 0.22 kg、0.34 kg、0.45 kg、0.61 kg 和 0.91 kg 等几种。锤柄长度应根据不同规格的锤体选用。手握处的断面应为椭圆形，以便锤体定向，准确敲击。锤柄安装在锤体中，必须稳固可靠，装锤柄的孔做成椭圆形，且两端大，中间小。锤柄敲紧在孔中后，端部再打入倒楔就不易松动了，可防止锤体脱落造成事故。

四、錾子和锤子的握法

1. 錾子的握法见表 3 - 2 - 3。

表 3 - 2 - 3　　　　　　　　　　　　　　　　　　錾子的握法

方法	正握法	反握法
图示		
说明	用左手中指和无名指将錾子握住，小指自然合拢，食指与拇指自然接触，錾子头部伸出约 20 mm，錾子要自如而轻松地握着，不要握得太紧，以免敲击时掌心承受的振动过大	手心向上，手指自然捏住錾子，手掌悬空

2. 锤子的握法见表 3 - 2 - 4。

表 3 - 2 - 4　　　　　　　　　　　　　　　　　　锤子的握法

方法	紧握法	松握法
图示		
说明	用右手五指紧握锤柄，拇指在食指上，虎口对准锤体方向，锤柄尾部露出 15～30 mm，在挥锤和锤击过程中五指始终紧握锤柄	抬起锤子时，小指、无名指和中指要依次放松，只用拇指和食指始终握紧锤柄。在进行锤击时又以相反的次序收拢握紧。采用松握法时由于手指放松，故不易疲劳，且可以增大敲击力量

3. 挥锤的方法见表 3-2-5。

表 3-2-5   挥锤的方法

方法	腕挥	肘挥	臂挥
图示			
说明	只做手腕的挥动，敲击力较小，一般用于錾削的开始和结尾时	手腕和肘部一起挥动，敲击力较大，运用最广泛	手腕、肘部和全臂一起挥动，敲击力最大

◎ 任务实施

一、准备錾削工具

备好锤子，刃磨好扁錾（可多准备几把）。

刃磨錾子时主要需确定楔角 β_o 的值，楔角的大小要根据被加工材料的软硬来决定。錾子的刃磨方法如图 3-2-5 所示，双手握住錾子，在旋转着的砂轮的轮缘上进行刃磨，刃磨时，必须使切削刃高于砂轮水平中心线，在砂轮全宽上左右移动，用力均匀，两楔面交替进行，直至磨出所需的楔角。

二、錾削 U 形板的 70 mm×10 mm 平面

錾削时的站立位置如图 3-2-6 所示。左脚超前半步，两腿自然站立，人体重心稍微偏于右脚，视线要落在工件的切削部位。

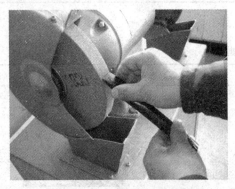

图 3-2-5 錾子的刃磨方法

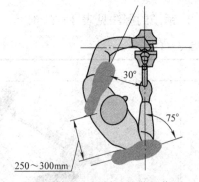

图 3-2-6 錾削时的站立位置

用扁錾錾削时每次錾削量约为 0.5～2 mm。若錾削量太少，则錾子容易滑脱，錾削量太多则錾削费力且不易錾平。錾削时要掌握好起錾的方法，见表 3-2-6。起錾完成后，即可按正常的方法进行平面錾削，最后一遍留 0.5 mm 的修整量。

表 3‑2‑6　　　　　　　　　　　　　　起錾的方法

方法	斜角起錾	正面起錾
图示		
说明	切削刃与工件的接触面小，阻力不大，只需轻敲，錾子便容易切入材料。因此不会产生滑脱、弹跳等现象，錾削余量也能准确控制	切削刃抵紧起錾部位后，錾子头部向下倾斜，至錾子与工件起錾端面基本垂直后再轻敲錾子，起錾即容易准确和顺利地完成

操作提示

在錾削较窄的平面时，錾子的切削刃最好与錾削前进方向倾斜一个角度，而不是保持垂直位置，使切削刃与工件有较多的接触面，这样容易保证錾子平稳。否则因錾子常左右倾斜而使加工面高低不平。

錾削过程中应注意后角的控制，后角 α_o 的大小取决于錾子被掌握的方向，其作用是减小錾子后面与切削表面的摩擦，引导錾子顺利錾削。錾削时后角一般取 $5°\sim8°$，后角太大会使錾子切入过深，錾削困难；后角太小易使錾子滑出工件表面，不能切入，后角的大小对錾削的影响如图 3‑2‑7 所示。

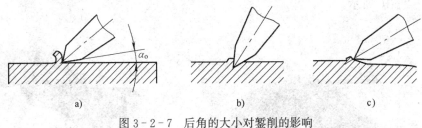

图 3‑2‑7　后角的大小对錾削的影响
a) 后角大小正确　b) 后角太大　c) 后角太小

U 形板的 70 mm×10 mm 的平面较窄，錾削时，使錾子的切削刃与錾削前进方向成一个角度。

錾削快到尽头时，要防止工件边缘材料崩裂，尤其是錾削脆性材料时更应注意。一般情况下，当錾削到离尽头 10 mm 左右时，必须掉头錾去余下部分，其方法如图 3‑2‑8 所示。

留10mm左右
掉头錾削

图 3-2-8　錾削到尽头时的方法

三、錾削 U 形板的 50 mm×10 mm 平面

　　方法与錾削上述 70 mm×10 mm 平面相同，但錾削过程中要经常检查并保证 50 mm×10 mm 的平面与 70 mm×10 mm 和 70 mm×50 mm 平面的垂直度要求及它与相对面的平行度要求。

　　1. 用游标卡尺测量板料的尺寸 50 mm 和 70 mm，分别留精加工余量 1 mm，并保证平行度。

　　2. 用刀口形直角尺和塞尺分别测量 50 mm×10 mm 平面与 70 mm×10 mm 和 70 mm×50 mm 平面的垂直度误差，保证误差小于 1 mm。方法如图 3-2-9 所示。

　　3. 用刀口尺和塞尺检验 50 mm×10 mm 平面的平面度误差，保证误差小于 0.6 mm。方法如图 3-2-10 所示。

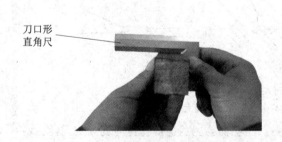

刀口形
直角尺

刀口尺

图 3-2-9　垂直度的检验　　　　　　　　图 3-2-10　平面度的检验

四、錾削注意事项

　　1. 工件必须夹紧，以伸出钳口高度 10～15 mm 为宜，同时下面要加木垫。

　　2. 錾子要经常刃磨，以保证锋利，过钝的錾子不但工作费力，錾出的表面不平整，而且易产生打滑现象，引起手部划伤的事故。

3. 錾子头部有明显的毛刺时要及时磨掉，避免碎裂伤手。

4. 发现锤子的锤柄松动或损坏时要立即装牢或更换，以免锤体脱落而飞出伤人。

5. 要防止錾削碎屑飞出伤人。操作者必要时可戴上防护眼镜。

6. 錾子头部、锤子头部和锤子锤柄都不应沾油，以防滑出。

7. 錾削疲劳时要适当休息，手臂过度疲劳时容易击偏伤手。

五、錾削质量分析

錾平面时的质量问题及产生原因见表 3 - 2 - 7。

表 3 - 2 - 7 錾平面时的质量问题及产生原因

质量问题	产生原因
表面粗糙	1. 錾子刃口爆裂或刃口卷刃、不锋利 2. 锤击力不均匀 3. 錾子头部已平，使受力方向经常改变
表面凹凸不平	1. 錾削中，后角在一段过程中过大，造成錾面凹下 2. 錾削中，后角在一段过程中过小，造成錾面凸起
表面有啃痕	1. 左手未将錾子放正、握稳，使錾子刃口倾斜，錾削时刃角啃入 2. 刃磨錾子时将刃口磨成中凹
崩裂或塌角	1. 錾到尽头时未掉头錾，使棱角崩裂 2. 起錾量太多，造成塌角
尺寸超差	1. 起錾时尺寸不准确 2. 测量、检查不及时

§3-3 锯 削 槽

◎ **学习目标**

1. 能正确锯削各种形状的材料，操作姿势正确，并能达到一定的锯削精度。

2. 能根据不同材料正确选用锯条，并能正确装夹。

3. 熟悉锯条损坏的原因和解决方法，了解锯缝产生歪斜的原因。

4. 做到安全和文明操作。

◎ **工作任务**

根据所划的 12 mm 槽的加工界线，锯削掉多余的部分（见图 3 - 3 - 1），以便于后面进行锉削加工。锯削加工时，要掌握锯削的要领，保证锯缝平直。

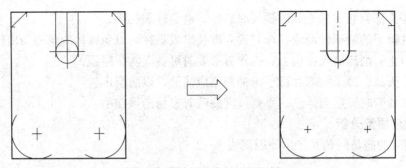

图 3 - 3 - 1　锯削 12 mm 的槽

◎ 工艺分析

　　用手锯将金属材料分割开，或在工件上切割出沟槽的操作称为锯削。锯削加工时，要掌握锯削的要领，保证锯缝平直。

　　如图 3 - 3 - 2 所示，锯削的用途是分割各种材料和半成品，锯掉工件上多余的部分，在工件上锯槽等。

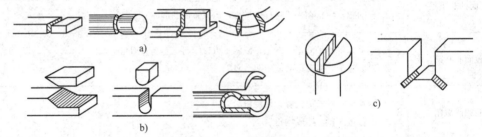

图 3 - 3 - 2　锯削的用途

a）分割材料和半成品　b）锯掉工件上多余的部分　c）在工件上锯槽

◎ 相关知识

一、锯削工具

1. 锯弓

锯弓用于安装和张紧锯条，有固定式和可调式两种，如图 3 - 3 - 3 所示。

a）　　　　　　　　　　　　　　　　　b）

图 3 - 3 - 3　锯弓

a）固定式　b）可调式

　　固定式锯弓只能安装一种长度的锯条；可调式锯弓的安装距离可以调节，能安装几种长度的锯条。

2. 锯条

锯条（见图 3 - 3 - 4）在锯削时起切削作用。锯条的长度规格是以两端安装孔中心距来表示的，钳工常用的锯条长度为 300 mm。

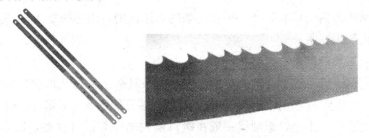

图 3 - 3 - 4　锯条

锯齿的粗细以锯条每 25 mm 长度内的齿数来表示。锯齿的粗细规格及应用见表 3 - 3 - 1。

表 3 - 3 - 1　　　　　　　　　　　　锯齿的粗细规格及应用

类别	每 25 mm 长度内的齿数	应　　用
粗	14～18	锯削软钢、黄铜、铝、铸铁、纯铜、人造胶质材料
中	22～24	锯削中等硬度钢，厚壁的钢管、铜管
细	32	锯削薄片金属、薄壁管子
细变中	32～20	一般企业中用，易于起锯

锯齿粗细的选择：

（1）锯齿粗细一般应根据加工材料的软硬、切面大小等来选用。锯削软材料或切面较大的工件时，因切屑较多，要求有较大的容屑空间，应选用粗齿锯条；锯削硬材料或切面较小的工件时，因锯齿不易切入，切屑较少，不易堵塞容屑槽，应选用细齿锯条，同时，细齿锯条参加切削的齿数增多，可使每个齿担负的锯削量小，锯削阻力小，材料易于切除，锯齿也不易磨损；一般中等硬度材料选用中齿锯条。

（2）锯削管子和薄板时，必须用细齿锯条。否则会因齿距大于板（管）厚，使锯齿被钩住而崩断。锯削时，截面上至少要有两个锯齿同时参加锯削，才能避免锯齿被钩住而崩断。

二、锯路

在制造锯条时，使锯齿按一定的规律左右错开，排列成一定形状，称为锯路。锯路有交叉形和波浪形等，如图 3 - 3 - 5 所示。锯路的作用是使工件上的锯缝宽度大于锯条背部的厚度，从而减少"夹锯"和锯条过热现象，延长锯条的使用寿命。

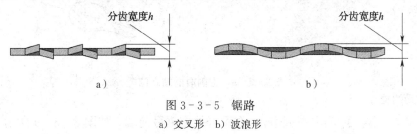

图 3 - 3 - 5　锯路

a）交叉形　b）波浪形

◎ **任务实施**

一、工具准备

准备好锯削所用的锯弓和锯条。根据锯条的选用原则，由于所加工材料为钢件，且厚度较薄，因此选用细齿锯条。

二、工件和工具的装夹

手锯是在向前推进时进行切削的，所以安装锯条时必须注意使锯齿朝向前推的方向，如图3-3-6所示，并且要注意控制锯条的松紧程度。装好的锯条应与锯弓保持在同一平面内。

将工件装夹于台虎钳上，锯削线一般在钳口偏左侧并与钳口垂直，以方便操作。同时，注意锯削线离钳口不要过远，以免锯削时工件振动。工件的装夹方法如图3-3-7所示。

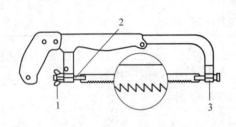

图3-3-6　锯条的安装方向

1—翼形螺母　2—夹头　3—方形导管

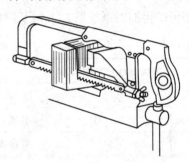

图3-3-7　工件的装夹方法

三、锯削准备

1. 锯削姿势

锯削时的站立位置如图3-3-8所示。左脚超前半步，两腿自然站立，人体重心稍微偏于右脚，视线要落在工件的切削部位。

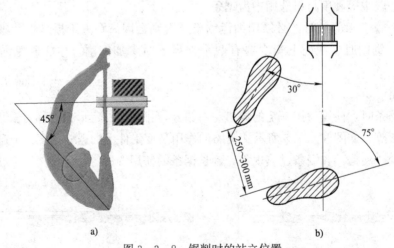

图3-3-8　锯削时的站立位置

2. 手锯的握法

握手锯时，应右手满握锯弓柄部，左手轻扶在锯弓前端，如图3-3-9所示。

图 3-3-9　手锯的握法

3. 起锯

根据所划线起锯，起锯分为远起锯和近起锯两种。

远起锯：从工件离自己稍远的一端起锯，如图 3-3-10a 所示。

近起锯：从工件离自己稍近的一端起锯，如图 3-3-10b 所示。

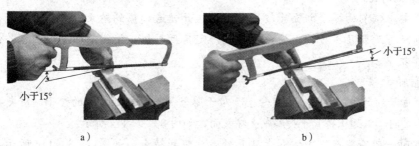

a)　　　　　　　　　　　　　　　　b)

图 3-3-10　起锯方法

a) 远起锯　b) 近起锯

操作提示

　　一般情况下采用远起锯较好，因为此时锯齿是逐步切入材料的。锯齿不易被卡住，起锯比较方便。如果采用近起锯，掌握不好时，锯齿由于突然切入较深的材料，容易被工件棱边卡住甚至崩断。

不论是远起锯还是近起锯，起锯角都要小些，一般不超过 15°，让锯齿逐步切入工件，以免锯齿受工件上棱边的冲击而崩裂。起锯时还要用左手拇指挡住锯条，以免锯削位置偏移，如图 3-3-10 所示。

4. 锯削

操作提示

　　1. 锯削前为了保证锯削后有足够的精加工余量，并使锯缝平直，可在所划槽线内侧约 1.5 mm 处划槽线的平行线，起锯时使锯缝与所划线重合，防止锯缝歪斜。

　　2. 锯条应装得松紧适度，锯削时不要用力过猛，防止锯条折断而崩出伤人。

　　3. 工件将要锯断时压力要小，避免压力过大使工件突然断开，身体向前冲而造成事故。工件将断时要用左手扶住工件将断开的部分，防止工件落下砸伤脚。

按锯削线预留合适的余量（约 1 mm），将多余的材料锯下。

锯削时推力和压力主要由右手控制，左手主要起扶正锯弓的作用，所加压力不要太大。手锯向前推出时为切削行程，应施加压力；回程不切削，自然拉回，不加压力，工件快锯断时压力要小。

推锯时锯弓的运动方式可有两种：一种是直线运动，适用于锯缝底面要求平直的槽和薄壁工件的锯削；另一种是锯弓可上下摆动，这样可使操作自然，两手不易疲劳。

锯削时的运动速度以每分钟 20～40 次为宜，锯削硬材料时慢些，锯削软材料时快些。

知识链接

其他锯削

1. 棒料的锯削

如果要求锯削的棒料断面比较平整，应从开始连续锯到结束。若锯出的断面要求不高，锯削时可改变几次方向，使棒料转过一定角度再锯，使锯削面变小而容易锯入，可提高工作效率。

2. 管子的锯削

锯削管子的时候，要正确装夹管子。对于薄壁管子和精加工过的管子，应夹在有 V 形槽的木垫之间，以防止将管子夹扁或夹坏表面，如图 3-3-11a 所示。

锯削时一般不要在一个方向上从开始连续锯到结束，如图 3-3-11c 所示，因为锯齿容易被管壁钩住而崩断，尤其是锯削薄壁管子更易产生这种现象。正确的方法是每个方向只锯到管子的内壁处，然后把管子转过一个角度，仍旧锯到管子的内壁处，如此逐渐改变方向，直至锯断为止，如图 3-3-11b 所示。薄壁管子在转变方向时，应使已锯的部分向锯条推进方向转动，否则锯齿仍有可能被管壁钩住。

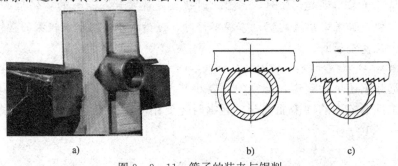

a)   b)   c)

图 3-3-11 管子的装夹与锯削
a) 管子的装夹　b) 转位锯削　c) 不正确的锯削

3. 深缝的锯削

当锯缝的深度达到锯弓的高度时，为了防止锯弓与工件相碰，应把锯条转过 90°安装后再锯，如图 3-3-12 所示。由于钳口的高度有限，工件应逐渐改变装夹位置，使锯削部位处于钳口附近，而不是在离钳口过高或过低的部位。否则因工件弹动而影响锯削质量，也容易损坏锯条。

4. 薄板料的锯削

锯削薄板料时，应尽可能从宽的面上锯下去。这样锯齿不易被钩住。当一定要在板料的狭面锯下去时，应该把它夹在两块木块之间，连木块一起锯下，如图3-3-13a所示，这样可避免锯齿被钩住，同时提高了板料的刚度，锯削时薄板料不会弹动。也可以将薄板料直接装夹在台虎钳上，用手锯横向斜推，使同时锯削的齿数（至少两个）增加，避免锯齿崩裂，如图3-3-13b所示。

图3-3-12　深缝的锯削

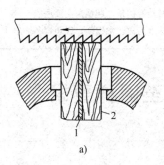

a)

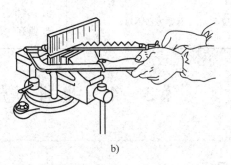

b)

图3-3-13　薄板料的锯削

a）薄板料的夹持和锯削　b）薄板料的横向锯削

1—薄板料　2—木块

四、锯条损坏的原因

锯条损坏的形式、原因及解决方法见表3-3-2。

表3-3-2　　　　　　　　　　锯条损坏的形式、原因及解决方法

形式	原因	解决方法
锯齿崩断	1. 锯齿的粗细选择不当 2. 起锯方法不正确 3. 突然碰到砂眼、杂质或突然加大压力 4. 发现锯齿崩裂未加处理而继续使用	1. 根据工件材料的硬度选择锯齿的粗细，锯薄板料或薄壁管时应选细齿锯条 2. 起锯角要小，远起锯时用力要小 3. 碰到砂眼、杂质时用力要减小，锯削时避免突然加压 4. 若发现锯齿崩裂，应立即在砂轮上小心地将其磨掉，且对后面相邻的2~3个齿高做过渡处理，避免锯齿的尺寸突然变化
锯条折断	1. 锯条安装不当 2. 工件装夹不正确 3. 强行借正歪斜的锯缝 4. 用力太大或突然加压力 5. 新换锯条在旧缝中受卡后被拉断	1. 锯条松紧要适当 2. 工件装夹要牢固，伸出端尽量短 3. 锯缝歪斜后将工件调向再锯，不可调向时，要逐步借正 4. 用力要适当 5. 新换锯条后，要将工件调向锯削，若不能调向，要较轻、较慢地过渡，待锯缝变宽后再正常锯削
锯齿过早磨损	1. 锯削速度太快 2. 锯削硬材料时未进行冷却、润滑	1. 锯削速度要适当 2. 锯削钢件时应加机油，锯削铸件时加柴油，锯削其他金属材料可加切削液

五、锯削质量分析

锯削时的质量问题、产生原因及解决方法见表3-3-3。

表3-3-3 锯削时的质量问题、产生原因及解决方法

质量问题	产生原因	解决方法
锯缝歪斜	1. 锯条装得过松 2. 目测不及时 3. 锯弓歪斜	1. 适当绷紧锯条 2. 装夹工件时使锯缝的划线与钳口外侧平行,锯削过程中经常目测 3. 扶正锯弓,按线锯削
尺寸过小	1. 划线不正确 2. 锯削线偏离所划的线	1. 按图样正确划线 2. 起锯和锯削过程中始终使锯缝与所划的线重合
工件表面拉毛	起锯方法不对	1. 起锯时左手拇指要挡好锯条,起锯角度要适当 2. 具有一定的起锯深度后再正常锯削,以免锯条弹出

§3-4 锉削 U 形板至图样要求

◎ 学习目标

1. 能根据加工要求正确选用锉刀规格。
2. 掌握平面及曲面的锉削方法,掌握正确的锉削姿势和动作要领。
3. 掌握工件内、外平面,内、外曲面,内、外角和沟槽等的锉削技能。
4. 掌握平面、平行面、垂直面、圆弧和角度的检测方法。
5. 熟悉锉削时产生废品的原因和防止方法。
6. 做到安全和文明操作。

◎ 工作任务

将錾削和锯削后的工件依据图样要求进行精加工,使各外形尺寸符合图样要求,达到图样所要求的几何公差和表面粗糙度值,如图3-4-1所示。

◎ 工艺分析

用锉刀对工件表面进行切削的加工方法称为锉削。锉削一般是在錾削、锯削之后对工件进行的较高精度的加工,其精度可达 0.01 mm,表面粗糙度 Ra 值可达 0.8 μm。

锉削的应用范围很广,可以锉削平面、曲面、外表面、内孔、沟槽和各种复杂表面,还可以锉配键,制作样板及在装配中修整工件,是钳工常用的重要操作之一。

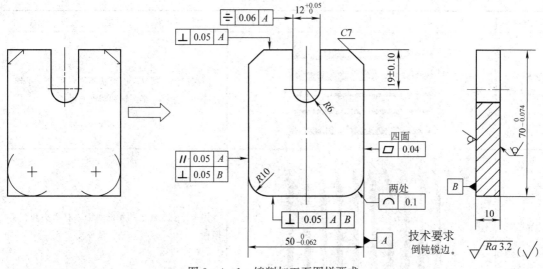

图 3 - 4 - 1　锉削加工至图样要求

◎ 相关知识

一、锉削工具

1. 锉刀的组成

锉刀由锉身和锉刀柄两部分组成,锉刀的构造及各部分的名称如图 3 - 4 - 2 所示。锉刀面是锉刀的主要工作面,上下两面都制有锉齿,以便于锉削。

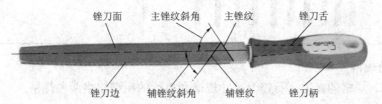

图 3 - 4 - 2　锉刀的构造及各部分的名称

锉刀面上有很多锉齿,锉削时每个锉齿都相当于一把錾子,用以对金属材料进行切削。

锉纹是锉齿排列的图案,有单齿纹和双齿纹两种,如图 3 - 4 - 3 所示。单齿纹是指锉刀上只有一个方向的齿纹,适用于锉削软材料。双齿纹是指锉刀上有两个方向排列的齿纹,适用于锉削硬材料。

图 3 - 4 - 3　锉纹
a) 单齿纹　b) 双齿纹

2. 锉刀的种类

锉刀的种类见表 3 - 4 - 1。

表 3-4-1   钿刀的种类

种类	图示	用途
钳工锉	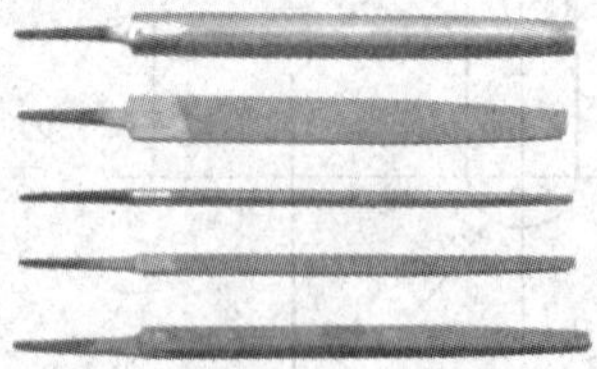	应用广泛，按其断面形状不同，可分为平锉、方锉、三角锉、半圆锉和圆锉5种
异形锉	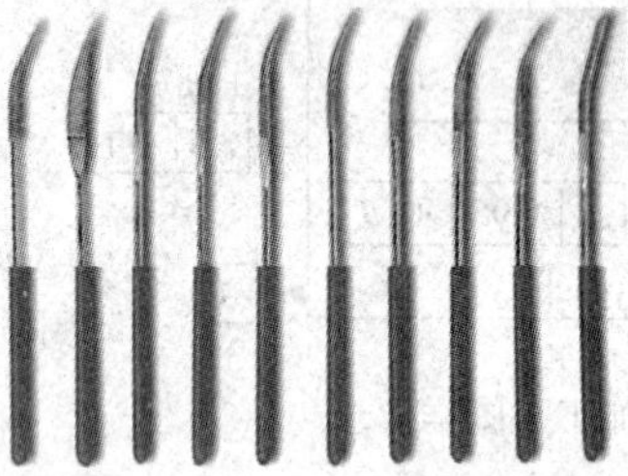	用来锉削工件上的特殊表面，有弯头和直头两种
整形锉	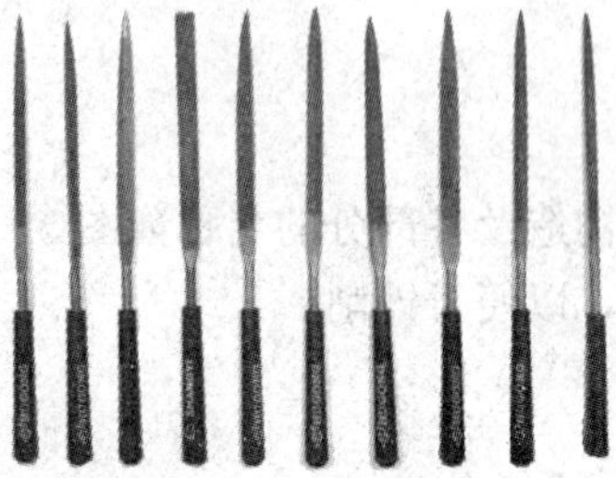	主要用于修整工件上的细小部分。通常以5、6、8、10或12把不同断面形状的锉刀组成一组

3. 锉刀的规格

各种类别、规格的锉刀，有锉刀尺寸规格和齿纹的粗细规格两种规格。

(1) 尺寸规格

钳工锉的尺寸规格：圆锉以其断面直径、方锉以其边长表示，其他锉以锉身长度表示。钳工常用的锉刀有 100 mm、125 mm、150 mm、200 mm、250 mm、300 mm、350 mm 和 400 mm 等几种。异形锉和整形锉的尺寸规格是指锉刀全长。

(2) 粗细规格

以锉刀每 10 mm 轴向长度内的主锉纹（面齿纹）条数来表示锉刀的粗细规格。锉刀粗细规格的选用见表 3-4-2，表中列出了各种粗细规格的锉刀适宜的锉削余量以及所能达到的尺寸精度和表面粗糙度 Ra 值。

表 3-4-2   锉刀粗细规格的选用

粗细规格	适用场合		
	锉削余量/mm	尺寸精度/mm	表面粗糙度 Ra 值/μm
1号（粗齿锉刀）	0.5～1	0.2～0.5	100～25
2号（中齿锉刀）	0.2～0.5	0.05～0.2	25～6.3

粗细规格	适用场合		
	锉削余量/mm	尺寸精度/mm	表面粗糙度 Ra 值/μm
3 号（细齿锉刀）	0.1~0.3	0.02~0.05	12.5~3.2
4 号（双细齿锉刀）	0.1~0.2	0.01~0.02	6.3~1.6
5 号（油光锉）	0.1 以下	0.01	1.6~0.8

二、锉刀的握法及锉削姿势

1. 锉刀的握法（见表 3－4－3）

表 3－4－3   锉刀的握法

分类	方法	图示
大锉刀 （250 mm 以上）的握法	右手握锉刀柄，柄端顶住掌心，拇指放在锉刀柄的上面，其余四指由下向上满握锉刀柄（见图 a）。左手的握锉姿势有两种：一种是将左手拇指肌肉压在锉刀头上，中指、无名指捏住锉刀前端；另一种是用左手掌斜压在锉刀前端，各指自然平放或弯曲（见图 b）	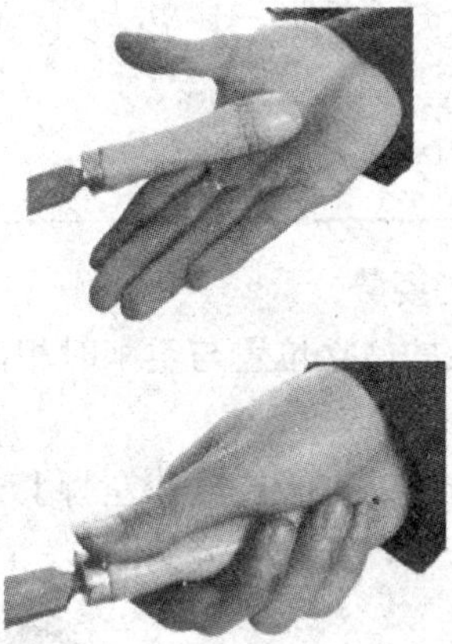 a) 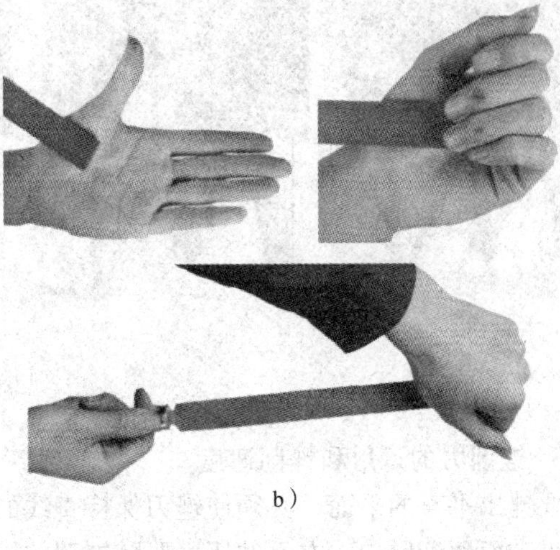 b)

分类	方法	图示
中型锉刀 （200 mm）的握法	右手握法大致与大锉刀右手握法相同；左手只需用拇指、食指和中指轻轻扶持即可，不必像大锉刀那样施加很大的压力	
小型锉刀 （150 mm）的握法	右手食指伸直，拇指放在锉刀柄上面，食指靠在锉刀边；左手手指压在锉刀中部	

2. 锉削的姿势

锉削时人的站立位置与錾削时相似。站立要自然并便于用力，以能适应不同的锉削要求为准。

锉削时身体的重心要落在左脚上，右膝伸直，左膝随锉削时的往复运动而屈伸。锉刀向前锉削的过程中，锉削姿势如图 3-4-4 所示。

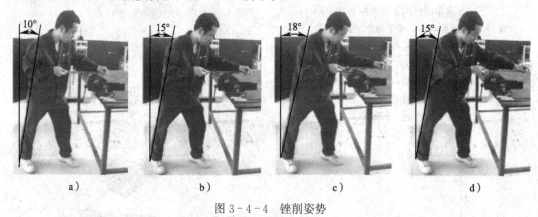

图 3-4-4　锉削姿势

3. 锉削力的运用和锉削速度

要锉出平直的平面，必须使锉刀保持直线的锉削运动。为此，锉削时右手的压力要随锉刀的推动而逐渐增大，左手的压力要随锉刀的推动而逐渐减小，锉平面时两手的用力情况如图 3-4-5 所示。回程时不加压力，以减少锉齿的磨损。

锉削速度一般约为每分钟 40 次，推出时稍慢，回程时稍快，动作要自然、协调。

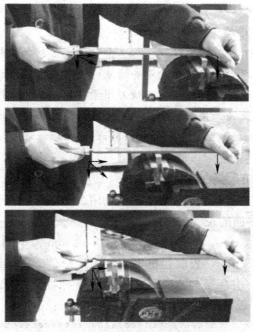

图 3 - 4 - 5 锉平面时两手的用力情况

◎ 任务实施

一、准备工具和量具

1. 工具

锉刀、铜丝刷、软钳口、毛刷等。

2. 量具

测量范围为 50～75 mm 的千分尺、测量范围为 0～125 mm 的游标卡尺（分度值为 0.02 mm）、刀口尺、塞尺、角度样板、圆弧样板等。

二、确定锉削顺序

1. 选择最大的平面作为基准面并将其锉平，达到平面度要求，将如图 3 - 0 - 1 所示工件的多余材料去除后，选择 70 mm×10 mm 的平面作为基准面。

2. 先锉与基准面相对的 70 mm×10 mm 的平行平面，待达到规定的平面度、平行度等要求后，再锉与基准面垂直的 50 mm×10 mm 平面，达到尺寸和精度要求。

3. 锉削其他特型面（如 12 mm 的槽等）。

4. 平面与曲面连接时，应先锉平面再锉曲面，以便于光滑连接。

> **操作提示**
>
> 锉刀选用是否合理，对工件加工质量、工作效率和锉刀寿命都有很大的影响。
>
> 1. 锉刀断面形状和尺寸规格的选择
>
> 锉刀的断面形状和尺寸规格一般应根据工件被加工表面的形状和大小来选用。例如，锉齿削内角表面时，为使两者的形状相适应，要选择三角锉；加工表面较大时，要选择大尺寸的锉刀。

三、锉削 U 形板

1. 选择作为划线基准的两个垂直面 70 mm×10 mm 和 50 mm×10 mm 作为锉削基准面。因这两个面经过机械加工，表面比较平整。选用 250 mm 的细平锉，首先采用顺向锉的锉法沿 70 mm×10 mm 平面的长度方向进行锉削（将机械加工痕迹去掉为止），锉削时保证其平面度误差不大于 0.04 mm，并保证与 70 mm×50 mm 大平面和 50 mm×10 mm 平面的垂直度误差不大于 0.05 mm，表面粗糙度 Ra 值不大于 3.2 μm。然后采用同样方法锉削 50 mm×10 mm 平面，并保证与 70 mm×50 mm 大平面和 70 mm×10 mm 平面的垂直度误差不大于 0.05 mm，表面粗糙度 Ra 值不大于 3.2 μm。

操作提示

锉削平面时，经常要用到以下锉削方法：

1. 顺向锉

顺向锉是最普通的锉削方法，不大的平面和最后锉光都用这种方法。顺向锉可得到正直的锉痕，比较整齐、美观，如图 3-4-6 所示。

2. 交叉锉

如图 3-4-7 所示，交叉锉时锉刀与工件的接触面增大，容易保证锉刀平稳。同时，从锉痕上可以判断出锉削面的高低情况，因此容易把平面锉平。交叉锉进行到平面将锉削完成之前，要改用顺向锉，使锉痕变得正直。

 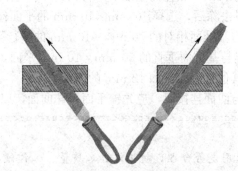

图 3-4-6 顺向锉　　　　　　　　　　图 3-4-7 交叉锉

在锉平面时，不管是顺向锉还是交叉锉，为了使整个加工面能均匀地被锉削到，一般在每次抽回锉刀时要向旁边略微移动，锉刀移动的示意图如图 3-4-8 所示。

3. 推锉

推锉一般用来锉削狭长的平面，或在顺向锉时锉刀推进受阻碍的情况下采用。推锉不能充分发挥手的力量，同时切削效率不高，故只适宜在加工余量较小和修正尺寸时应用，如图 3-4-9 所示。

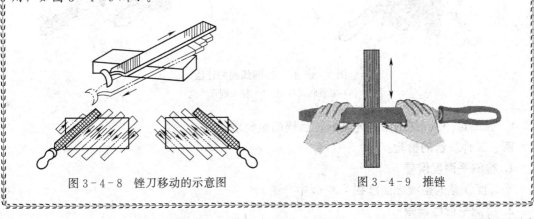

图 3-4-8　锉刀移动的示意图　　　　　　图 3-4-9　推锉

2. 锉削 70 mm×10 mm 平面的平行面，因加工余量较大，故选用 300 mm 的粗平锉粗锉。先采用交叉锉法去除余量，粗锉结束（约留 0.2～0.3 mm 的精加工余量）改用 250 mm 的细平锉采用顺向锉法进行精锉，保证尺寸 $50_{-0.062}^{0}$ mm，并保证与 70 mm×10 mm 平面的平行度误差不大于 0.05 mm，与 70 mm×50 mm 大平面的垂直度误差不大于 0.05 mm，表面粗糙度 Ra 值不大于 3.2 μm。

3. 锉削 50 mm×10 mm 平面的平行面，方法与加工 70 mm×10 mm 平面的平行面相同。

4. 锉削 12 mm 的槽（孔已事先加工好），粗锉时选用 200 mm 的粗平锉，精锉时用 200 mm 的细平锉，精锉至尺寸要求，保证其对基准 A 的对称度误差不大于 0.06 mm，并与 $R6$ mm 的圆弧光滑连接，表面粗糙度 Ra 值不大于 3.2 μm。锉削时，为了保证锉纹与外表面的一致性，由于不便采用顺向锉法，可采用推锉的方法进行。

操作提示

在锉削工件过程中，要经常检查其平面度以及与其他平面的平行度、垂直度等，以便于及时修正。尤其是接近图样要求的尺寸时，更应及时进行测量，以免造成废品。

---

5. 锉削外圆弧面，锉外圆弧面时一般采用顺着圆弧锉削的方法（见图 3-4-10a）。在锉刀做前进运动的同时，还应绕工件圆弧的中心做摆动。摆动时，右手把锉刀柄部往下压，而左手把锉刀前端向上提，这样锉出的圆弧面不会出现棱边。但顺着圆弧锉削的方法不易发挥力量，锉削效率不高，故适用于加工余量较小或精锉圆弧的情况。

当加工余量较大时，可采用横着圆弧锉削的方法（见图 3-4-10b）。由于锉刀做直线推进，用力可稍大，故效率较高。当按圆弧要求先锉成多棱形后，再用顺着圆弧锉削的方法精锉成圆弧。

锉削两处 $R10$ mm 的圆弧，保证其与两平面光滑连接，线轮廓度误差不大于 0.1 mm，表面粗糙度 Ra 值不大于 3.2 μm。

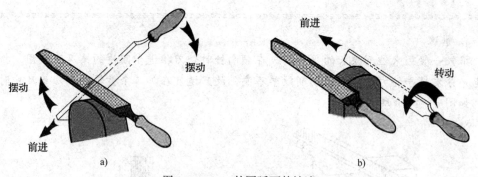

图 3-4-10　外圆弧面的锉法
a) 顺着圆弧锉削　b) 横着圆弧锉削

6. 加工 C7 mm 的倒角。先锯削，后锉削至要求。

四、工件质量的检验

1. 检测平面度误差

平面度误差的检测方法已在 §2-3 中介绍。

2. 检测平行度误差

以锉平的基准面为基准，用游标卡尺或千分尺在不同位置测量两平面间的厚度，根据读数确定该位置的平行度是否超差。

想一想　　除了用游标卡尺或千分尺检测平行度误差外，是否还有其他方法？

除上述方法外，还可以借助百分表来检测平行度误差，其方法：将百分表固定在平板上，使其测头与工件测量面接触，将被测工件基准面在平板上移动，百分表的最大与最小读数差就是平行度误差。

3. 检测垂直度误差

（1）先将直角尺的基面紧贴工件的基准面，然后从上逐步轻轻向下移动，使直角尺的测量面与工件的被测表面接触，目光平视观察其透光情况，以此来判断工件被测面与基准面是否垂直，如图 3-4-11a 所示。检测时，直角尺不可斜放，如图 3-4-11b 所示。

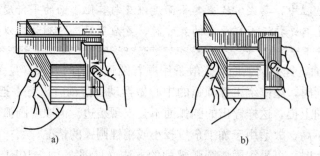

图 3-4-11　用直角尺检测工件垂直度误差
a) 正确　b) 错误

（2）在同一平面上改变不同的检测位置时，不可在工件表面上拖动直角尺，以免将其磨损，影响直角尺本身的精度。

4. 检测线轮廓度误差

曲面的线轮廓度误差可通过半径样板用塞尺或透光法进行检测，如图 3 - 4 - 12 所示。

5. 检测角度

角度可用专用的内或外角度样板进行检测，如图 3 - 4 - 13 所示，也可以用万能角度尺进行检测。

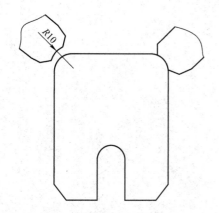

图 3 - 4 - 12　用半径样板检测曲面的线轮廓度误差

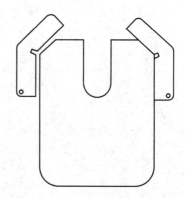

图 3 - 4 - 13　用角度样板检测角度

6. 质量分析

锉削时的质量问题、产生原因及解决方法见表 3 - 4 - 4。

表 3 - 4 - 4　　　　　　　　　锉削时的质量问题、产生原因及解决方法

质量问题	产生原因	解决方法
工件夹坏	1. 台虎钳钳口太硬，将工件表面夹出凹痕 2. 夹紧力太大，将空心工件夹扁 3. 薄而大的工件未夹好，锉削时变形	1. 夹紧精加工工件时，应用铜钳口或垫铜皮、铝板等软金属 2. 夹紧力要恰当，夹空心工件时最好用弧形木垫 3. 对薄而大的工件要用辅助工具夹持
平面中凸	锉削时锉刀摇摆	加强锉削技能的训练，防止锉刀摇摆
工件尺寸锉小	1. 划线不正确 2. 锉刀锉出加工界线	1. 按图样尺寸正确划线 2. 锉削时要经常测量，小心控制每次锉削量
工件表面粗糙度值大	1. 锉刀粗细规格选用不当 2. 锉屑嵌在锉刀中未及时清除	1. 合理选用锉刀 2. 经常清除锉屑
锉掉不应锉的部分	1. 锉垂直面时未选用光边锉刀 2. 锉刀打滑，锉伤邻近表面	1. 应选用光边锉刀 2. 注意消除油污等引起打滑的因素

五、锉削时的注意事项

1. 进行锉削练习时，要保持锉削姿势正确，随时纠正不正确的姿势和动作。

2. 为保证加工表面光洁，在锉削钢件时，必须经常用钢丝刷清除嵌入锉刀齿纹内的锉屑，并在齿面上涂上粉笔灰。

3. 在加工时要防止片面性，要保证工件的全部表面达到精度要求。

4. 测量工件时要先倒钝锐边，去毛刺，以保证测量的准确性。

5. 锉刀柄要装牢，不准使用锉刀柄有裂纹的锉刀和无锉刀柄的锉刀。

6. 不准用嘴吹锉屑，也不准用手清理锉屑。

7. 锉刀放置时不得露出钳台边。

8. 夹持工件已加工表面时，应使用保护垫片，较大工件要加木垫。

课题四　U形板的孔加工

◎ **学习目标**

    通过U形板的孔加工练习，主要学习钻床的操纵、钻头的刃磨、钻孔、锪孔、铰孔等孔加工方法和攻螺纹、套螺纹等内容。本课题的重点是麻花钻的刃磨和保证钻孔的准确性。通过技能训练，基本掌握钻头的刃磨、钻孔和螺纹的加工方法。

◎ **课题描述**

    本课题的任务是按如图4-0-1所示的要求在U形板上进行孔加工。U形板上的孔可分为4类：$\phi 5.5^{+0.1}_{0}$ mm的孔，表面粗糙度Ra值不大于6.3 μm；$\phi 10^{+0.20}_{0}$ mm、深$4^{+0.20}_{0}$ mm的沉孔，表面粗糙度Ra值不大于6.3 μm；$\phi 10^{+0.022}_{0}$ mm的通孔，表面粗糙度Ra值不大于3.2 μm；M8的螺纹孔。

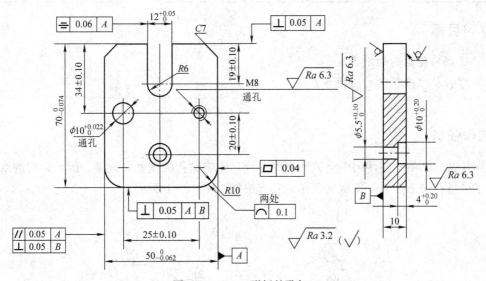

图4-0-1　U形板的孔加工

    各孔的尺寸要求不同，表面粗糙度值不同，只用一种加工方法一般是达不到图样要求的。实际生产中往往将几种加工方法顺序组合，才能达到图样要求。加工时，必须对孔先进行初加工，然后进行后续加工，即进行钻孔、扩孔、锪孔、铰孔和螺纹加工等。

    一般孔加工根据精度要求的不同，加工方法可按以下顺序进行组合：钻孔→扩孔→粗铰→精铰。

◎ 材料准备

实习件名称	材料	材料来源	件数
U形板	45钢	课题三	1

◎ 加工过程

加工步骤	任务描述
1. 钻孔	钻孔至 $\phi3$ mm（$\phi5.5^{+0.10}_{0}$ mm孔的初加工）、$\phi6.8$ mm（螺纹底孔）和 $\phi7$ mm（$\phi10^{+0.022}_{0}$ mm孔的初加工）
2. 扩孔	扩孔至 $\phi5.5^{+0.10}_{0}$ mm和 $\phi9.8$ mm（$\phi10^{+0.022}_{0}$ mm孔的半精加工）
3. 锪孔	锪孔至 $\phi10^{+0.20}_{0}$ mm、深 $4^{+0.20}_{0}$ mm
4. 铰孔	铰孔至 $\phi10^{+0.022}_{0}$ mm
5. 螺纹加工	攻 M8 的螺纹

§4-1 钻头的刃磨

◎ 学习目标

1. 了解麻花钻的切削角度。
2. 掌握标准麻花钻的刃磨方法。

◎ 工作任务

麻花钻（钻头）在使用中会因磨损而变钝，影响钻孔的质量和效率。因此，刃磨麻花钻是钳工进行孔加工中的一项重要工作，其方法如图4-1-1所示。

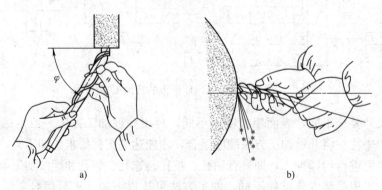

a)   b)

图4-1-1 刃磨麻花钻的方法

◎ 工艺分析

钻削时钻头是在半封闭的状态下进行切削的，转速高，切削量大，排屑困难，摩擦严重，容易磨损。因此，钻头应经常进行刃磨。

刃磨时主要是根据加工材料的不同，保证麻花钻具有正确的切削角度。

◎ 相关知识

一、麻花钻的组成

麻花钻一般用高速钢（W18Cr4V 或 W9Cr4V2）制成，淬火后硬度达 62～68HRC。

标准直柄麻花钻由柄部、工作部分组成，如图 4-1-2a 所示；标准锥柄麻花钻由柄部、颈部和工作部分组成，如图 4-1-2b 所示。

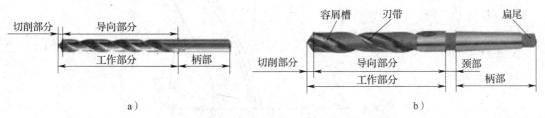

图 4-1-2 麻花钻的组成
a）直柄麻花钻 b）锥柄麻花钻

1. 柄部

柄部是麻花钻的夹持部分，主要用来连接钻床主轴、定心并传递动力。为了便于装夹，通常在钻削 ϕ13 mm 以下的孔时，选用直柄麻花钻；钻削 ϕ13 mm 以上的孔时，选用锥柄麻花钻。在锥柄的小端有一扁尾，以备嵌入锥孔的槽中，作顶出钻头之用。

2. 工作部分

麻花钻的工作部分包括切削部分（又称钻尖）和由两条刃带形成的导向部分。

（1）切削部分

切削部分是指由产生切屑的各要素（主切削刃、副切削刃、横刃、前面、后面、刀尖）所组成的工作部分，如图 4-1-3 所示，它承担着主要的切削工作，由五刃（两条主切削刃、两条副切削刃和一条横刃）、六面（两个前面、两个后面和两个副后面）和三尖（一个钻尖和两个刀尖）组成。

（2）导向部分

导向部分用来保持麻花钻钻孔时的正确方向，副切削刃（又称刃带导向刃，即刃带与容屑槽的交线）可修光孔壁。为了减少刃带与孔壁的摩擦，便于导向，麻花钻的导向部分直径略有倒锥（用倒锥度表示，每100 mm 长度为 0.02～0.12 mm，但总倒锥量不应超过0.25 mm）。

3. 颈部

颈部是锥柄麻花钻的工作部分与柄部之间的过渡

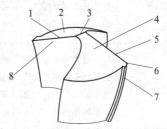

图 4-1-3 麻花钻的切削部分
1、5—主切削刃 2、4—后面 3—横刃
6—刀尖 7—副切削刃 8—前面

部分，是锥柄麻花钻在磨削加工时预留的退刀槽，钻头的规格、材料及商标常标在颈部。

二、麻花钻的切削角度

麻花钻的切削角度如图 4-1-4 所示，各角度的作用及特点见表 4-1-1。

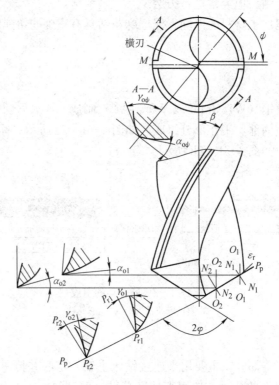

图 4-1-4　麻花钻的切削角度

表 4-1-1　　　　　　　　　　　　麻花钻切削角度的作用及特点

切削角度	作用及特点
前角 γ_o	前角的大小决定着切除材料的难易程度和切屑与前面上产生摩擦阻力的大小。前角越大，切削越省力。主切削刃上各点前角不同：近外缘处最大，可达 $\gamma_o=30°$；自外向内逐渐减小，在钻心至 $D/3$（D 为麻花钻直径）范围内为负值；横刃处 $\gamma_o=-54°\sim-60°$；接近横刃处的前角 $\gamma_o=-30°$
主后角 α_o	主后角的作用是减少麻花钻后面与切削平面间的摩擦。主切削刃上各点的主后角不同：外缘处较小，自外向内逐渐增大。直径 $D=15\sim30$ mm 的麻花钻，外缘处 $\alpha_o=9°\sim12°$，钻心处 $\alpha_o=20°\sim26°$，横刃处 $\alpha_o=30°\sim60°$
顶角 2φ	顶角影响主切削刃上轴向力的大小。顶角越小，轴向力越小，外缘处刀尖角 ε 越大，越利于散热和延长钻头使用寿命。但在相同条件下，钻头所受转矩增大，切削变形加剧，排屑困难，不利于润滑。顶角的大小一般根据麻花钻的加工条件而定。标准麻花钻的顶角 $2\varphi=118°\pm2°$。顶角对主切削刃形状的影响如图 4-1-5 所示
横刃斜角 ψ	横刃斜角在刃磨钻头时自然形成，其大小与主后角有关。主后角大，则横刃斜角小，横刃较长。标准麻花钻的横刃斜角 $\psi=50°\sim55°$

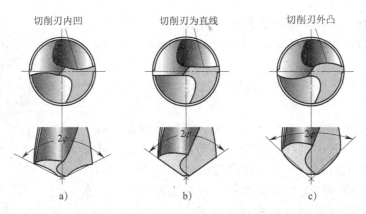

切削刃内凹 　　　　切削刃为直线 　　　　切削刃外凸

a) 　　　　　　　　 b) 　　　　　　　　 c)

图 4-1-5　顶角对主切削刃形状的影响

a) $2\varphi > 118°$ 　 b) $2\varphi = 118° \pm 2°$ 　 c) $2\varphi < 118°$

知识链接

标准麻花钻的特点

1. 横刃较长，横刃前角为负值。切削中，横刃处于挤刮状态，产生很大的轴向抗力，同时横刃长了，定心作用不良，使钻头容易发生抖动。

2. 主切削刃上各点的前角大小不一样，使切削性能不同。靠近钻心处的前角是负值，切削处于挤刮状态。

3. 因为钻头的棱边较宽，又没有副后角，所以靠近切削部分的棱边与孔壁的摩擦比较严重，容易发热和磨损。

4. 主切削刃外缘处的刀尖角较小，前角很大，刀齿薄弱，而此处的切削速度又最高，故产生的切削热最多，磨损极为严重。

5. 主切削刃长，而且刃宽参加切削，各点切屑流出的速度相差很大，切屑卷曲成很宽的螺旋卷，所占体积大，容易在螺旋槽内堵塞，使排屑不顺利，切削液也不易加注到切削刃上。

◎ **任务实施**

操作提示

1. 钻头的两条主切削刃应长度相等，同时两刃与轴线的夹角也应相等（保持对称）。刃口上不允许有钝口或崩刃存在。

2. 顶角的大小可根据加工条件在刃磨钻头时决定。设计时标准麻花钻的顶角 $2\varphi = 118° \pm 2°$，此时两条主切削刃呈直线形；当顶角 $2\varphi > 118°$ 时，主切削刃呈内凹形；当顶角 $2\varphi < 118°$ 时，主切削刃呈外凸形。顶角具体的大小可根据材料的软硬来决定。

3. 刃磨出合适的后角，以确定正确的横刃斜角 ψ，通常横刃斜角 $\psi = 50° \sim 55°$。

1. 右手握住钻头的头部，左手握住柄部。

2. 钻头与砂轮轴线的夹角 $\varphi=58°\sim60°$，如图 4-1-1a 所示。

3. 工作部分向下倾斜约 $8°\sim15°$ 的角度，如图 4-1-1b 所示。

4. 使主切削刃略高于砂轮水平中心，先接触砂轮，右手缓慢地使钻头绕自身的轴线由下向上转动，刃磨压力逐渐加大，这样便于磨出后角，其下压速度及幅度随后角的大小而变化。刃磨时两手动作的配合要协调，两后面经常轮换，直到符合要求为止，随后用样板检查刃磨角度，如图 4-1-6 所示。

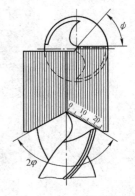

图 4-1-6　用样板检查刃磨角度

5. 钻头横刃的刃磨方法：对于直径在 6 mm 以上的钻头必须修短横刃，并适当增大近横刃处的前角，要求把横刃磨短成 $b=0.5\sim1.5$ mm，使内刃斜角 $\tau=20°\sim30°$，内刃处前角 $\gamma_\tau=-15°\sim0°$。如图 4-1-7 所示为修磨横刃的几何参数。

修磨横刃时钻头与砂轮的相对位置：钻头轴线在水平面内相对于砂轮侧面左倾约 15°夹角，在垂直平面内与刃磨点的砂轮半径方向约成 55°下摆角，横刃的修磨方法如图 4-1-8 所示。

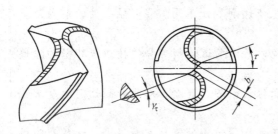

图 4-1-7　修磨横刃的几何参数

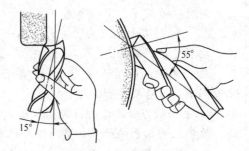

图 4-1-8　横刃的修磨方法

6. 钻头刃磨压力不宜过大，并要经常蘸水冷却，以防止退火。

§4-2　在钻床上钻孔

◎ 学习目标

1. 了解本工作场地台式钻床和立式钻床的规格、性能及其使用方法。

2. 熟悉钻孔时工件的几种基本装夹方法。

3. 熟悉钻孔时转速的选择方法。

4. 掌握划线钻孔方法，并能进行一般孔的钻削加工。

5. 做到安全和文明操作。

◎ 工作任务

在 U 形板工件上划线，划出 $\phi 3$ mm、$\phi 6.8$ mm（螺纹底孔）和 $\phi 7$ mm（扩孔前底孔）各孔的中心位置，如图 4-2-1 所示，以便于钻孔时进行找正，保证图样上各孔的加工要求。

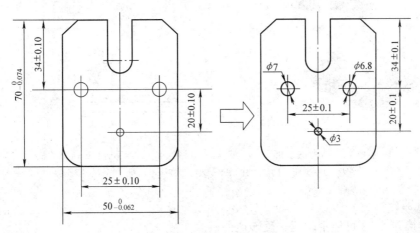

图 4-2-1　在工件上划线并钻孔

◎ 工艺分析

钻孔时，将工件装夹在钻床工作台上固定不动，钻头装在钻床主轴上（或装在与主轴连接的钻夹头上），一面旋转（切削运动），一面沿钻头轴线向下做直线运动（进给运动），如图 4-2-2 所示。由于钻头的刚度和精度都较差，故加工精度不高，一般为 IT11～IT10 级，表面粗糙度 Ra 值不小于 12.5 μm。

◎ 相关知识

一、台式钻床

如图 4-2-3 所示为 Z4012 型台式钻床，其最大钻孔直径为 12 mm。

1. 机头

机头 3 安装在立柱 10 上，用锁紧手柄 7 进行锁紧。主轴 5 装在机头孔内，主轴下端的螺母 4 供更换或卸下钻夹头时使用。

2. 立柱

立柱 10 的截面为圆形，它的顶部是机头升降机构。当机头靠旋转摇把 1 升到所需高度后，应将锁紧手柄 7 旋紧，将机头锁住。

图 4-2-2　钻孔

3. 电动机

松开螺钉 11，可推动电动机托板带动电动机前后移动，以调节 V 带的松紧。改变 V 带在塔式带轮轮槽中的位置，可以改变钻床的转速。

4. 底座

底座 8 的中间有一条 T 形槽，用于装夹工件或夹具，四角有安装用的螺栓孔。

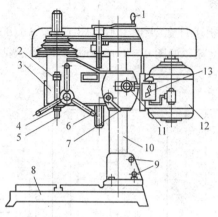

图 4 - 2 - 3 Z4012 型台式钻床

1—摇把 2—挡块 3—机头 4—螺母 5—主轴 6—进给手柄 7—锁紧手柄

8—底座 9—螺栓 10—立柱 11—螺钉 12—电动机 13—转换开关

5. 电气部分

操作转换开关 13 可使主轴正、反转或停机。

二、立式钻床

立式钻床（简称立钻）是钻床中较为普通的一种，结构比较完善，适用于小批量、单件的中型工件的孔加工。如图 4 - 2 - 4 所示为立式钻床。

1. 主轴箱

主轴箱 1 位于机床的顶部，主电动机安装在它的上面。主轴箱右侧有一个变速手柄，参照机床的变速标牌，转动手柄能使主轴获得 6 级不同的转速。

2. 进给箱

进给箱 2 位于主轴箱的下方。按变速标牌指示转动进给箱右侧的手柄 9，能够获得所需的自动进给速度。

3. 进给手柄

在进给箱的右侧有三星手动进给手柄 11，这个手柄连同箱内的进给装置称为进给机构。用它可以选择自动进给、手动进给、超越进给或攻螺纹进给等不同操作方式。

4. 工作台的升降运动

转动工作台升降手柄 14，可使工作台沿床身立柱做升降运动。

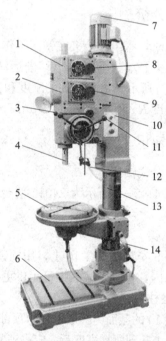

图 4 - 2 - 4 立式钻床的结构

1—主轴箱 2—进给箱 3—自动进给手柄

4—主轴 5—工作台 6—底座 7—主电动机

8—主轴变速手轮 9—进给量调节手柄

10—电气控制部分 11—三星手动进给手柄

12—照明装置 13—立柱 14—工作台升降手柄

5. 工作台的回转运动

机床上装有圆形立柱和工作台，工作台除可升降外，还可绕本身及立柱轴线回转，故在一次装夹中可加工几个孔。较大型工件还可直接放在底座上加工。

6. 电气控制部分

按下按钮 10 可使主轴正、反转或停机。

三、摇臂钻床

摇臂钻床是靠移动主轴来对准工件上孔的中心的，所以加工时比立式钻床方便。它适用于加工大型工件和多孔工件。如图 4-2-5 所示为 Z3040 型摇臂钻床，其最大钻孔直径为 40 mm。

图 4-2-5　Z3040 型摇臂钻床

操作提示

使用钻床时应注意以下几点：

1. 使用过程中，工作台台面必须保持清洁。

2. 钻通孔时必须使钻头能通过工作台台面上的让刀孔，或在工件下面垫上垫铁，以免钻坏工作台台面。

3. 使用立式钻床前必须先空转试车，在机床各机构都能正常工作时才可操作。

4. 立式钻床工作中不采用自动进给时，必须将进给手柄端盖向里推，断开自动进给。

5. 在立式钻床上变换主轴转速或自动进给量时，必须停车后进行。

6. 需经常检查润滑系统的供油情况。

7. 用完钻床后，必须将机床外露滑动面及工作台台面擦净，并对各滑动面及各注油孔加注润滑油。

◎ 任务实施

操作提示

1. 用钻夹头装夹钻头时要用钻夹头钥匙，不可用扁铁和锤子敲击，以免损坏钻夹头和影响钻床主轴精度。装夹工件时，必须做好装夹面的清洁工作。

2. 钻孔时，手的进给压力应根据钻头的工作情况，凭目测和感觉进行控制。

3. 钻头用钝后必须及时修磨。

4. 操作钻床时禁止戴手套，袖口必须扎紧，女生必须戴工作帽。

5. 启动钻床前，应检查是否有钻夹头钥匙或斜铁插在主轴上。

6. 工件必须夹紧，通孔将要钻穿时，应由自动进给改为手动进给，并尽量减小进给力。

7. 钻孔时不可用手、棉纱清除切屑，也不可用嘴吹，必须用毛刷清除；钻出长切屑时应用钩子弄断后清除；钻头上绕有长切屑时应停机清除，严禁用手拉或用铁棒敲击。

一、钻孔前的准备工作

1. 准备工具

准备所需规格的麻花钻 [$\phi 3$ mm、$\phi 6.8$ mm（螺纹底孔）和 $\phi 7$ mm（扩孔前钻底孔）]，将刃磨好的麻花钻装夹在钻床主轴上。直柄钻头用钻夹头夹持，首先将钻柄塞入钻夹头的 3 个卡爪内，夹持长度不能小于 15 mm，然后用钻夹头钥匙旋转外套，使环形螺母带动 3 个卡爪移动，做夹紧或放松动作。直柄钻头的装拆如图 4-2-6 所示。

图 4-2-6 直柄钻头的装拆

知识链接

锥柄钻头的装拆

锥柄钻头用柄部的莫氏锥体直接与钻床主轴连接。连接时，应使扁尾的长方向与主轴上的腰形孔轴线方向一致，用加速冲力一次装接，如图 4-2-7a 所示。当钻头锥柄小于主轴锥孔时，可加过渡锥套连接，如图 4-2-7b 所示。拆卸时，应把斜铁敲入过渡锥套或钻床主轴上的腰形孔内，斜铁带圆弧的一边要放在上面，利用斜铁斜面的张紧分力，使钻头与过渡锥套或主轴分离，如图 4-2-7c 所示。

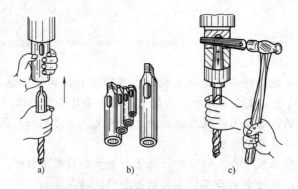

a)   b)   c)

图 4-2-7 锥柄钻头的装拆及过渡锥套

2. 划线

（1）按孔的位置尺寸要求划出孔位置的十字中心线，并在中心处冲眼，样冲眼要小，位置要准，然后按孔的大小划出孔的圆周线，如图 4-2-8a 所示。

（2）钻直径较大的孔时，还应划出几个大小不等的检查圆，以便检查和校正钻孔位置，如图4-2-8b所示；也可直接划出以中心线为对称中心的几个大小不等的方框（见图4-2-8c)，作为钻孔时的检查线，然后打上中心样冲眼。

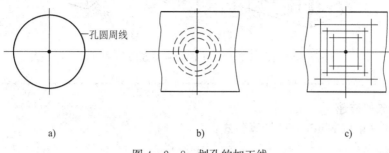

a)   b)   c)

图4-2-8　划孔的加工线

3. 装夹工件

在钻床上将工件装夹牢固。因U形板工件尺寸比较小，可以直接将其装夹在机床用平口虎钳上，如图4-2-9a所示。

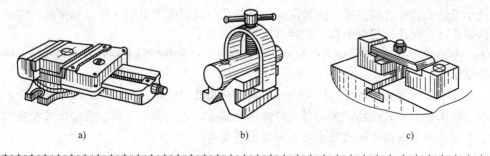

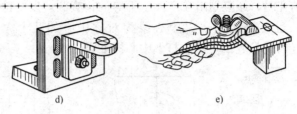

图 4-2-9　工件的装夹方法

4. 选择钻床的转速

钻床转速 n（单位 r/min）的计算公式：

$$n=\frac{1\,000v}{\pi D}$$

式中　D——钻头直径，mm；

　　　　v——切削速度，m/min，钻钢料的切削用量见附表1，钻铸铁时的切削用量见附表2。

用高速钢钻头钻铸铁件时，$v=14\sim22$ m/min；钻钢件时，$v=16\sim24$ m/min；钻青铜或黄铜件时，$v=30\sim60$ m/min。工件材料硬度和强度较高时，转速取较小值（铸铁硬度以200HBW 为中间值，钢强度以 700 MPa 为中间值）；钻头直径较小时（以 $\phi16$ mm 为中间值），转速也取较小值；钻孔深度 $L>3D$ 时，还应将所取值乘以 $0.7\sim0.8$ 的修正系数。

例 4-1　在钢件（强度为 700 MPa）上钻 $\phi3$ mm、$\phi6.8$ mm 和 $\phi7$ mm 的孔，钻头材料为高速钢，钻床转速为多少？

解：

$$n_1=\frac{1\,000v}{\pi D}\approx\frac{1\,000\times16}{3.14\times3}\ \text{r/min}\approx1\,700\ \text{r/min}$$

$$n_2=\frac{1\,000v}{\pi D}\approx\frac{1\,000\times16}{3.14\times6.8}\ \text{r/min}\approx749\ \text{r/min}$$

$$n_3=\frac{1\,000v}{\pi D}\approx\frac{1\,000\times16}{3.14\times7}\ \text{r/min}\approx730\ \text{r/min}$$

应根据机床转速列表选择与计算结果相近的转速，因此 n_2、n_3 选择 750 r/min。

二、钻孔

1. 起钻

钻孔时，先使钻头对准钻孔中心，钻出一个浅坑以观察钻孔位置是否正确，并不断校正。校正时，若偏位较少，可在起钻的同时用力将工件向偏位的反方向推移，达到逐步校正的目的。若偏位较多，可在校正方向打上几个样冲眼或用油槽錾錾出几条槽，以减小此处的切削力，达到校正的目的。校正方法如图 4-2-10 所示。无论用何种方法校正，都必须在锥坑圆小于钻头直径之前完成，这是保证达到钻孔位置精度的重要一环。如果起钻锥坑外圆已经达到孔径，而孔位仍有偏移，此时再校正就困难了。

> **操作提示**
>
> 钻孔时要注意钻孔精度的检验。钻削前，应先进行试钻，用游标卡尺测量孔径，合适后再在工件上正式钻孔。若孔径大，应修磨钻头，直至合适为止。同时还应检查孔与孔、孔与定位基准面之间的尺寸是否符合图样要求。

2. 钻三个孔

当起钻达到钻孔的位置要求后，可压紧工件进行钻孔。手动进给钻孔时，进给力不宜过大，以防止钻头发生弯曲，使孔轴线歪斜，如图 4-2-11 所示。在钻小直径孔或深孔时，进给量要小，并经常退钻排屑，以防止因切屑阻滞而卡断钻头。一般在钻孔深度达到直径的 3 倍时，一定要退钻排屑；孔将钻穿时，进给力必须减小，以防止进给量突然过大，增大切削抗力，使钻头折断，或使工件随着钻头转动而造成事故。

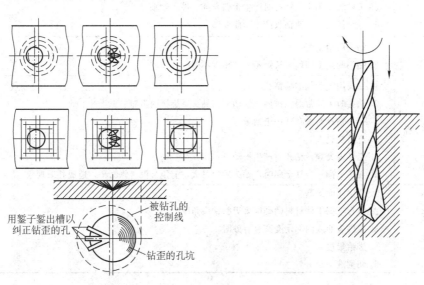

用錾子錾出槽以
纠正钻歪的孔

被钻孔的
控制线

钻歪的孔坑

图 4-2-10 校正方法　　　　　　　图 4-2-11 钻孔时轴线歪斜

操作提示

钻孔时，为使钻头散热，减小摩擦，消除黏附在钻头和工件表面的积屑瘤，延长钻头使用寿命，提高所加工孔的表面质量，应加注足够的切削液。钻钢件时可用 3%～5% 的乳化液，钻不锈钢时可用 10%～15% 的乳化液，其他材料如铸铁、铜、铝及合金等不用切削液或用 5%～8% 的乳化液。

依次完成 $\phi 3$ mm、$\phi 6.8$ mm 和 $\phi 7$ mm 孔的加工。

三、钻孔质量分析

钻孔时可能出现的质量问题和产生原因见表 4-2-1。

表 4-2-1　　　　　　　　钻孔时可能出现的质量问题和产生原因

质量问题	产生原因
孔径大于规定尺寸	1. 钻头两条主切削刃长度不等，高低不一致 2. 钻床主轴径向偏摆或工作台未锁紧，有松动 3. 钻头本身弯曲或未装夹好，使钻头有过大的径向跳动现象
孔壁粗糙	1. 钻头不锋利 2. 进给量太大 3. 切削液选用不当或供应不足 4. 钻头过短，排屑槽堵塞

质量问题	产生原因
孔位偏移	1. 工件划线不正确 2. 钻头横刃太长，定心不准，起钻过偏而没有校正
孔歪斜	1. 工件上与孔垂直的平面与主轴不垂直，或钻床主轴与工作台台面不垂直 2. 装夹工件时，安装面上的切屑未清除干净 3. 工件装夹不牢，钻孔时产生歪斜，或工件有砂眼 4. 进给量过大，使钻头产生弯曲变形
孔呈多棱形	1. 钻头后角太大 2. 钻头两条主切削刃长短不一，角度不对称
钻头工作部分折断	1. 钻头用钝后仍继续钻孔 2. 钻孔时未经常退钻排屑，使切屑在钻头螺旋槽内阻滞 3. 孔将钻穿时没有减小进给量 4. 进给量过大 5. 工件未夹紧，钻孔时产生松动 6. 在钻黄铜一类软金属时，钻头后角过大，前角又没有修磨小，造成扎刀现象
切削刃迅速 磨损或碎裂	1. 切削速度太高 2. 没有根据工件材料的硬度来刃磨钻头角度 3. 工件表面或内部硬度高、有砂眼 4. 进给量过大 5. 切削液不足

§4-3 扩　孔

◎ **学习目标**

1. 了解扩孔的特点。
2. 掌握用标准麻花钻改制扩孔钻的刃磨方法。
3. 掌握扩孔时切削用量的选择原则。

◎ **工作任务**

将 U 形板已钻出的 $\phi3$ mm 和 $\phi7$ mm 孔分别扩大至 $\phi5.5^{+0.10}_{0}$ mm 和 $\phi9.8$ mm，如图 4-3-1a 所示。

◎ **工艺分析**

用扩孔钻对工件上原有的孔进行扩大加工的方法称为扩孔，如图 4-3-1b 所示。扩孔加工质量较高，一般公差等级可达 IT10～IT9 级，表面粗糙度 Ra 值可达 12.5～3.2 μm，常作为孔的半精加工及铰孔前的预加工。

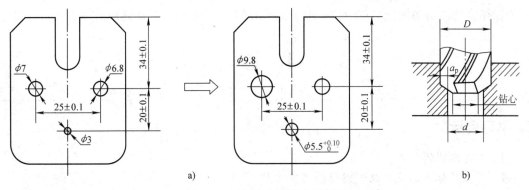

图 4 - 3 - 1 将已钻孔进行扩孔

由图 4 - 3 - 1b 可知，扩孔时背吃刀量 a_p：

$$a_p = \frac{D-d}{2}$$

式中 D——扩孔后的直径，mm；

d——扩孔前的直径，mm。

◎ **相关知识**

扩孔的特点：

1. 扩孔钻无横刃，避免了横刃切削所引起的不良影响。

2. 背吃刀量较小，切屑易排出，不易擦伤已加工表面。

3. 扩孔钻强度高，齿数多，导向性好，切削稳定，可使用较大的切削用量，提高了生产率。

◎ **任务实施**

一、准备扩孔钻

1. 专用扩孔钻如图 4 - 3 - 2 所示，多用于成批、大量生产。若采用专用扩孔钻扩孔，扩孔前钻孔直径为所要求直径的 90%。

2. 用 $\phi 5.5$ mm 和 $\phi 9.8$ mm 的麻花钻改制扩孔钻，刃磨时应适当减小钻头的前角，以防止扩孔时扎刀，多用于小批量生产。若采用麻花钻扩孔，扩孔前钻孔直径为所要求直径的 50%～70%。

图 4 - 3 - 2 专用扩孔钻

二、扩孔加工

> **操作提示**
>
> 钻孔后，在不改变工件与机床主轴相对位置的情况下，应立即换上扩孔钻进行扩孔，使钻头与扩孔钻的中心重合，以保证加工质量。

选择合适的切削用量，进给量一般为钻孔时的 1.5～2 倍，切削速度约为钻孔的 1/2。

§4-4 锪　　孔

◎ **学习目标**

1. 了解锪孔的作用。
2. 掌握用标准麻花钻改制锪钻的刃磨方法。
3. 掌握锪孔的方法。

◎ **工作任务**

将 $\phi 5.5^{+0.10}_{0}$ mm 的孔锪至 $\phi 10^{+0.20}_{0}$ mm、深 $4^{+0.20}_{0}$ mm，表面粗糙度 Ra 值不大于 6.3 μm，如图 4-4-1 所示。

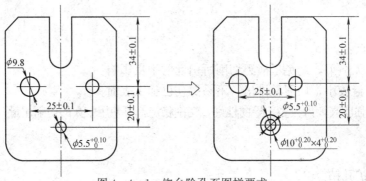

图 4-4-1　锪台阶孔至图样要求

◎ **工艺分析**

用锪钻（或改制的钻头）将工件孔口加工出锥形或平底沉孔的操作称为锪孔。

锪孔的形式：锪柱形沉孔，如图 4-4-2a 所示；锪锥形沉孔，如图 4-4-2b 所示；锪孔端平面，如图 4-4-2c 所示。

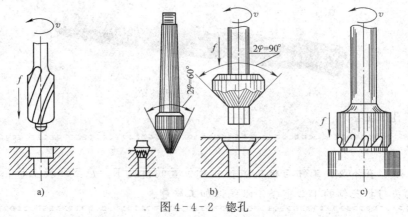

a)　　　　　　　　b)　　　　　　　　c)

图 4-4-2　锪孔

◎ 相关知识

锪孔的作用：在工件的连接孔端锪出柱形或锥形沉孔，用沉头螺钉埋入孔内把有关零件连接起来，使外观整齐，结构紧凑；将孔口端面锪平，并与孔轴线垂直，能使连接螺栓（或螺母）的端面与连接件保持良好接触。

◎ 任务实施

操作提示

1. 锪孔时的切削速度一般是钻孔时的 1/3～1/2，进给量为钻孔时的 2～3 倍。
2. 先调整好工件的螺栓通孔与锪钻的同轴度，再将工件夹紧。
3. 锪孔深度可用钻床上的定位尺控制。
4. 出现多棱形振纹等加工缺陷时，应立即停止加工。造成缺陷的原因可能是钻头刃磨不当、切削速度太高、切削液选择不当、工件装夹不牢等，应找出原因并及时修正。

一、准备锪钻

1. 专用锪钻

专用锪钻如图 4-4-3 所示。

2. 用麻花钻改制锪钻

（1）用麻花钻改制 90°锥形锪钻

如图 4-4-4 所示，用麻花钻改制的锪钻锪锥孔时，其顶角 2φ 应与锥孔的锥角一致，两切削刃要磨得对称。由于锪孔时无横刃切削，故轴向抗力减小，为了减小振动，通常将锪钻磨成双重后角：$\alpha_f = 0°～2°$，这部分的后面宽度 $f = 1～2$ mm；$\alpha_{f1} = 6°～10°$。并将外缘处的前角适当修小，使 $\gamma_o = 15°～20°$，以防扎刀。

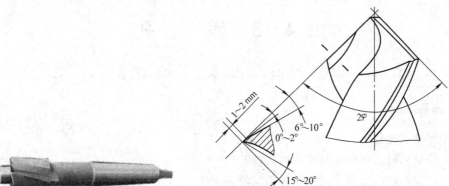

图 4-4-3 专用锪钻　　　　　图 4-4-4 用麻花钻改制 90°锥形锪钻

（2）用麻花钻改制柱形锪钻

如图 4-4-5a 所示为用麻花钻改制的带导柱的柱形锪钻，其圆柱导向部分直径尺寸等于螺栓孔直径，钻头直径取沉孔直径，由磨床磨成所需的台阶，端面切削刃靠手工在锯片砂轮上磨出，后角 $\alpha_f = 6°～10°$。这种锪钻前端的圆柱导向部分有螺旋槽，槽与圆柱面形成的刃口要用油石倒钝，否则在锪孔时会刮伤螺栓孔壁。

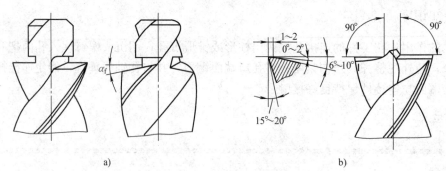

图 4 - 4 - 5　用麻花钻改制柱形锪钻

a）带导柱的柱形锪钻　b）不带导柱的柱形锪钻

　　用麻花钻改制的不带导柱的柱形锪钻（见图 4 - 4 - 5b）加工柱形沉孔时，必须先用标准麻花钻扩出一个台阶孔进行导向，然后用平底锪钻锪至深度尺寸，如图 4 - 4 - 6 所示。

二、锪孔

　　1. 将 U 形板工件装夹在机床用平口虎钳上，并用划线盘进行找平。

　　2. 在钻床上装夹好锪钻，并选择合适的切削用量（切削速度为钻孔速度的 1/3～1/2，进给量为钻孔时的 2～3 倍）。

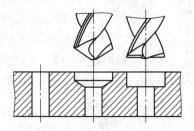

图 4 - 4 - 6　先扩孔后锪平

　　3. 锪孔

　　方法一：用麻花钻改制的锪钻锪孔。按图 4 - 4 - 6 所示的方法，先用 ϕ10 mm 的钻头在 ϕ5.5 mm 的孔上扩出一个台阶孔进行导向，然后用平底锪钻锪至深度尺寸。

　　方法二：直接用锪钻锪至尺寸要求。

§4 - 5　铰　　孔

◎ **学习目标**

　　1. 了解铰孔的作用。

　　2. 掌握铰孔的方法和铰削用量的选择。

　　3. 了解铰孔时产生质量问题的原因及解决方法。

◎ **工作任务**

　　将 ϕ9.8 mm 的孔铰削至 $\phi10^{+0.022}_{0}$ mm，表面粗糙度 Ra 值不大于 3.2 μm，如图 4 - 5 - 1a 所示。

◎ 工艺分析

由于钻孔精度比较低，只能作为孔的粗加工。要达到如图 4-0-1 所示图样中要求的精度，必须对已钻出的孔进行精加工——铰孔。

用铰刀从工件孔壁上切除微量金属层，以获得较高尺寸精度和较小表面粗糙度值的方法称为铰孔，如图 4-5-1b 所示。铰刀是精度较高的多刃刀具，具有切削余量小、导向性好、加工精度高等特点。一般铰孔后尺寸精度可达 IT9～IT7 级，表面粗糙度 Ra 值可达 3.2～0.8 μm。

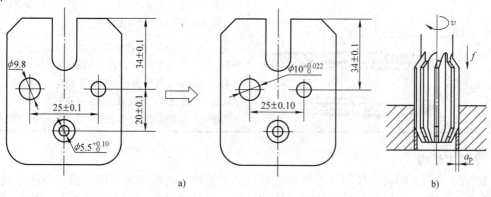

a)　　　　　　　　　　　　　　　　　　b)

图 4-5-1　铰孔至图样要求

◎ 相关知识

一、铰刀

1. 铰刀种类

铰刀的种类很多，按使用方式可分为手用铰刀和机用铰刀；按铰刀结构可分为整体式铰刀和可调节式铰刀；按切削部分材料可分为高速钢铰刀和硬质合金铰刀；按铰刀用途可分为圆柱铰刀和圆锥铰刀；按齿槽形式可分为直槽铰刀和螺旋槽铰刀。常用铰刀的种类、特点及应用见表 4-5-1。

表 4-5-1　　　　　　　　　　　常用铰刀的种类、特点及应用

种类	图示	特点及应用
手用整体圆柱铰刀		手用铰刀用 W6Mo5Cr4V2 或其他同等性能的高速钢制造，其工作部分硬度达 63～66HRC，也可用 9SiCr 或其他同等性能的合金工具钢制造，工作部分硬度达 62～65HRC。手用整体圆柱铰刀的切削部分较长，刀齿做成不均匀分布形式，铰孔时定心好、轴向力小，具有操作方便等特点，应用较为广泛
机用整体圆柱铰刀		机用铰刀用 W6Mo5Cr4V2 或其他同等性能的高速钢制造，其工作部分硬度达 63～66HRC。它分直柄和锥柄两种，其切削锥角较大，校准部分较短，刀齿做成均匀分布形式

种类	图示	特点及应用
手用可调节铰刀		调节两端螺母可使刀条沿刀体中的斜槽做轴向移动，以改变铰刀的直径。它适用于修配、单件生产以及特殊尺寸（非标）情况下铰削通孔
螺旋槽铰刀		螺旋槽铰刀的切削刃沿螺旋线分布，铰孔时切削平稳，铰出的孔壁光滑。铰刀的螺旋槽方向一般是左旋，以避免铰削时因铰刀顺时针转动而产生自动旋进现象，同时还能使铰下的切屑容易被推出孔外。常用于铰削带有键槽的孔，可防止铰孔时键槽勾住切削刃
圆锥铰刀		用以铰削圆锥孔。按锥度分为1：10圆锥铰刀、1：30圆锥铰刀、1：50圆锥铰刀和莫氏圆锥铰刀。由于圆锥铰刀的切削刃全部参加切削，其负荷较重，铰削费力。因此，对于锥度比较大的铰刀，分为多支一套，其中粗铰刀的切削刃上开有螺旋形分布的分屑槽，以减轻切削负荷

2. 铰刀结构

如图4-5-2所示，铰刀（以整体式圆柱铰刀为例）由柄部和刀体组成。刀体是铰刀的主要工作部分，它包含导锥、切削锥和校准部分。导锥用于将铰刀引入孔中，不起切削作用。切削锥承担主要的切削任务。校准部分有圆柱刃带，主要起定向、修光孔壁、保证铰孔直径等作用。为了减小铰刀和孔壁的摩擦，校准部分直径有倒锥度。铰刀齿数一般为4～8齿，为测量直径方便，多采用偶数齿。

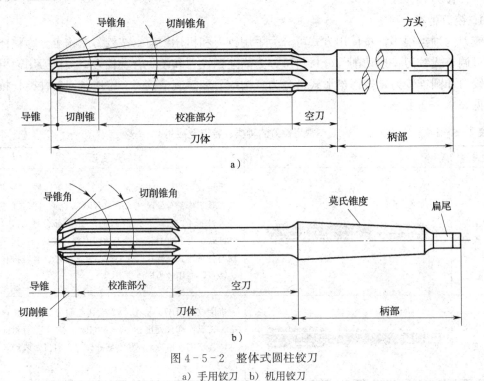

图 4-5-2 整体式圆柱铰刀

a）手用铰刀 b）机用铰刀

铰刀的直径公差及适用范围见附表3。

二、铰削用量的选择

1. 铰削余量

铰削余量（直径余量）是指上道工序完成后在直径方向留下的加工余量，具体数值可参见表4-5-2选取。在一般情况下，对IT9和IT8级的孔，可一次铰出；对IT7级的孔，应分粗铰和精铰；对孔径大于20 mm的孔，可先钻孔，再扩孔，然后进行铰孔。

表4-5-2　　　　　　　　　　　　铰削余量　　　　　　　　　　　　　　　　mm

铰刀直径	铰削余量
≤6	0.05～0.1
>6～18	一次铰：0.1～0.2 二次铰中的精铰：0.1～0.15
>18～30	一次铰：0.2～0.3 二次铰中的精铰：0.1～0.15
>30～50	一次铰：0.3～0.4 二次铰中的精铰：0.15～0.25

注：二次铰时，粗铰余量可取一次铰削时余量的较小值。

想一想　　　铰削余量的大小对铰孔质量有何影响？

铰削余量是否合适，对铰出孔的表面粗糙度和精度影响很大。如余量太大，会使精度降低，表面粗糙度值增大，同时加剧铰刀的磨损；铰削余量太小，则不能去掉上道工序留下的刀痕，也达不到要求的表面粗糙度。

2. 机铰时切削速度v的选择

机铰时为了获得较小的表面粗糙度值，必须避免产生积屑瘤，减少切削热及变形，应取较低的切削速度。用高速钢铰刀铰钢件时，$v=4～8$ m/min；铰铸铁件时，$v=6～8$ m/min；铰铜件时，$v=8～12$ m/min。

3. 机铰时进给量f的选择

铰钢件及铸铁件时可取$f=0.5～1$ mm/r；铰铜、铝件时可取$f=1～1.2$ mm/r。

◎ 任务实施

操作提示

1. 铰刀是精加工刀具，要保护好刃口，避免碰撞。切削刃上如有毛刺或切屑黏附，可用油石小心地磨去。

2. 铰刀排屑功能差，必须经常取出清屑，以免铰刀被卡住。

3. 铰削定位锥销孔时，因锥度小，有自锁性，故进给量不能太大，以免铰刀卡死或折断。

一、准备工作

1. 选用 $\phi 10^{+0.022}_{0}$（H7）mm 的圆柱机用铰刀（亦可选择手用铰刀进行手铰），装夹在立式钻床主轴的钻夹头上。

2. 选择切削用量，因所铰工件为钢件，故取 $v = 4 \sim 8$ m/min，$f = 0.5 \sim 1$ mm/r。

二、铰孔

1. 手铰法

如图 4-5-3a 所示，用手铰法起铰时，可用右手通过铰孔轴线施加进刀压力，左手转动铰刀。正常铰削时，两手要用力均匀、平稳地旋转，不得有侧向压力，同时适当加压，使铰刀均匀地进给，以保证铰刀正确引进和获得较小的表面粗糙度值，并避免孔口铰成喇叭形或将孔径扩大。

a)

b)

图 4-5-3 铰孔

a) 手铰法 b) 机铰法

2. 机铰法

如图 4-5-3b 所示进行机铰时，应使工件一次装夹后进行钻孔、扩孔、铰孔工作，以保证铰刀中心线与钻孔中心线一致。铰削完毕，要在铰刀退出后再停车，以防止在孔壁划出痕迹。

> **操作提示**
>
> 无论是手工铰孔还是机铰孔，铰刀铰孔或退出铰刀时，铰刀均不能反转，以防止刃口磨钝及切屑嵌入刀具后面与孔壁间，将孔壁划伤。

> **知识链接**
>
> ## 锥孔的铰削
>
> 铰削尺寸较小的锥孔时，可先按小端直径并留取圆柱孔精铰余量后钻出圆柱孔，然后用锥铰刀铰削即可。对尺寸和深度较大的锥孔，为减小铰削余量，铰孔前可先钻出台阶孔（见图 4-5-4），然后用铰刀铰削。铰削过程中要经常用相配的锥销检查铰孔尺寸，如图 4-5-5 所示。

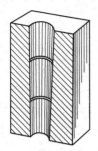
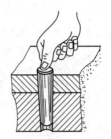

图 4-5-4 钻出台阶孔   图 4-5-5 用锥销检查铰孔尺寸

铰削时必须选用适当的切削液来减小摩擦并降低刀具和工件的温度，防止产生积屑瘤，并且避免切屑细末黏附在铰刀切削刃上及孔壁和铰刀的刃带之间，从而减小加工表面的表面粗糙度值与孔的扩大量。铰削时切削液的选用见表 4-5-3。

表 4-5-3   铰削时切削液的选用

加工材料	切削液
钢	1. 10%～20%的乳化液 2. 30%的工业植物油加 70%的浓度为 3%～5%的乳化液 3. 工业植物油
铸铁	1. 不用 2. 煤油（但会引起孔径缩小） 3. 3%～5%的乳化液
铝	1. 煤油 2. 5%～8%的乳化液
铜	5%～8%的乳化液

三、铰孔质量分析

1. 铰孔质量的检验

（1）孔径尺寸的检验

孔径尺寸可用内径千分尺进行测量。测量时，注意多测几个位置以保证其准确性。

（2）表面粗糙度的检验

用表面粗糙度对照块进行比较。

2. 铰孔时可能出现的质量问题和产生原因（见表 4-5-4）

表 4-5-4   铰孔时可能出现的质量问题和产生原因

质量问题	产生原因
表面粗糙度达不到要求	1. 铰刀刃口不锋利或有崩裂处，铰刀切削部分和校准部分不光洁 2. 铰刀切削刃上粘有积屑瘤，容屑槽内切屑存留过多 3. 铰削余量太大或太小 4. 切削速度太高，以致产生积屑瘤 5. 铰刀退出时反转，手铰时铰刀旋转不平稳 6. 切削液不充足或选择不当 7. 铰刀偏摆过大

质量问题	产生原因
孔径扩大	1. 铰刀与孔的轴线不重合，铰刀偏摆过大 2. 进给量和铰削余量太大 3. 切削速度太高，使铰刀温度上升，直径增大 4. 操作粗心，未仔细检查铰刀直径和铰孔直径
孔径缩小	1. 铰刀超过磨损标准，尺寸变小后仍继续使用 2. 铰刀磨钝后还继续使用，造成孔径过度收缩 3. 铰钢料时加工余量太大，铰好后因内孔弹性复原而使孔径缩小 4. 铰铸铁时加了煤油
孔轴线不直	1. 铰孔前的预加工孔不直，铰小孔时由于铰刀刚度低，未能使原有的弯曲程度得到纠正 2. 铰刀的切削锥角太大，导向不良，使铰削时方向发生偏斜 3. 手铰时两手用力不均匀
孔呈多棱形	1. 铰削余量太大，铰刀切削刃不锋利，使铰削时发生"啃切"现象，发生振动而出现多棱形 2. 钻孔不圆，使铰孔时铰刀发生弹跳现象 3. 钻床主轴振摆太大

§4-6 攻 螺 纹

◎ 学习目标

1. 掌握攻螺纹前底孔直径和套螺纹前圆杆直径的计算方法。
2. 掌握攻螺纹和套螺纹的基本技能。

◎ 工作任务

在已钻出的 $\phi6.8$ mm 孔处攻 M8 的螺纹，并满足螺纹连接的要求，如图 4-6-1 所示。

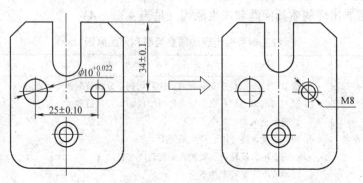

图 4-6-1 攻 M8 的螺纹

◎ **工艺分析**

螺纹除用机械加工外，可由钳工在装配与修理工作中用手工加工而成。用丝锥在孔中切削出内螺纹的加工方法称为攻螺纹。

◎ **相关知识**

一、攻螺纹用的工具

1. 丝锥

丝锥是加工内螺纹的刀具，分手用丝锥和机用丝锥两种。

（1）丝锥的结构

丝锥由柄部和工作部分组成，如图4-6-2所示。

柄部起夹持和传动作用。在工作部分上沿轴向开有几条（一般是三条或四条）容屑槽，以容纳切屑，同时形成锋利的切削刃和前角。工作部分前段为切削锥，起切削和引导作用。标准丝锥的前角 $\gamma_o = 8° \sim 10°$，后角铲磨成 $\alpha_o = 4° \sim 6°$。

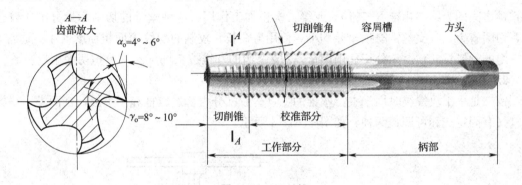

图4-6-2 丝锥

工作部分后段为校准部分，可修整螺纹牙型。为了减小牙侧的摩擦，在校准部分的直径上略有倒锥。

（2）成组丝锥切削用量分配

攻螺纹时，为了减小切削阻力和延长丝锥使用寿命，一般将整个切削工作量分配给几支丝锥来承担。通常 M6～M24 的丝锥每组有 2 支，M6 以下及 M24 以上的丝锥每组有 3 支，细牙螺纹丝锥每组有 2 支。

成组丝锥切削用量的分配形式有锥形分配和柱形分配两种。

1）锥形分配（等径丝锥）。如图4-6-3a所示，在成组丝锥中，各支丝锥的大径、中径、小径均相等，仅切削锥的长度及切削锥角不等。切削锥较长且切削锥角较小的为初锥，在通孔中攻螺纹可一次加工到螺纹成品尺寸；切削锥较短的为底锥，它只起修短螺尾的作用；切削锥长度介于初锥和底锥之间的为中锥，具有单支丝锥的功能。

2）柱形分配（不等径丝锥）。如图4-6-3b所示，在成组丝锥中，各支丝锥的大径、中径、小径以及切削锥长度和切削锥角均不相等。切削锥较长，且切削锥角较小的为第一粗锥（头锥），它的校准部分不具备完整螺纹牙型，在加工螺纹时起粗加工作用；切削锥较短的为精锥，它的校准部分具有完整螺纹牙型，起最后精加工作用；切削锥长度介于第一粗锥

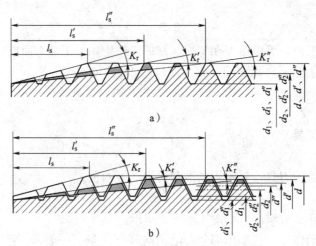

图 4-6-3 成组丝锥切削用量分配形式

a) 锥形分配　b) 柱形分配

和精锥之间的为第二粗锥（二锥），起第二次粗加工作用。这种丝锥的切削用量分配比较合理，切削省力，各支丝锥磨损量差别小，使用寿命长，攻制的螺纹表面粗糙度值小。通常 3 支一组的丝锥按 6：3：1 分担切削用量，2 支一组的丝锥按 7.5：2.5 分担切削用量。

2. 铰杠

铰杠是手工攻螺纹时用来夹持丝锥的工具。铰杠分为普通铰杠和丁字形铰杠两类。每类铰杠又有固定式和可调式两种，如图 4-6-4 所示。

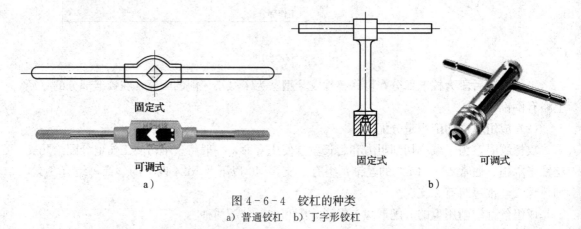

固定式

可调式

a)

固定式

可调式

b)

图 4-6-4　铰杠的种类

a) 普通铰杠　b) 丁字形铰杠

二、攻螺纹前底孔直径与深度的确定

1. 攻螺纹前底孔直径的确定

攻螺纹之前的底孔直径应稍大于螺纹小径，如图 4-6-5a 所示。一般应根据工件材料的塑性和钻孔时的扩张量来考虑，使攻螺纹时既有足够的空隙容纳被挤出的材料，又能保证加工出来的螺纹具有完整的牙型。

想一想　　攻螺纹之前的底孔直径为什么要稍大于螺纹小径？

攻螺纹时，丝锥对金属层有较强的挤压作用，使攻出螺纹的小径小于底孔直径，此时，如果螺纹牙顶与丝锥牙底之间没有足够的容屑空间，丝锥就会被挤压出来的材料箍住，易造成崩刃、折断和螺纹烂牙现象。

加工普通螺纹前底孔直径的计算公式如下：

对钢和其他塑性大的材料，扩张量中等，计算公式为

$$D_孔 = D - P$$

对铸铁和其他塑性小的材料，扩张量较小，计算公式为

$$D_孔 = D - (1.05 \sim 1.1)P$$

式中　$D_孔$——螺纹底孔直径，mm；

　　　D——螺纹公称直径，mm；

　　　P——螺距，mm。

普通螺纹公称直径与螺距见附表4。

普通螺纹、英制螺纹、圆柱管螺纹及圆锥管螺纹攻螺纹前钻底孔的钻头直径分别见附表5、附表6和附表7。

2. 攻螺纹前底孔深度的确定

攻不通孔（盲孔）螺纹时，由于丝锥切削部分不能攻出完整的螺纹牙型，所以钻孔深度要大于螺纹的有效长度，其深度的确定如图4-6-5b所示。

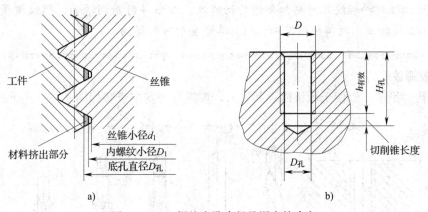

图4-6-5　螺纹底孔直径及深度的确定

钻孔深度的计算公式为

$$H_孔 = h_{有效} + 0.7D$$

式中　$H_孔$——底孔深度，mm；

　　　$h_{有效}$——螺纹有效长度，mm；

　　　D——螺纹公称直径，mm。

　　例4-2　分别计算在钢件和铸铁件上攻M8的螺纹时的底孔直径各为多少。若攻不通孔螺纹，其螺纹有效长度为60 mm，底孔深度应为多少？若钻孔时 $n = 400$ r/min，$f = 0.5$ mm/r，钻一个孔最少的基本时间为多少（$2\varphi = 120°$，只计算钢件）？

　　解：查附表4可得M8螺纹的螺距：$P = 1.25$ mm

在钢件上攻螺纹时底孔直径：$D_孔 = D - P = 8$ mm $- 1.25$ mm $= 6.75$ mm

在铸铁件上攻螺纹时底孔直径：$D_孔 = D - (1.05 \sim 1.1)P = 8$ mm $- (1.05 \sim 1.1) \times 1.25$ mm $=$

6.625～6.687 5 mm

取 $D_{钻}$＝6.8 mm（按钻头直径标准系列取一位小数）

底孔深度：$H_{孔}$＝$h_{有效}$＋0.7D＝60 mm＋0.7×8 mm＝65.6 mm

钻孔的基本时间 $t=\dfrac{H}{nf}$，其中 $H=H_{孔}+h_{钻尖}$

$$h_{钻尖}=\frac{\sqrt{3}D_{钻}}{6}\approx\frac{1.732\times6.8}{6}\ \text{mm}\approx1.96\ \text{mm}$$

所以

$$t\approx\frac{(65.6+1.96)}{400\times0.5}\ \text{min}\approx0.34\ \text{min}$$

◎ 任务实施

操作提示

1. 正确地计算螺纹底孔直径是加工螺纹的关键。

2. 在钻螺纹底孔时，必须先熟悉机床的使用及调整方法，然后进行加工，并注意做到安全操作。

3. 起攻螺纹时，要从两个方向对垂直度进行校正，这是保证攻螺纹质量的重要一环。

4. 攻韧性材料螺纹孔时要加合适的切削液。攻钢件时用润滑油，螺纹质量要求高时可用工业植物油；攻铸铁以及铜、铝与其合金时可加煤油。

一、攻螺纹

1. 将孔口倒角，以便于丝锥能顺利切入，攻螺纹的基本步骤如图 4-6-6 所示。

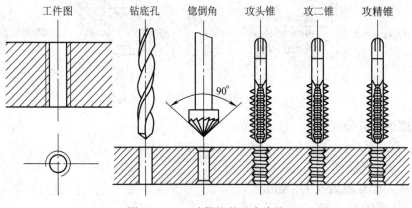

图 4-6-6　攻螺纹的基本步骤

2. 起攻时，可一手按住铰杠中部沿丝锥轴线方向用力加压，另一手配合做顺向旋进，如图 4-6-7a 所示；或两手握住铰杠两端均匀施压，并将丝锥顺向旋进，保证丝锥轴线与孔轴线重合，如图 4-6-7b 所示。

3. 当丝锥攻入 1～2 圈时，应检查丝锥与工件表面的垂直度，并不断校正，如图 4-6-8 所示。丝锥的切削部分全部进入工件时，要间断性地倒转 1/4～1/2 圈，进行断屑和排屑。

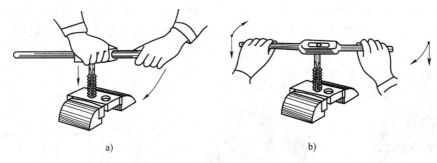

a)   b)

图 4-6-7 起攻方法

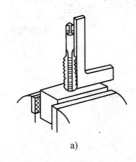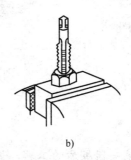

a)   b)

图 4-6-8 检查丝锥与工件表面的垂直度

a) 用直角尺找正丝锥   b) 用螺母逼正丝锥

4. 头锥攻完后，再用二锥、精锥依次攻削至标准尺寸。

操作提示

攻不通孔螺纹时，可在丝锥上做好深度标记，并经常退出丝锥，清除留在孔内的切屑，否则会因切屑堵塞而使丝锥折断或达不到深度要求。当工件不便倒向进行清屑时，可用弯曲的小管子吹出切屑，或用磁性针棒吸出切屑。

知识链接

套 螺 纹

1. 套螺纹的工具

用圆板牙在圆杆上切削出外螺纹的加工方法称为套螺纹，如图 4-6-9 所示。

套螺纹工具主要有圆板牙和板牙架。

（1）圆板牙

圆板牙是加工外螺纹的工具，它用合金工具钢或高速钢制作并经淬火处理。圆板牙

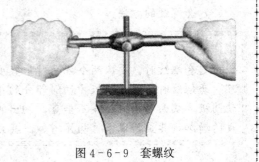

图 4-6-9 套螺纹

的结构如图4-6-10所示，它本身就相当于一个具有很高硬度的螺母。在两端面处呈锥形的螺纹部分为切削锥，起切削和引导作用，中间一段为具有完整牙型的校准部分。因此，正、反均可使用。

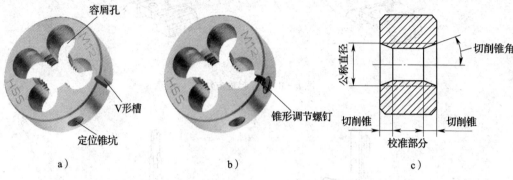

图4-6-10 圆板牙

a) 整体式 b) 可调式 c) 工作部分结构

（2）板牙架

板牙架是装夹圆板牙的工具，如图4-6-11所示。圆板牙放入后，需用螺钉紧固。

2. 套螺纹加工

（1）套螺纹前圆杆直径的确定

套螺纹时，金属材料因受圆板牙的挤压而产生变形，牙顶将被挤高，所以套螺纹前圆杆直径应稍小于螺纹公称直径。圆杆直径的计算公式为

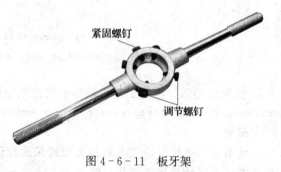

图4-6-11 板牙架

$$d_杆 = d - 0.13P$$

式中　$d_杆$——套螺纹前圆杆直径，mm；

　　　d——螺纹公称直径，mm；

　　　P——螺距，mm。

套螺纹前的圆杆直径也可从附表8中查出。

（2）套螺纹的方法

操作提示

　　起套螺纹时，要从两个方向对垂直度进行校正，这是保证套螺纹质量的重要一环。套螺纹时，由于圆板牙切削部分的锥角2φ较大，起套时的导向性较差，容易使圆板牙端面与圆杆轴线不垂直，切出的螺纹牙型一面深一面浅，并且随着螺纹长度的增加，其歪斜现象将明显增加，甚至不能继续切削。

1）套螺纹前应将圆杆端部倒成圆锥半角为 $15°\sim20°$ 的锥体（见图 4-6-12），锥体的最小直径应略小于螺纹小径。

2）装夹工件时，可用 V 形架或厚铜皮作为衬垫，以保证装夹牢固，如图 4-6-13 所示。

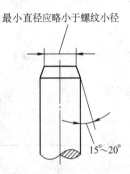
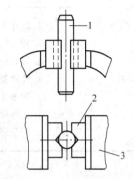

图 4-6-12 套螺纹前圆杆的倒角　　　图 4-6-13 用 V 形架装夹工件

　　　　　　　　　　　　　　　　　　　　1—工件　2—V 形架　3—台虎钳

3）为了使圆板牙切入工件，要在转动圆板牙时施加轴向压力，待圆板牙切入工件后不再施压。

4）切入 $1\sim2$ 圈时，要注意检查圆板牙的端面与圆杆轴线的垂直度。

5）套螺纹过程中，要时常倒转圆板牙进行断屑。

6）在钢件上套螺纹时需加注切削液，以延长圆板牙的使用寿命，提高套螺纹质量。切削液一般用润滑油或较浓的乳化液。

二、加工螺纹质量分析

攻螺纹和套螺纹时可能出现的质量问题和产生原因见表 4-6-1。

表 4-6-1　　　　　　　　攻螺纹和套螺纹时可能出现的质量问题和产生原因

质量问题	产生原因
螺纹乱牙	1. 攻螺纹时底孔直径太小，起攻困难，左右摆动，孔口乱牙 2. 换用二攻、三攻时强行校正，或没旋合好就攻下 3. 圆杆直径过大，起套困难，左右摆动，杆端乱牙
螺纹滑牙	1. 攻不通孔的较小螺纹时，丝锥已到底仍继续旋转 2. 攻强度低或小孔径螺纹时，丝锥已切出螺纹仍继续加压，或攻完时连同铰杠一起自由地快速转出 3. 未加适当切削液及一直攻、套而不倒转丝锥或圆板牙，导致切屑堵塞将螺纹啃坏
螺纹歪斜	1. 攻、套螺纹时位置不正，起攻、起套时未进行垂直度检查 2. 孔口、杆端倒角不良，两手用力不均匀，切入时歪斜

质量问题	产生原因
螺纹形状不完整	1. 攻螺纹时底孔直径太大，或套螺纹时圆杆直径太小 2. 圆杆不直 3. 圆板牙经常摆动
丝锥折断	1. 底孔太小 2. 攻入时丝锥歪斜或歪斜后强行校正 3. 没有经常反转断屑和清屑，或在不通孔中攻到底时还继续往下攻 4. 使用铰杠不当 5. 丝锥牙型爆裂或磨损过多而强行攻下 6. 工件材料过硬或夹有硬点 7. 两手用力不均匀或用力过猛

课题五 复合作业

◎ 学习目标

    巩固划线、锉削、锯削、钻孔、攻螺纹以及精度测量等基本技能，确保加工指定工件时能达到图样上的各项技术要求。

◎ 课题描述

    本课题的任务：制作对开夹板，锉配六角形体，钻、扩、锪、铰孔及攻螺纹综合练习。

◎ 材料准备

任务	实习件名称	材料	材料来源	件数	工时/h
1	对开夹板	45钢	备料，22 mm×20 mm×102 mm	1副	21
2	长方体	35钢	备料，65 mm×85 mm×25 mm	1	14
	六角形体	35钢	φ35 mm×25 mm	1	
3	削边轴	35钢	车、铣备料	1	6

◎ 加工过程

加工步骤	任务描述
1. 制作对开夹板	划线、锉削、锯削、钻孔、攻螺纹以及精度测量等
2. 锉配六角形体	六角形体的锉配
3. 钻、扩、锪、铰孔及攻螺纹	在钢件上钻、扩、锪、铰孔及攻螺纹

§5-1 制作对开夹板

◎ 学习目标

1. 能正确使用划线工具，进一步巩固划线的基本技能。
2. 进一步巩固并提高锯削、锉削、钻孔、攻螺纹等技能。
3. 能根据图样要求制定正确的加工顺序和步骤。

◎ 工作任务

利用前面所学的划线、锉削、锯削、钻孔、攻螺纹以及精度测量等基本知识和基本技能，在规定的时间内制作如图 5-1-1 所示的对开夹板，并能达到图样上的各项技术要求。

◎ 任务实施

一、加工过程

1. 将来料锯断。
2. 锉削 20 mm×18 mm 的加工面（加工两件）。
3. 按图样划出全部锯削、锉削加工线。
4. 锯削、锉削完成（14±0.05）mm 尺寸面的加工（先做一件）。
5. 锉 4 个 45°斜面，最后的精加工采用顺向锉，锉直锉纹。
6. 锯削、锉削 90°角度面。
7. 划两孔位的十字中心线及检查圆线（或检查方框线），按划线钻两个 ϕ11 mm 的孔，达到孔的中心距为（82±0.3）mm 的加工要求，并将孔口倒角 C1.5 mm。
8. 锉两端 R9 mm 的圆弧面，并用 R9 mm 的圆弧样板和塞尺检查。
9. 将砂布垫在锉刀下将全部锉削面打光。
10. 用同样的方法加工另一件。两螺纹孔用 ϕ8.5 mm 的钻头钻底孔，孔口倒角 C1.5 mm，然后攻 M10 的螺纹。
11. 工件用 M10 的螺钉连接，进行整体检查及修整。
12. 拆下螺钉，将工件各棱边倒钝，清洁各表面，然后重新连接好。

二、注意事项

1. 钻孔与攻螺纹时，必须保证孔的轴线与基准面垂直，且两孔中心距尺寸正确，以保证可装配性。
2. 为保证钻孔时中心距准确，两孔除按正确划线进行钻削外，也可在起钻第二个孔时用游标卡尺进行检查及校正，或按如图 5-1-2 所示用测量法来控制钻孔中心距，即在已钻好的孔中及钻夹头上各装一圆柱销，用游标卡尺调整好已钻好孔的轴线与钻床主轴轴线的尺

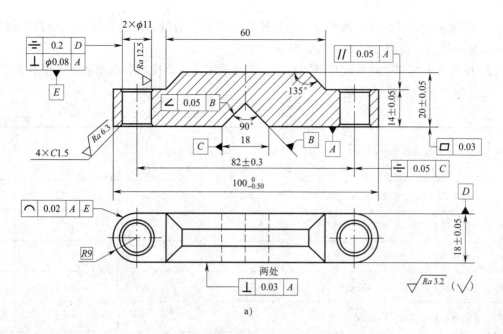

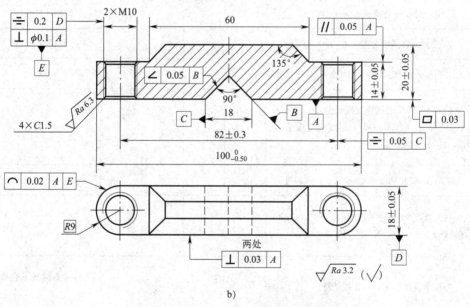

图 5-1-1 对开夹板

寸 L 与中心距尺寸要求一致，然后将工件夹紧，再钻第二个孔。图中 L_1 为测量尺寸，d_1 和 d_2 为圆柱销直径，则实际中心距 L 为

$$L = L_1 - \frac{d_1 + d_2}{2}$$

3. 在钻孔前划线时，两孔的位置必须与中间两直角面的中心线对称，以保证装配连接后，直角面不产生错位现象。

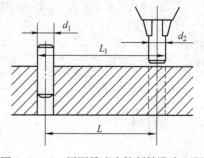

图 5-1-2 用测量法来控制钻孔中心距

4. 锉削两端圆弧面时，两件可以单独进行，可留些余量，最后把两件用螺钉连接后进行一次整体修整，使圆弧一致，总长相等。

5. 保证各平面相交处外棱角倒钝均匀，内棱清晰、无重棱，表面光洁，纹理整齐。

三、练习记录及成绩评定

总得分_____

序号	项目及技术要求	实测记录		配分	得分
		件1	件2		
1	尺寸要求（20±0.05）mm（两处）			3×2	
2	尺寸要求（18±0.05）mm（两处）			3×2	
3	尺寸要求（14±0.05）mm（两处）			3×2	
4	平行度公差 0.05 mm（两处）			2×2	
5	孔中心距（82±0.3）mm（两处）			8×2	
6	孔中心对称度公差 0.2 mm（四处）			3×4	
7	90°角斜面倾斜度公差 0.05 mm（两处）			3×2	
8	平面度公差 0.03 mm（两处）			6×2	
9	ϕ11 mm 孔中心线垂直度公差 ϕ0.08 mm（两处），及 ϕ10 mm 孔中心线垂直度公差 ϕ0.1 mm（两处）			3×4	
10	R9 mm 线轮廓度公差 0.02 mm（四处）			3×4	
11	两件合配 90°直角平面中心允差 0.05 mm（两处）			4×2	
12	外棱角倒钝均匀，各棱线清晰			每一条棱线不合要求倒扣 1 分	
13	表面粗糙度 Ra 值不大于 3.2 μm，纹理整齐			每一面不合要求倒扣 1 分	
14	文明生产与安全生产			违者每次倒扣 1 分	
15	时间定额 21 h	开始时间		每超额 1h 倒扣 5 分	
		结束时间			
		实际工时			

§5-2 锉配六角形体

◎ 学习目标

1. 进一步提高锉削技能。
2. 掌握锉配的基本方法和要点。
3. 能根据图样要求制定锉配的工艺方案。

◎ 工作任务

利用所学的锉削基本知识和基本技能，对如图5-2-1所示的六角形体进行锉配，达到图样上规定的配合精度要求；并学会自制和正确使用专用角度样板（120°内、外角度样板）对工件进行测量。

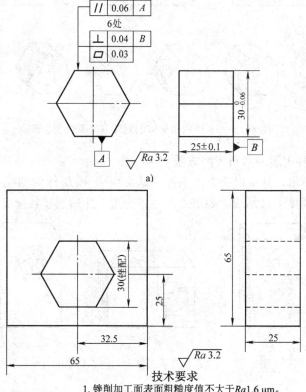

技术要求

1. 锉削加工面表面粗糙度值不大于Ra1.6 μm。
2. 倒钝锐边。
3. 锉配间隙小于0.08（6面）。
4. 配合处喇叭口小于0.14（6面）。

b)

图5-2-1 六角形体

a) 外六角形体 b) 内六角形体

◎ 相关知识

一、锉配的基本知识

锉配是指锉削两个相互配合的零件的配合表面，使配合的松紧程度达到所规定的要求。锉配时，一般锉好其中的一件后再锉另一件。通常先锉外表面工件，再锉内表面工件。

二、六角形体工件的划线方法

1. 在圆料工件上划外六角形的方法

外六角形体的划线方法及锉削步骤如图5-2-2所示，将工件安放在V形架上，调整游标高度卡尺划线量爪至中心位置，划出中心线（见图5-2-2a），并记下游标高度卡尺的尺寸数值，按六角形对边距离调整游标高度卡尺划出与中心线平行的六角形体的两对边线（见图5-2-2b），然后顺次连接圆上各交点即可，如图5-2-2c所示。

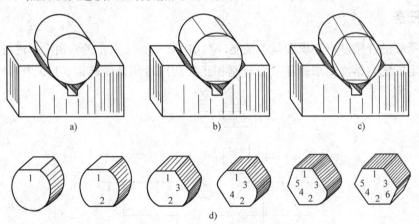

图5-2-2　外六角形体的划线方法及锉削步骤

2. 在长方体工件上划内六角形的方法

如图5-2-3所示，分别以长方体工件的基准面A和B作为划线基准，按给定尺寸在标准平板上用游标高度卡尺划线，划出六角的各个点，然后连接各交点即可。

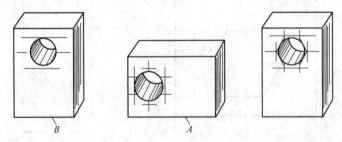

图5-2-3　在长方体工件上划内六角形的方法

◎ 任务实施

一、锉配过程

1. 外六角形体的锉削步骤

外六角形体的锉削步骤如图5-2-2d所示。

（1）合理分配加工余量，以外圆母线为基准，粗、精锉第1面，使之与外圆母线平行，尺寸精度、表面粗糙度值及平面度达到图样要求。

（2）以锉好的第1面为基准，粗、精锉它的对面2，使第2面的尺寸精度、表面粗糙度值、平面度、平行度达到图样要求。

（3）以第1面为基准，粗、精锉第3面，用120°内角度样板检查角度是否准确，并使第3面与外圆母线平行，尺寸精度、表面粗糙度值、平面度达到图样要求。

（4）以锉好的第3面为基准，粗、精锉第3面的对面4，要求与步骤（2）相同。

（5）以第1面为基准，粗、精锉第5面，用120°内角度样板检查，要求与步骤（3）相同。

（6）以锉好的第5面为基准，粗、精锉第6面，要求与步骤（2）相同。

（7）全面检验各个加工表面，去毛刺、倒钝锐边。

2. 内六角形体的锉削步骤

（1）按已加工好的外六角形体的实际尺寸，在锉配件的正反面都划出内六角形加工线，再用外六角形体校核。

（2）在内六角形体的中心钻孔，孔直径比六角形体对边距离尺寸小1~2 mm，去掉内六角形体的余料。

（3）粗锉内六角形各面，使每边留有0.1 mm左右的余量。

（4）精锉内六角形相邻的三个面，先锉第1面（内六角的序号与外六角相同），要求表面平直，并与基准大平面垂直，再依次锉削相邻的第3面和第5面，与第1面的要求相同，再用120°外角度样板测量角度，并用已加工好的外六角形体检查各面的边长及120°角。

（5）精锉剩余的三个相邻面，检查方法与步骤（4）相同，然后认定一面将外六角形体的角部塞入内六角形体中，用同样的方法塞入其他角，确保外六角形体的各个角均能较紧地塞入内六角形体的正反两面。

（6）用外六角形体整体试配，利用透光法和涂色法来检查和精修各面，使外六角形体配入后透光均匀，推进、推出滑动自如，最后进行转位试配，用涂色法修整，达到互相配合要求。

（7）均匀倒钝锐边，复查全部表面。

二、注意事项

1. 为使配合体推进、推出滑动自如，必须保证六角形体的6个面与端面的垂直度误差在允许范围内。

2. 为达到转位互换配合精度，外六角形体各项加工误差要尽量控制在最小公差范围内。

3. 在内六角形体清角加工时，锉刀推出要慢而稳，紧靠邻面直锉，以防止锉坏邻面或锉出多重夹角。

4. 锉配时应确定一个面作为基准面，从基准面开始定向进行，故基准面必须做好标记。为取得转位互换配合精度，不能按配合情况修整外六角形体。当外六角形体必须修整时，应进行单件准确测量，找出误差后，加以适当修整。

5. 在锉配练习中，仍应着眼于锉削基本技能的训练，按要求选用锉刀规格和锉配方法。

三、练习记录及成绩评定

总得分_____

序号	项目及技术要求		实测记录			配分	得分
1	外六角形体	尺寸要求 $30_{-0.06}^{0}$ mm（3处）				5×3	
2		三处 30 mm 尺寸差不大于 0.06 mm				7	
3		平面度公差 0.03 mm（6面）				2×6	
4		表面粗糙度 Ra 值不大于 3.2 μm（6面）				1×6	
5	锉配	间隙小于 0.08 mm（6面）				4×6	
6		喇叭口小于 0.14 mm（6面）				2×6	
7		角清晰（6角）				1×6	
8		表面粗糙度 Ra 值不大于 3.2 μm（6面）				1×6	
9		转位互换精度达到要求				12	
10	其他	文明生产与安全生产				违者每次倒扣 5 分	
11		时间定额 14 h	开始时间			每超额 30 min 倒扣 5 分	
			结束时间				
			实际工时				

§5-3 钻、扩、锪、铰孔及攻螺纹综合练习

◎ 学习目标

1. 能正确使用划线工具。
2. 提高刃磨钻头的基本技能。
3. 进一步巩固钻孔、扩孔、锪孔、铰孔和攻螺纹的基本技能。

◎ 工作任务

利用前面所学的划线、钻孔、扩孔、锪孔、铰孔等的基本知识和基本技能，在如图 5-3-1 所示的削边轴上进行钻孔、扩孔、锪孔、铰孔及攻螺纹练习，并达到图样上规定的技术要求。

◎ 任务实施

一、加工过程

1. 按图样要求划出全部加工位置线。

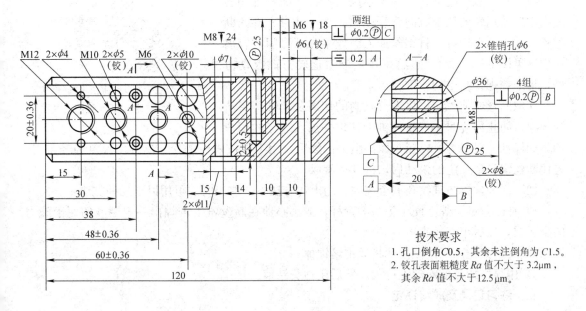

图 5-3-1 削边轴

2. 完成实习件所用钻头的刃磨。

3. 用机床用平口虎钳装夹工件，按划线钻平面上各孔，达到位置尺寸要求（可用游标卡尺进行测量）。除两个 $\phi6$ mm 的锥销孔外，各孔孔口均倒角。

4. 钻圆弧面上各孔，并在 $\phi7$ mm 孔口用柱形锪钻锪出 $\phi11$ mm、深（2 ± 0.5）mm 的沉孔，其余各孔进行孔口倒角。

5. 用手用铰刀铰削有关孔，对两个 $\phi6$ mm 的锥销孔用 $\phi6$ mm×20 mm 的圆锥销试配，达到在敲紧后大端露出锥销倒角的要求。

6. 攻制各螺纹，达到垂直度要求。

7. 修去毛刺，复查全部精度，交件待验。

二、注意事项

1. 对不同孔径的钻孔转速要选择适当。

2. 倒角的钻头要刃磨正确。可先在废件上进行试钻，以防孔口出现较大振痕，或由于刃磨太锋利，切削时产生扎刀现象，使切削抗力增加，将工件甩出，造成事故。

3. 钻头起钻定中心时，机床用平口虎钳可不固定，待起钻浅坑位置正确后再压紧，并保证落钻时钻头没有弯曲现象。

4. 用小钻头钻孔时，进给压力不能太大，以免钻头弯曲或折断。

5. 由于锥销孔的锥度较小，本身有自锁作用，加上韧性材料塑性大，因此在铰削时铰刀刃口必须锋利，且进给压力要小，否则极易锁住铰刀，使其旋转不动。

6. 要做到安全和文明操作。

7. 在攻制较小的螺纹孔时，常因操作不当造成丝锥断在孔内。如果不能取出，或即使取出而使螺纹孔损坏，都将使工件报废。下面介绍几种断丝锥的取出方法，供必要时参考。

（1）在一般情况下，可用狭錾或样冲抵在断丝锥的容屑槽中顺着退转的切线方向轻轻剔出。也可在带方榫的断丝锥上拧上两个螺母，将钢丝插入断丝锥和螺母间的容屑槽中（见图5-3-2），然后用铰杠顺着退转方向扳动方榫，把断在螺纹孔中的丝锥带出来。

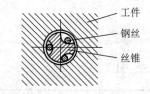

图5-3-2 将钢丝插入容屑槽中取出断丝锥的方法

在取断丝锥前，应先将螺纹孔内的切屑及丝锥碎屑清除干净，防止回旋时再将断丝锥卡住，并加入适当的润滑油，如煤油、机油等，以减小摩擦阻力。然后，用工具按螺纹的正、反方向反复轻轻敲击，先使断丝锥产生一定的松动后，再进行旋取。

（2）当断丝锥与螺纹孔嵌合牢固，用上述方法不能取出时，可用以下几种方法：

1）在断丝锥上焊上便于施力的弯杆，或小心地在断丝锥上堆焊出一定厚度的便于施力的金属层，然后用工具旋出。

2）用电火花加工，慢慢地将丝锥熔蚀掉。

3）用喷灯加热使断丝锥退火，然后用钻头钻掉。

三、练习记录及成绩评定

总得分_____

序号	项目及技术要求	实测记录				配分	得分
1	孔距尺寸要求（8处）					3×8	
2	ϕ6 mm孔的对称度公差0.2 mm					4	
3	垂直度公差ϕ0.2 mm（6处）					3×6	
4	锥销孔ϕ6 mm与锥销配合正确（两孔）					4×2	
5	ϕ11 mm沉孔深（2±0.5）mm（两处）					3×2	
6	M8的螺纹深24 mm					2	
7	M6的螺纹深18 mm					2	
8	螺纹孔倒角正确（6孔）					2×6	
9	ϕ10 mm孔口倒角正确（两孔）					2×2	
10	ϕ7 mm和ϕ9.8 mm的钻头刃磨正确（两支）					10×2	
11	工具使用正确					每次使用不当倒扣2分，每次严重损坏倒扣5分	
12	文明生产与安全生产					违者每次倒扣2分	
13	时间定额6 h	开始时间				每超额30 min倒扣5分	
		结束时间					
		实际工时					

课题六 制作圆弧和角度结合件

◎ **学习目标**

通过制作圆弧和角度结合件，掌握矫正和弯形的基本知识和操作技能。通过技能训练，要求掌握矫正条料、板料和棒料的操作方法，能应用弯形工具对工件进行正确的弯形，并能达到图样规定的要求。

◎ **课题描述**

在实际生产中经常会遇到下列情况：金属材料在运输、存放及下料的过程中，由于外力的作用，会产生各种形式的变形。因此，材料加工前要消除这些变形，进行必要的矫正。实际生产中常有将平整的材料弯曲成各种形状的工件的工作任务，例如将 120 mm×30 mm×2 mm 的板料弯曲成如图 6-0-1 所示的圆弧和角度结合件。

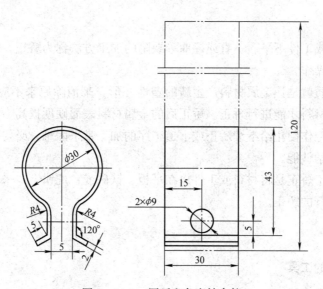

图 6-0-1　圆弧和角度结合件

◎ **材料准备**

实习件名称	材料	材料来源	件数
圆弧和角度结合件	Q235 钢	备料，120 mm×30 mm×2 mm	1

◎ 加工过程

加工步骤	任务描述
1. 矫正	矫正 120 mm×30 mm×2 mm 板料的变形
2. 弯形	按图 6-0-1 的要求，将 120 mm×30 mm×2 mm 的板料弯曲成形

§6-1 材料的矫正

◎ 学习目标

掌握材料的各种矫正方法。

◎ 工作任务

为了保证工件弯形后能满足图 6-0-1 所示图样的要求，弯形前应采取相应的方法对 120 mm×30 mm×2 mm 的板料进行矫正。

◎ 工艺分析

消除金属材料或工件不平、不直或翘曲等缺陷的加工方法称为矫正。矫正可在机器上进行，也可采取手工操作。

因为矫正的实质就是让金属材料产生新的塑性变形，来消除原来不应存在的塑性变形，所以只有塑性好的材料才能进行矫正。矫正后的金属材料表面硬度提高、性质变脆，这种现象称为冷作硬化。冷作硬化给继续矫正或下道工序的加工带来困难，必要时应进行退火，以恢复材料原有的力学性能。

钳工常用的手工矫正是将材料或工件放在平板、铁砧或台虎钳上，采用锤击、弯曲、延展或伸张等方法进行的矫正。

◎ 相关知识

一、手工矫正的工具

1. 平板和铁砧

平板、铁砧及台虎钳等都可以作为矫正板材、型材或工件的基座。

2. 锤子

矫正一般材料均可采用钳工锤；矫正已加工表面、薄钢件或有色金属制件时，应采用铜锤、木锤或橡胶锤等软锤。

如图 6-1-1 所示为用木锤矫正板料。

3. 抽条和拍板

抽条是采用条状薄板料弯成的简易手工工具，用于抽打较大面积的板料，如图 6-1-2 所示为用抽条矫正板料。拍板是用质地较硬的檀木制成的专用工具，用于敲打板料。

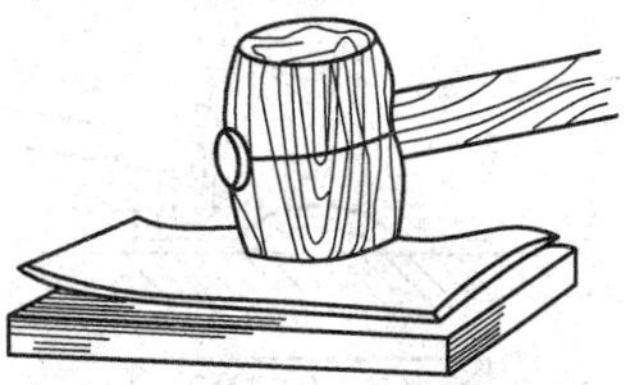

4. 螺旋压力工具

螺旋压力工具适用于矫正较大的轴类工件或棒料，如图 6-1-3 所示。

图 6-1-1　用木锤矫正板料

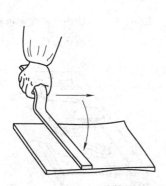

图 6-1-2　用抽条矫正板料

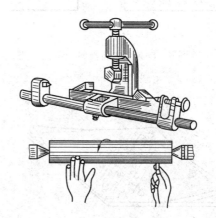

图 6-1-3　用螺旋压力工具矫正轴类工件

二、常用的矫正方法

1. 延展法

延展法用于金属板料及角钢的凸起、翘曲等变形的矫正。板料中间凸起，是由于变形后中间材料变薄而引起的。矫正时可锤击板料边缘，使边缘材料延展而变薄，其厚度与凸起部位的厚度越趋近似则越平整。锤击时应按图 6-1-4a 中所示箭头方向由外向里锤击，力度逐渐由重到轻，锤击点由密到稀。如果板料表面有相邻几处凸起，应先在凸起的交界处轻轻锤击，使几处凸起合并成一处，然后锤击板料四周而矫正。如果直接锤击凸起部位，则会使凸起部位变得更薄，这样不但达不到矫正的目的，反而使凸起更为严重，如图 6-1-4b 所示。

如果板料边缘呈波纹形而中间平整，则说明板料四边变薄而伸长了。矫正时应按图 6-1-5中所示箭头方向从中间向四周锤击，锤击点密度逐渐变稀，力量逐渐减小，经反复多次锤击，使板料逐渐平整。

如果板料发生对角翘曲，就应沿另外没有翘曲的对角线锤击，使其延展而矫正，其方法如图 6-1-6 所示。

如果板料是铜箔、铝箔等薄而软的材料，可用平整的木块在平板上推压材料的表面，使其逐渐平整，也可用木锤或橡胶锤锤击，其方法如图 6-1-7 所示。

角钢的变形有内弯、外弯、扭曲和角变形等多种形式，其矫正方法如图 6-1-8 所示。

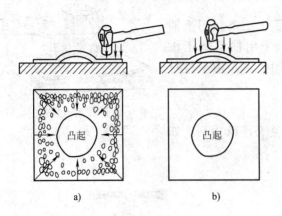

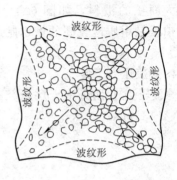

图 6-1-4　中凸板料的矫正方法
a）正确　b）错误

图 6-1-5　边缘呈波纹形板料的
矫正方法

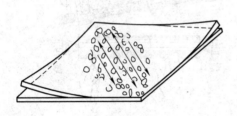

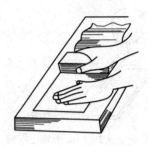

图 6-1-6　对角翘曲板料的矫正方法

图 6-1-7　薄而软板料的矫正方法

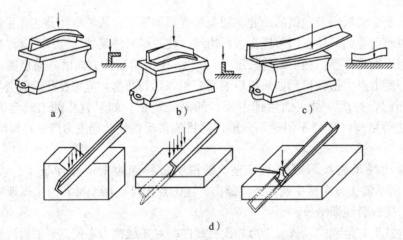

图 6-1-8　角钢变形的矫正
a）矫正角钢内弯　b）矫正角钢外弯　c）矫正角钢扭曲　d）矫正角钢角变形

2. 弯形法

弯形法主要用来矫正各种轴类、棒类工件或型材的弯曲变形。

矫正前应先查明弯曲程度和部位，做上标记，然后使凸部向上置于平台上，用锤子连续锤击凸处，使凸起部位材料受压缩短，凹入部位受拉伸长，以消除弯曲变形。对直径较大的轴类工件，一般先把轴装在两顶尖间，找出弯曲部位，然后用压力机或螺旋压力工具在轴的突出部位加压矫正，如图6-1-3所示。

3. 扭转法

扭转法用于矫正条料的扭曲变形，如图6-1-9所示。

4. 伸张法

伸张法用来矫正各种细长线材的卷曲变形，如图6-1-10所示。

图6-1-9 用扭转法矫正条料

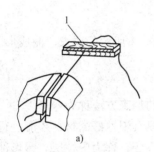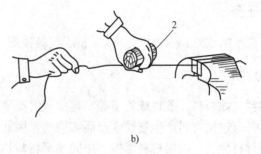

a)　　　　　　　　　　b)

图6-1-10 用伸张法矫正细长线材

1—木板　2—木棒

◎ **任务实施**

> **操作提示**
>
> 　　由于材料的变形是多种多样的，矫正前，一定要对材料的变形情况进行认真的分析和测量，掌握其实际的变形情况和变形部位，从而采取相应的矫正方法，做到有的放矢。否则，可能出现越矫正变形越大的现象，或使简单的变形变得更加复杂。

一、矫正方法

对于 30 mm×120 mm×2 mm 的板料，要根据其实际的变形情况，采用弯形、扭转或延展的方法进行矫正。

二、矫正质量的检验方法

1. 检验工具

常用的检验工具有平板、直角尺、钢直尺、百分表及等高 V 形架等。

2. 检验方法

(1) 板料矫正后的检验一般借助平板，观察其与平板的贴合情况；也可用钢直尺进行检查，要求比较高的可借助百分表进行检验。

(2) 棒类零件常借助 V 形架、等高支架和百分表等进行检验。

(3) 角钢类零件可借助平板、百分表、直角尺、钢直尺等进行检验。

§6-2 弯 形

◎ 学习目标

能用所学的方法对工件进行正确的弯形,并能达到图样要求。

◎ 工作任务

将已矫平的 120 mm×30 mm×2 mm 板料按图 6-0-1 所示的要求弯曲成形。

◎ 工艺分析

将坯料（如板料、条料或管子等）弯成所需要形状的加工方法称为弯形。

弯形是通过使材料产生塑性变形而实现的,因此,只有塑性好的材料才能进行弯形。弯形后外层材料伸长,内层材料缩短,中间一层材料长度不变,称为中性层。弯形部分的材料虽然产生拉伸和压缩,但其截面积保持不变,钢板的弯形情况如图 6-2-1 所示。

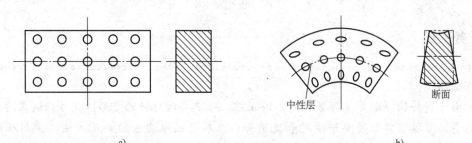

a)   b)

图 6-2-1 钢板的弯形情况
a) 弯形前   b) 弯形后

◎ 相关知识

无论何种坯料,弯形前都需计算坯料的长度。坯料弯形后,只有中性层的长度不变,因此,弯形前坯料长度可按中性层的长度进行计算。但材料弯形后,中性层一般并不在材料的正中,而是偏向内层材料一边。实验证明,中性层的实际位置与材料的弯形半径 r 和材料的厚度 t 有关。如图 6-2-2 所示为弯形时中性层的位置。

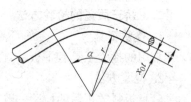

图 6-2-2 弯形时中性层的位置

想一想   弯形半径的大小对弯形有何影响?

弯形时,越接近材料表面变形越严重,也就越容易出现拉裂或压裂现象。同种材料,相同的厚度，外层材料变形的大小取决于弯形半径的大小，弯形半径越小，外层材料变形就越大。为此，必须限制材料的弯形半径。通常材料的弯形半径应大于2倍材料的厚度（该半径称为临界半径）。否则，应进行两次或多次弯形，其间应进行退火处理。

弯曲中性层位置系数 x_0 见表6-2-1。从表中 r/t 的值可以看出，当 $r/t \geqslant 16$ 时，中性层在材料的中间（即中性层与几何中心重合）。一般情况下，为简化计算，当 $r/t \geqslant 8$ 时，可取 $x_0 = 0.5$ 进行计算。

表6-2-1　　　　　　　　　　弯曲中性层位置系数 x_0

r/t	0.25	0.5	0.8	1	2	3	4	5
x_0	0.2	0.25	0.3	0.35	0.37	0.4	0.41	0.43
r/t	6	7	8	10	12	14	$\geqslant 16$	
x_0	0.44	0.45	0.46	0.47	0.48	0.49	0.5	

如图6-2-3所示为常见的弯形形式。

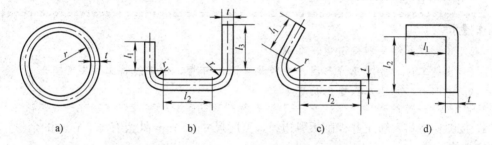

图6-2-3　常见的弯形形式

a)、b)、c) 内面带圆弧的制件　d) 内面带直角的制件

圆弧部分中性层长度的计算公式为

$$A = \pi(r + x_0 t)\alpha / 180°$$

式中　A ——圆弧部分中性层长度，mm；

　　　r ——内弯形半径，mm；

　　　x_0——中性层位置系数；

　　　t ——材料厚度，mm；

　　　α ——弯形角，(°)。

将内面弯形成不带圆弧的直角制件时，其弯形部分可按弯形前后毛坯体积不变的原理进行计算，一般采用经验公式 $A = 0.5t$ 计算。

例6-1　把厚度 $t = 4$ mm 的钢板坯料弯成如图6-2-3c所示的制件，若弯形角 $\alpha = 120°$，内弯形半径 $r = 16$ mm，边长 $l_1 = 60$ mm，$l_2 = 120$ mm，求坯料长度 L。

解：$r/t = 16/4 = 4$，查表6-2-1得 $x_0 = 0.41$

　　　$A = \pi(r + x_0 t)\alpha / 180° = 3.14 \times (16 + 0.41 \times 4)$ mm $\times 120° / 180° \approx 36.9$ mm

　　　$L = l_1 + l_2 + A = 60$ mm $+ 120$ mm $+ 36.9$ mm $= 216.9$ mm

例6-2　把厚度 $t = 3$ mm 的钢板坯料弯成如图6-2-3d所示的制件，若 $l_1 = 60$ mm，

$l_2 = 100$ mm，求坯料长度 L。

解：因弯形制件内面带直角，所以 $L = l_1 + l_2 + A = l_1 + l_2 + 0.5t = 60$ mm + 100 mm + 0.5×3 mm = 161.5 mm

由于材料本身性质的差异和弯形工艺及操作方法的不同，理论上计算的坯料长度和实际需要的坯料长度之间会有误差。因此，成批生产时要采用试弯的方法确定坯料长度，以免造成成批废品。

◎ 任务实施

弯形方法有冷弯和热弯两种。在常温下进行的弯形称为冷弯；当弯形材料厚度大于 5 mm 及弯制直径较大的棒料和管料工件时，常需要将工件加热后再弯形，这种方法称为热弯。弯形虽然是塑性变形，但也有弹性变形存在，为抵消材料的弹性变形，弯形过程中应多弯一些。

圆弧和角度结合件采用冷弯的方法。

一、圆弧和角度结合件的弯形

操作提示

1. 弯形位置线要划得清楚、准确。

2. 装夹工件时要对正弯形线，夹紧要牢固、可靠，但不能将工件夹弯变形。

3. 弯形力一定要加在变形位置上。

1. 按图样下料，矫正并锉削板料边缘，宽度尺寸 30 mm 处留有 0.5 mm 的余量，然后按图样划线。

2. 对宽度为 30 mm 的平面锤击矫正，并锉修 30 mm 的宽度尺寸。

3. 按图样划线钻 $\phi 9$ mm 的两个孔，然后对孔口和各棱边进行倒钝。

4. 对圆弧和角度结合件位置 1、2、3 的指定如图 6-2-4a 所示。用衬垫将薄板工件夹在台虎钳内，将两端的 1、2 两处弯好，如图 6-2-4b 所示，最后在圆钢上弯工件的圆弧（见图 6-2-4c），保证两端折弯处 $R4$ mm 圆角符合要求，使工件达到图样要求。

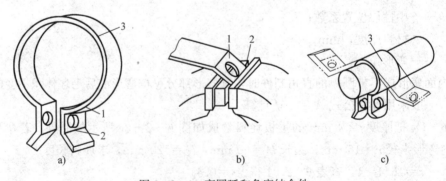

图 6-2-4 弯圆弧和角度结合件

注意：圆弧和角度结合件的弯形过程中包含了角度、圆弧等基本的弯形方法，应熟练掌握。

常见工件的弯形方法

1. 直角工件的弯形

板料工件有一个直角的，也有几个直角的。如工件形状简单、尺寸不大且能在台虎钳上装夹的，就在台虎钳上弯制直角。弯形前，应先在弯曲部位划好线，将所划的线与钳口（或衬铁）对齐装夹，两边要与钳口垂直，用木锤敲打成直角即可。

被装夹的板料，如果弯曲线以上部分较长，为了避免锤击时板料发生弹跳现象，可用左手压住板料上部，用木锤在靠近弯曲部位的全长上轻轻敲打，如图6-2-5a所示，使弯曲线以上的平面部分不受到锤击，不产生回跳现象，保持原来的平整。如敲打板料上端（见图6-2-5b），由于板料的回跳，不但使平面不平，而且角度也不易弯好。如弯曲线以上部分较短时，应使用如图6-2-5c所示的硬木块垫在弯曲处再敲打，直至将板料弯成直角。

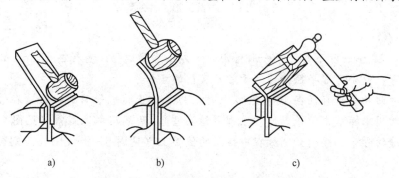

图6-2-5 将板料在台虎钳上弯成直角

a）弯较长工件直角的正确方法　b）弯较长工件直角的错误方法　c）弯较短工件直角的方法

弯制各种多直角工件时，可用木垫或金属垫作为辅助工具。如图6-2-6所示为弯制多直角工件的顺序。

对多直角工件A、B、C的指定如图6-2-6a所示；先将板料按划线夹入角钢衬垫内弯成A角，如图6-2-6b所示；再用衬垫①弯成B角，如图6-2-6c所示；最后用衬垫②弯成C角，如图6-2-6d所示。

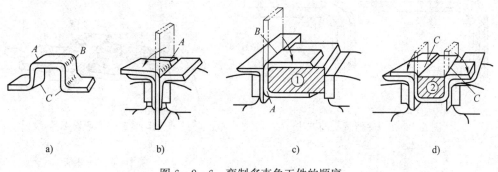

图6-2-6 弯制多直角工件的顺序

2. 圆弧形工件的弯形

弯制圆弧形工件的顺序如图 6-2-7 所示。先在材料上划好弯曲线，按所划的线将材料装夹在台虎钳的两块角钢衬垫里，如图 6-2-7 所示，用方头锤子的窄头锤击，经过图 6-2-7b、c、d 三步初步成形，然后在半圆模上修整圆弧，如图 6-2-7e 所示，使其形状符合图样要求。

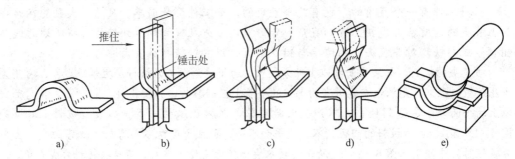

图 6-2-7 弯圆弧形工件的顺序

3. 管子的弯形

直径在 12 mm 以下的管子一般可用冷弯方法弯曲成形。直径在 12 mm 以上的管子则采用热弯。最小弯形半径必须大于管子直径的 4 倍。

当所弯曲的管子直径在 10 mm 以上时，为了防止将管子弯瘪，必须在管内灌满干沙（灌沙时用木棒敲击管子，使沙子灌得结实些），两端用木塞塞紧（见图 6-2-8a）。对于有焊缝的管子，焊缝必须放在中性层的位置上（见图 6-2-8b），否则会使焊缝裂开。

冷弯管子通常在弯管工具上进行。如图 6-2-9 所示是一种结构简单、弯曲小直径管子的弯管工具。它由底板 1、靠铁 2、转盘 3、钩子 4 和手柄 5 等组成。转盘圆周和靠铁侧面上有圆弧槽。圆弧大小按所弯管子直径而定（最大可制成半径 6 mm）。在转盘和靠铁的位置固定后即可使用。使用时，将管子插入转盘和靠铁的圆弧槽中，用钩子钩住管子，按所需弯曲的位置扳动手柄，使管子跟随手柄弯曲到所需的角度。

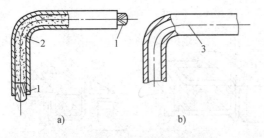

图 6-2-8 冷弯管子的方法
1—木塞 2—沙子 3—焊缝

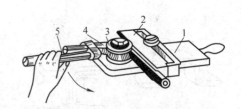

图 6-2-9 弯管工具
1—底板 2—靠铁 3—转盘
4—钩子 5—手柄

二、矫正和弯形时的质量分析

矫正和弯形时的质量问题及产生原因见表 6 - 2 - 2。

表 6 - 2 - 2 矫正和弯形时的质量问题及产生原因

质量问题	产生原因
工件表面留有麻点或锤痕	锤击时锤子歪斜，锤子的边缘与工件材料接触，或锤面不光滑，以及对加工过的表面或有色金属矫正时，用硬锤子直接锤击
工件断裂	矫正或弯形过程中多次弯折，破坏了金属组织，或工件塑性较差、r/t 值过小，材料发生较大的变形
工件弯斜或尺寸不准确	工件夹持不正或夹持不紧，锤击时偏向一边，或选用不正确的模具，锤击力过大
材料长度不够	弯形前毛坯长度计算错误
管子熔化或表面严重氧化	管子热弯温度太高
管子有瘪痕	沙子没灌满，或弯曲半径偏小，重弯时使管子产生瘪痕
焊缝裂开	管子焊缝没有放在中性层的位置上进行弯曲

以上几种质量问题，只要在工作中细心操作和仔细检查、计算，都是可以避免的。

课题七　刮削长方体

◎ 学习目标

　　通过长方体的刮削练习，主要应掌握平面刮削的基本知识和基本操作技能。刮削是钳工的一项重要基本操作技能，因此，只有熟练掌握，才能在以后工作中逐步做到得心应手，运用自如。

◎ 课题描述

　　在实际生产中，常常出现工件经刨削、铣削等机械加工后达不到图样要求的现象，例如：

　　1. 有相对运动的导轨副，它的两个摩擦面要求有良好的接触率。接触面积大，承受的压力也就大，要求耐磨性好（当然也不能要求越大越好，一般根据实际情况来定）。

　　2. 相互连接的两个工件中，结合表面质量高，连接的刚度就高，能使部件的几何精度更趋于稳定，不易产生变形。

　　3. 对有密封性要求的表面，如果表面质量差，就会产生漏油、漏气等不良现象。

　　4. 要求有准确的尺寸和有公差配合的工件，且这些相配工件的尺寸都必须保证在公差范围内。

　　5. 机床在装配过程中，要求达到理想的几何精度，需通过调整封闭环的尺寸来实现。

　　以上所述的质量要求均可通过刮削来达到。本课题通过刮削如图 7-0-1 所示的长方体，掌握平面刮削的方法和基本知识。

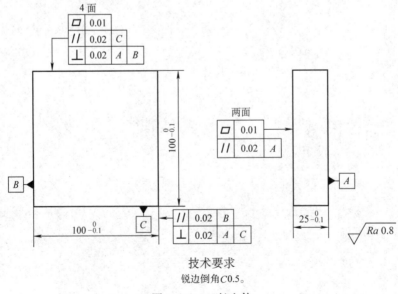

技术要求
锐边倒角 C0.5。

图 7-0-1　长方体

◎ **材料准备**

实习件名称	材料	材料来源	件数
长方体	HT200	备料，$100^{+0.20}_{-0.15}$ mm×$100^{+0.20}_{-0.15}$ mm×$25^{+0.15}_{-0.10}$ mm	1

◎ **加工过程**

加工步骤	任务描述
1. 刮削前的准备工作	包括场地、工件、支承及刮削工具的准备
2. 长方体的刮削	将六个面刮削至图样要求

§7-1 刮削前的准备工作

◎ **学习目标**

1. 了解刮刀的种类、结构等。

2. 掌握刮削工具的使用方法及平面刮刀的刃磨方法。

◎ **工作任务**

刮削前的准备工作包括场地的选择、工件的准备、工件的支承及刮削工具的准备等。

◎ **工艺分析**

刮削前准备工作的好坏，对刮削效率和刮削质量有着重要的影响，因此应足够重视，并充分做好准备工作。

◎ **任务实施**

一、场地的选择

进行刮削工作的场地，其光线、室温以及地基都要适宜。光线太强或太弱，都会影响视力。在刮削大型精密工件时，还应选择温度变化小而缓慢的刮削场地，以免因温差变化大而影响精度的稳定性。在刮削质量大的狭长面（如车床床身导轨等）时，如场地地基疏松，常会导致刮削面变形。所以在刮削这类工件时，应选择地基坚实的场地。

二、工件的准备

1. 清理工件表面的锈迹，倒钝锐边（如图7-0-1所示工件的各锐边倒角C0.5 mm），去掉毛刺。

2. 测量来料尺寸和各面位置误差，这样可以掌握加工余量，正确进行刮削工作。

三、工件的支承

工件必须安放平稳，使刮削时无摇动现象。安放时应选择合理的支承点。工件应保持自由状态，不应由于支承而受到附加力。如刮削刚度高、质量大、面积大的机器底座接触面或大面积的平板等，应该用三点支承。为了防止刮削时工件翻倒，可在其中一个支承点的两边适当加木块垫实。对于大型工件，如机床床身导轨，刮削时的支承应尽可能与装配时的支承一致。在安放工件的同时，应考虑到工件刮削面位置的高低必须适合操作者的身高，一般应设置在操作者的腰部附近，这样便于操作者发挥力量。

对于如图 7-0-1 所示的刮削练习件，可平放在刮削架（用角钢制成，用厚木板做面）上，四周用木条（用钉子钉住）加以固定。

四、刮削工具的准备

1. 常用的刮削工具

常用的刮削工具包括刮刀、研具和显示剂，其特点及应用见表 7-1-1。

表 7-1-1   常用刮削工具的特点及应用

工具类型		图示	特点及应用
刮刀	平面刮刀	手刮刀 挺刮刀 弯头刮刀	常用的平面刮刀按形状分为直头和弯头两种，按刮削姿势分为手刮刀和挺刮刀。主要用来刮削平面，如平板、平面导轨、工作台等，也可用来刮削外曲面。按所刮表面精度要求不同，可分为粗刮刀、细刮刀和精刮刀三种
	曲面刮刀	三角刮刀 蛇头刮刀	按刀头形状分为三角刮刀、蛇头刮刀、圆头刮刀等。主要用来刮削内曲面，如滑动轴承内孔等
研具	平面研具	标准平板 桥形平尺	研具是用来研接触点和检验刮削面精确性的工具，通过与刮削表面磨合，以接触点多少和疏密程度来显示刮削平面的平面度，提供刮削依据。标准平板用来检验较宽的平面；桥形平尺用来检验狭长的平面，如检验机床导轨面的直线度等

工具类型		图示	特点及应用
研具	角度研具	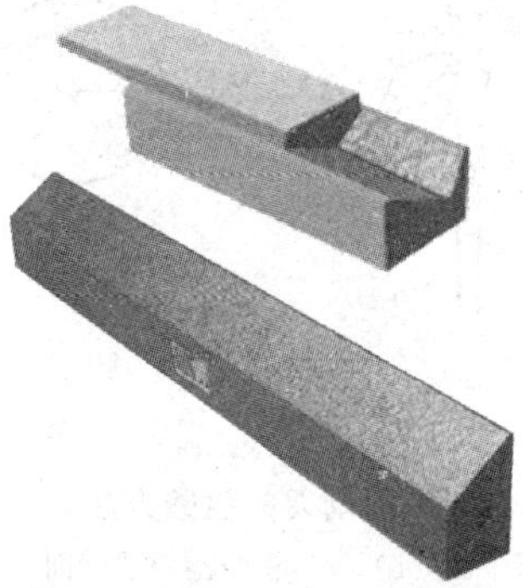	用来检验两个刮削面成角度的组合平面，如 V 形导轨面、燕尾槽面等。其形状有 55°、60°等多种
	曲面研具	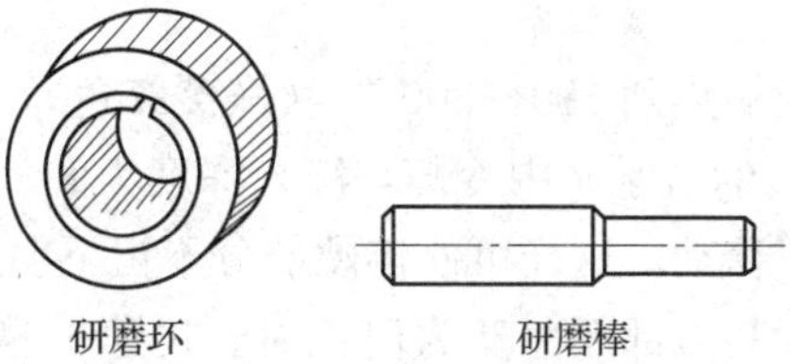 研磨环　　　　研磨棒	一般以相配合的零件为研具，如主轴的轴颈等 用来检验曲面的接触精度和几何精度
显示剂	红丹粉		用来显示刮削表面误差位置和大小。将其均匀涂抹于研具或刮削表面，研后凸起部分就被显示出来 红丹粉分铅丹和铁丹两种，前者呈橘红色，后者呈红褐色。使用时，用机油或牛油调和而成，广泛用于铸铁等黑色金属工件上
	蓝油		蓝油用普鲁士蓝粉和蓖麻油及适量机油调和而成，呈深蓝色。多用于精密工件和有色金属及其合金的工件上

2. 平面刮刀的刃磨

（1）粗磨

平面刮刀的粗磨方法如图 7-1-1 所示。粗磨时分别将刮刀的两平面贴在砂轮侧面上，开始时应先接触砂轮边缘，再慢慢平放在其侧面上，不断地前后移动进行刃磨，如图 7-1-1a 所示，将两面都磨平整，直至在刮刀全宽上用肉眼看不出有明显的厚薄差别为止。然后粗磨刮刀顶端面，把刮刀的顶端放在砂轮轮缘上平稳地左右移动进行刃磨，如图 7-1-1b 所示，要求端面与刮刀中心线垂直。刃磨时刮刀应先以一定倾斜度与砂轮接触，如图 7-1-1c 所示，再逐步按图示箭头方向转动至水平。如直接按水平位置靠上砂轮，刮刀会抖动而不易磨削，甚至会出事故。

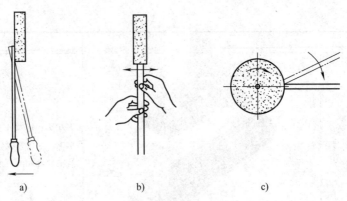

图 7-1-1 平面刮刀的粗磨方法

a) 粗磨刮刀平面 b)、c) 粗磨刮刀顶端面

（2）热处理

将粗磨好的刮刀放在炉中缓慢加热到 780～800 ℃（呈樱红色），加热长度为 25 mm 左右，取出后迅速放入冷水（或 10% 的盐水）中冷却，浸入深度为 8～10 mm。刮刀接触水面时应缓缓平移且间断地做少许上下移动，这样可使淬硬部分不留下明显的界线。当刮刀露出水面部分呈黑色，由水中取出观察其刃部颜色变为白色时，迅速把整个刮刀浸入水中冷却，直到刮刀全部冷却后取出即可。热处理后刮刀切削部分的硬度应在 60HRC 以上，用于粗刮。对于精刮刀及用于刮花的刮刀，淬火时可用油冷却，这样刀头不会产生裂纹，金属的组织较细，容易刃磨，切削部分的硬度接近 60HRC。

（3）细磨

热处理后的刮刀要在细砂轮上细磨，使其基本达到刮刀的形状和几何角度要求。刃磨刮刀时必须经常蘸水冷却，避免刃口部分退火。

（4）精磨

刮刀的精磨须在油石上进行。操作时可在油石上加适量机油，先磨两平面，如图 7-1-2a 所示，直至平面平整，表面粗糙度 Ra 值不大于 0.2 μm。然后精磨顶端面，如图 7-1-2b 所示，刃磨时左手扶住手柄，右手紧握刀身，使刮刀直立在油石上，略带前倾（前倾角度根据刮刀楔角 β_o 的不同而定）向前推移，拉回时刀身略微提起，以免磨损刃口，如此反复，直到切削部分的形状和角度符合要求，且刃口锋利为止。对于较长的刮刀，可将其靠在肩上，用双手握持磨顶端面，如图 7-1-2c 所示。

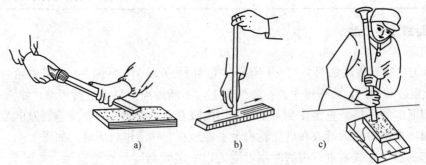

图 7-1-2 在油石上精磨刮刀

a) 磨平面 b) 手持磨顶端面 c) 用双手握持磨顶端面

§7-2 长方体的刮削

1. 了解刮削的原理，熟悉刮削的特点和应用。
2. 掌握平面刮削的姿势。
3. 能正确使用显示剂。
4. 掌握平面刮削的方法。

◎ 工作任务

刮削长方体各平面，使长方体的各尺寸及相互位置精度（平行度、垂直度）等满足图样的要求，如图7-2-1所示。

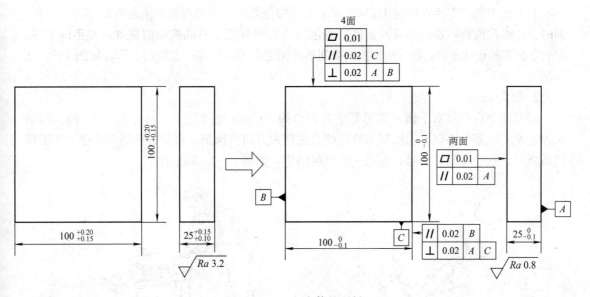

图7-2-1　长方体的刮削

◎ 工艺分析

利用刮刀刮去工件表面金属薄层的加工方法称为刮削。

1. 刮削原理

先在工件或校准工具（平板、标准件或精加工过的相配件）上涂一层显示剂，经过推研使工件上较高的部位显示出来（这种显示高点的操作方法称为研点），然后用刮刀刮去较高部分的金属层；经过反复研点和刮削，最终使工件达到所要求的尺寸精度、形状精度及表面粗糙度等。

2. 刮削余量

由于每次的刮削量较少，因此，机械加工所留下的刮削余量应当合适，一般为 0.05～0.4 mm。

想一想　刮削有何特点及作用？

刮削具有切削量小、切削力小、切削热少和切削变形小等特点，所以能获得很高的尺寸精度、几何精度、接触精度、传动精度和很小的表面粗糙度值。

刮削后的表面形成微浅的凹坑，创造了良好的存油条件，有利于润滑和减小摩擦。因此，机床导轨、滑板、滑座、轴瓦、工具、量具等的接触表面常用刮削的方法进行加工。

刮削工作的劳动强度大、生产率低。

◎ 相关知识

一、平面刮削的姿势

1. 手刮法

右手握刀柄，左手在距切削刃约 50 mm 处握住刀杆，刮刀与被刮削表面成 25°～30°角。同时，左脚向前跨一步，上身向前倾。刮削时，右臂利用上身的摆动向前推，左手向下压，并引导刮刀的运动方向，在下压推挤的瞬间迅速抬起刮刀，完成一次刮削动作，如图 7-2-2 所示。

2. 挺刮法

将刀柄顶在小腹右下侧，双手握于离刃口约 80 mm 处（左手在前，右手在后）。刮削时，左手下压落刀要轻，利用腿和臀部的力量使刮刀向前推挤，双手引导刮刀前进。在推挤后的瞬间，双手将刮刀提起，完成一次刮削动作，如图 7-2-3 所示。

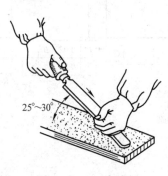

图 7-2-2　手刮法

图 7-2-3　挺刮法

二、研点的方法

研点的方法应根据工件的不同形状和刮削面积的大小有所区别。

1. 中、小型工件的研点

一般是标准平板固定不动，在平板上推研工件被刮削面。推研时压力要均匀，避免显示失真，如果工件被刮削面小于平板面，推研时最好不超出平板；如果被刮削面等于或稍大于平板面，允许工件超出平板，但超出部分应小于工件长度的1/3，中、小型工件在平板上研点的方法如图7-2-4所示。另外，还应注意在整个平板上推研工件，以防止平板局部磨损。

2. 大型工件的研点

将工件固定，在工件的被刮削面上推研平板。推研时，平板超出工件被刮削面的长度应小于平板长度的1/5，对于面积大、刚度低的工件，平板的质量要尽可能轻，必要时还要采取卸荷推研的方法。

3. 质量不对称工件的研点

对于质量不对称的工件，推研时应在工件某个部位托或压，用力的大小要适当、均匀，其研点方法如图7-2-5所示。研点时还应注意，如果两次研点有矛盾，应分析原因，认真检查推研方法，谨慎处理。

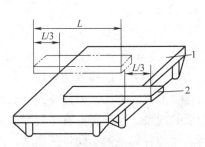

图7-2-4　中、小型工件在平板上研点的方法

1—标准平板　2—工件

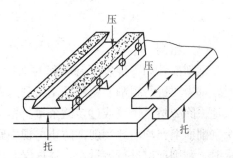

图7-2-5　质量不对称工件的研点方法

◎ 任务实施

操作提示

1. 刮削前，工件的锐边、毛刺必须去掉，以防止碰伤手。不允许倒角者，刮削时应特别注意。

2. 刮削大型工件时，搬动过程中要注意安全，安放要平稳。

3. 采用挺刮法时，如因高度不够，人需站在垫脚板上工作时，必须将垫脚板放置平稳后才可上去操作。以免因垫脚板不稳，人用力后跌倒而出工伤事故。

4. 刮削工件边缘时不能用力过大、过猛，避免当刮刀刮出工件时，连刀带人一起冲出去而发生事故。

5. 刮削研点时，显示剂可以涂在工件表面上，也可以涂在校准件上。前者在工件表面显示的结果是红底黑点，没有闪光，容易看清，适用于精刮时选用。后者只在工件表面的高处着色，研点暗淡，不易看清，但切屑不易黏附在切削刃上，刮削方便，适用于粗刮时选用。

6. 在调和显示剂时应注意：粗刮时，可调得稀些，这样在刀痕较多的工件表面上便于涂抹，显示的研点也大；精刮时，应调得干些，涂抹要薄而均匀，这样显示的研点细小，否则研点会模糊不清。

一、两个大平行平面的刮削

1. 将各锐边倒角 $C0.5$ mm。

2. 选用标准平板作为测量基准。

3. 刮削基准面

先刮削基准面 A，按粗刮、细刮和精刮的顺序，使其达到表面粗糙度及研点数的要求，如图 7-2-6 所示。

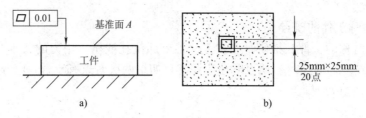

图 7-2-6　刮削基准面 A

（1）粗刮

刮削前，如工件表面有较深的加工刀痕、严重锈蚀或刮削余量较多（0.05 mm 以上）时，都需要进行粗刮。粗刮是用粗刮刀在刮削面上均匀地铲去一层较厚的金属，其目的是很快地去除刀痕、锈斑或过多的余量。粗刮可以采用连续推铲的方法，刀迹要连成长片。在整个刮削面上要均匀地刮削，防止出现中间高、边缘低的现象。当刮削面有平行度、垂直度要求时，刮削前应进行测量，并根据误差情况，在刮削面的各部位做不同量的刮削，以优先满足平行度、垂直度的要求，这样可以加快刮削速度。当粗刮到每25 mm×25 mm 方框内有 2～3 个研点时，即可转入细刮。

（2）细刮

细刮是用细刮刀在刮削面上刮去稀疏的大块研点（俗称破点）。目的是进一步改善不平现象。

细刮时采用短刮法，刀痕宽而短，刀迹长度约为切削刃宽度。随着研点的增多，刀迹逐步缩短。每刮一遍时，须按同一方向刮削（一般要与平面的边成一定角度），刮第二遍时要交叉刮削，以消除原方向的刀迹，否则切削刃容易沿上一遍刮削时的刀迹滑动，出现的研点成条状，不能迅速达到精度要求。在刮削研点时，要把研点周围部分也刮去。这样周围的次高点就容易显示出来，增加研点数目。随着研点数目的逐渐增多，显示剂要涂得薄而均匀，以便研点清晰。推研后显示出有些发亮的研点称为硬点（或实点），应重些刮。有些研点暗淡，称为软点（或虚点），则应轻些刮。直至显示出的研点软硬均匀，在整个刮削面上达到 12～15 点/（25 mm×25 mm）时，细刮结束。

（3）精刮

精刮就是用精刮刀更仔细地刮削研点（俗称摘点），目的是增加研点，改善表面质量，使刮削面符合精度要求。

精刮时采用点刮法（刀迹长度约为 5 mm）。刮削面越狭小，精度要求越高，刀迹应越短。

精刮时要注意：压力要小，提刀要快，在每个研点上只刮一刀，不要重刀，并始终交叉地进行刮削。当研点增加到 20 点/（25 mm×25 mm）以上时，可将研点分为三类，并区别对待。最大最亮的研点全部刮去，中等研点只刮顶部一小部分，小研点留着不刮。在刮到最后两三遍时,交叉刀迹的大小应该一致,排列应该整齐,以提高刮削面的美观程度。

在不同的刮削步骤中,每刮一刀的深度也应适当控制,因为刀迹的深度和宽度相联系,所以可以通过控制刀迹的宽度来控制刀迹的深度。一般情况下,若左手对刮刀的压力大,则刮后的刀迹又深又宽。粗刮时,刀迹宽度不应超过刃口宽度的 2/3~3/4,否则切削刃两侧容易陷入刮削面而形成沟纹。细刮时,刀迹宽度约为刃口宽度的 1/3~1/2,如果刀迹过宽会影响单位面积内的研点数。精刮时,刀迹宽度应该更窄。

4. 刮削基准面 A 的平行面

(1) 先用百分表测量该面对基准面的平行度误差(见图 7-2-7),以确定粗刮时的刮削部位及刮削量,结合研点进行粗刮,以保证平面度要求。在整个刮削面上应达到 2~3 点/(25 mm×25 mm)。

(2) 在保证平面度和初步达到平行度要求的情况下开始细刮。细刮时根据研点来确定刮削部位,同时结合百分表测量平行度误差,并通过刮削进行修正。

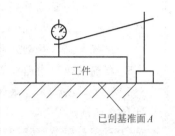

图 7-2-7 测量与基准面的平行度误差

(3) 细刮达到要求后按研点进行精刮,直至达到表面粗糙度及研点数的要求。在整个刮削面上应达到 20 点/(25 mm×25 mm)。

二、四个垂直面的刮削

1. 选一个大平面作为基准面(若无已刮削好的基准面,应先刮削基准面)。

2. 粗、细、精刮面 1。刮削前先用直角尺检查面 1 相对已刮基准面的垂直度误差,然后确定其刮削位置,结合研点刮削,达到平面度、垂直度及研点数的要求,如图 7-2-8a 所示。

3. 粗、细、精刮面 2。先用直角尺检查面 2 对基准面及面 1 的垂直度误差,然后确定刮削部位,并结合研点刮削,达到平面度、垂直度及研点数的要求,如图 7-2-8b 所示。

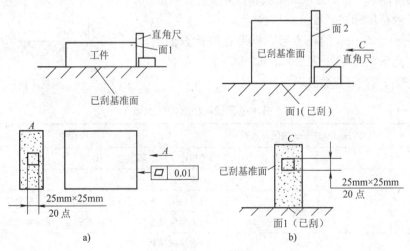

图 7-2-8 垂直面的刮削和测量

4. 其余两面按步骤 3 和平行面的刮削方法进行刮削,直至达到平面度、垂直度、平行度及研点数的要求。

三、刮削精度的检验方法及刮削质量分析

1. 刮削精度的检验方法

刮削面的精度一般包括形状和位置精度、尺寸精度、接触精度和贴合程度、表面粗糙度等。

（1）形状和位置精度的检验

1）形状精度的检验。形状精度主要包括平面度和直线度等，一般借助水平仪、光学平直仪等对误差进行检验。

2）位置精度的检验。位置精度主要包括平行度和垂直度等。平行度误差一般借助百分表进行检验；垂直度误差的检验可借助直角尺（见图 7 - 2 - 8），也可采用如图 7 - 2 - 9 所示的方法进行检验。

（2）尺寸的测量

可借助游标卡尺、千分尺或量块和百分表进行测量。

（3）接触精度和贴合程度的检验

将 25 mm×25 mm 的正方形方框罩在被检查面上，以方框内研点数目的多少来表示，如图 7 - 2 - 6b 所示。各种平面接触精度的研点数见表 7 - 2 - 1。

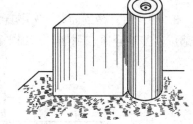

图 7 - 2 - 9　垂直度误差的检验方法

表 7 - 2 - 1　　　　　　各种平面接触精度的研点数

平面种类	每 25 mm×25 mm 内的研点数	应用
一般平面	2～5	较粗糙工件的固定结合面
	5～8	一般结合面
	8～12	机器台面、一般基准面、机床导向面、密封结合面
	12～16	机床导轨及导向面、工具基准面、量具接触面
精密平面	16～20	精密机床导轨、钢直尺
	20～25	1 级平板、精密量具
超精密平面	25	0 级平板、高精度机床导轨、精密量具

2. 刮削质量分析

刮削中容易产生的质量问题及产生原因见表 7 - 2 - 2。

表 7 - 2 - 2　　　　　　　　刮削中容易产生的质量问题及产生原因

质量问题	特征	产生原因
深凹痕	刮削面研点局部稀少或刀迹与显示研点高低相差太多	1. 粗刮时用力不均匀、局部落刀太重或多次刀迹重叠 2. 切削刃的弧度过大
撕痕	刮削面上有粗糙的条状刮痕，较正常刀迹深	1. 切削刃不光洁或不锋利 2. 切削刃有缺口或裂纹
振痕	刮削面上出现有规则的波纹	多次同向刮削，刀迹没有交叉
划道	刮削面上划出深浅不一的直线	研点时夹有砂粒、铁屑等杂质，或显示剂不洁净
刮削面精度不够	研点情况无规律地改变且捉摸不定	1. 研点时压力不均匀，研具伸出工件太多，按出现的假点刮削 2. 研具本身不准确

课题八　刮削滑动轴承套

◎ **学习目标**

通过滑动轴承套的刮削练习，掌握曲面刮刀的刃磨方法及曲面刮削的姿势和操作要领，能刮削圆柱形和圆锥形轴承。

◎ **课题描述**

如图8-0-1所示的滑动轴承套用来支承轴类零件的旋转，为了使轴与轴承套更好地配合，提高其旋转精度，需对轴承套进行研点，然后进行刮削。

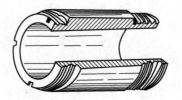

图8-0-1　滑动轴承套

◎ **材料准备**

实习件名称	材料	材料来源	件数
滑动轴承套	铜合金	备料	1

◎ **加工过程**

加工步骤	任务描述
1. 刃磨曲面刮刀	先在砂轮机上粗磨，然后在油石上精磨
2. 刮削滑动轴承套	用标准轴进行研点、刮削，反复多次，刮削至要求

§8-1 曲面刮刀的刃磨

◎ **学习目标**

1. 了解曲面刮刀的种类。
2. 掌握曲面刮刀的刃磨方法。

◎ **工作任务**

对曲面刮刀进行粗磨和精磨。

◎ **工艺分析**

对于出厂或自制的曲面刮刀，使用前一般应进行刃磨。

◎ **相关知识**

曲面刮刀用于刮削内曲面，见表 7-1-1。

◎ **任务实施**

一、三角刮刀的刃磨

1. 三角刮刀的粗磨

粗磨三角刮刀时，三个面应分别刃磨，如图 8-1-1 所示，右手握刀柄，左手将三角刮刀的切削刃轻压在砂轮圆周表面，使它按切削刃弧形摆动，并沿砂轮表面来回移动，避免砂轮产生凹槽。然后将刮刀旋转 90°，顺砂轮旋转方向进行修整。再将三角刮刀的三个圆弧面在砂轮角上开槽，如图 8-1-2 所示。槽应磨在两刃的中间，刃磨时刮刀应稍做上下和左右移动，使切削刃边上只留有 2~3 mm 的棱边。

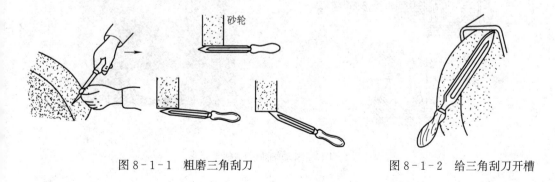

图 8-1-1 粗磨三角刮刀　　　　　　图 8-1-2 给三角刮刀开槽

2. 三角刮刀的精磨

三角刮刀经粗磨后，要在油石上进行精磨，如图 8-1-3a 所示，用右手握刀柄，左手轻压切削刃，使两切削刃边同时与油石接触，沿着油石长度方向来回移动，并按切削刃弧形做上下摆动，要求将三个弧形面全部刃磨光洁，刃口锋利，如图8-1-3b所示。

油石

a)   b)

图8-1-3 精磨三角刮刀

二、蛇头刮刀的刃磨

蛇头刮刀两平面的粗、精磨方法与平面刮刀相同，刀头两圆弧面的刃磨方法与三角刮刀相似。

§8-2 滑动轴承套的刮削

◎ **学习目标**

1. 掌握曲面刮削的姿势和操作要领。
2. 能刮削滑动轴承套，并能达到规定的技术要求。

◎ **工作任务**

根据滑动轴承套的用途，将如图8-2-1所示的滑动轴承套刮削至实际生产要求。

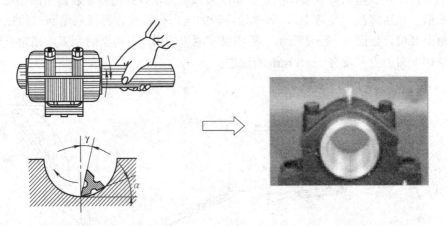

图8-2-1 将滑动轴承套刮削至要求

◎ **工艺分析**

通过对滑动轴承套反复研点、刮削，最终满足轴承套与轴的配合要求。

◎ 相关知识

1. 内曲面的刮削姿势

内曲面的刮削姿势有两种：

第一种如图8-2-2a所示，右手握刀柄，左手掌心向下，四指在刀身中部横握，用左手拇指抵着刀身，刮削时右手做圆弧运动，左手顺着曲面方向使刮刀做前推或后拉的螺旋形运动，刀迹与曲面轴线成45°角，并交叉分布。

第二种如图8-2-2b所示，将刮刀柄搁在右手手臂上，左手掌心向下握在刀身前端，右手掌心向上握在刀身后端，刮削时左、右手的动作和刮刀的运动方向与第一种相同。

2. 外曲面的刮削姿势

外曲面的刮削姿势如图8-2-3所示，两手捏住平面刮刀的刀身，用右手掌握方向，左手加压或提起。刮削时刮刀面与轴承端面的倾斜角约为30°，也应交叉刮削。

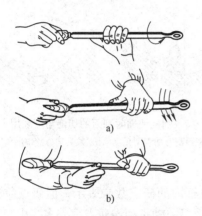

图8-2-2　内曲面的刮削姿势

图8-2-3　外曲面的刮削姿势

◎ 任务实施

操作提示

1. 曲面刮刀要有足够的刚度，以减少振动。

2. 刮削速度应在1.5～5 m/min范围内，否则容易引起振动。

3. 刮削过程中要经常用绒布擦净刮刀的切削部分。

4. 为使研点清晰，最好在标准轴上涂蓝油，不宜涂红丹粉（因红丹粉与铜合金研点不明显）。

5. 刮削过程中刮刀只可左右移动，而不可顺着长度方向刮削，以免留下刀痕。

一、研点

用标准轴（也称工艺轴）或与内曲面相配的轴作为研点的工具，内曲面的研点方法如图8-2-4所示。

二、刮削

刮削曲面时刮刀的切削角度和用力方向如图8-2-5所示。用三角刮刀刮削时，粗刮时应使刮刀前角大些，精刮时前角小些；用圆头刮刀和蛇头刮刀刮削时与平面刮刀一样，是利用负前角进行切削的。刮削内曲面比刮削平面困难得多，应经常刃磨刮刀，使其保持锋利，要避免因刮伤表面而造成返工，研点要刮准，刀迹应比刮削平面时短些、小些。对内曲面的尺寸精度更应严格控制，不可因留有过多的刮削余量而增加刮削工作量；也不能因刮削余量过少造成已刮削到尺寸要求但研点数太少，工件因不符合要求而报废。

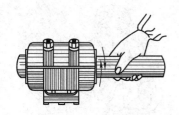

图8-2-4　内曲面的研点方法

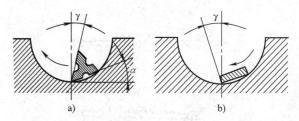

图8-2-5　刮削曲面时刮刀的切削角度和用力方向

a）三角刮刀的切削角度　b）蛇头刮刀的切削角度

三、内曲面的精度检验

内曲面刮削后的精度也以25 mm×25 mm方框内的研点数来表示，但研点应根据轴在轴承内的工作情况合理分布，以取得较好的工作效果。轴承两端研点数应多于中间部分，一般为10～15点，使两端支承轴颈平稳旋转；中间研点稍少些，一般为6～8点，有利于润滑和减少发热。在轴承圆周方向上，受力大的部位应刮成较密的研点，以减少磨损，使轴承在负荷作用下能较长时间保持其几何精度。

课题九　研磨长方体平面和内、外圆柱面

◎ 学习目标

通过长方体工件的平面、外圆柱面和孔的研磨练习，主要应掌握研磨的工作原理及作用；掌握研磨剂的配制方法及磨料材料的种类及应用；能进行平面和圆柱形工件的研磨，并达到精度要求。

◎ 课题描述

如图 9-0-1 所示为长方体和圆柱体配合件，因其平面、圆柱孔和与其配合的圆柱体（轴）均要求有较高的配合精度和较小的表面粗糙度值，因此，应对这些有关表面进行研磨。

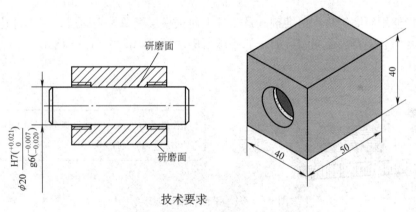

技术要求

1. 工件淬火后硬度为 63~65HRC。
2. 研磨面研磨后的表面粗糙度 Ra 值不大于 0.2 μm。
3. 研磨后平面的平面度误差不大于 0.002。
4. 孔、轴配合面研磨后的圆度误差不大于 0.005。
5. 孔、轴配合面研磨后的圆柱度误差不大于 0.005。

图 9-0-1　长方体和圆柱体配合件

◎ 材料准备

实习件名称	材料	材料来源	件数
长方体	CrMn 钢	备料并加工至 50 mm×40 mm×40 mm，孔的尺寸为 φ (20±0.01) mm	1
圆柱体	CrMn 钢	备料并磨削至 $\phi 20^{+0.03}_{0}$ mm	1

◎ 加工过程

加工步骤	任务描述
1. 研磨长方体平面	在研磨平板上进行研磨
2. 研磨内、外圆柱面	借助内、外研磨工具对工件孔和轴进行研磨，使其达到图样要求

§9-1　研磨长方体平面

◎ 学习目标

1. 了解研磨的作用、特点及所使用的工具。
2. 掌握研磨剂的选择和配制方法。
3. 能进行平面的研磨，并达到要求的精度和表面粗糙度值。

◎ 工作任务

研磨是指使用研磨工具和研磨剂，从工件上研去一层极薄的表面层，使工件达到图样规定的尺寸、几何公差及表面粗糙度要求。平面研磨的要求如图 9-1-1 所示。

1. 平面研磨后的表面粗糙度 Ra 值不大于 $0.2\,\mu m$。
2. 研磨后平面的平面度误差不大于 $0.002\,mm$。

图 9-1-1　平面研磨的要求

◎ 工艺分析

当工件的加工精度要求很高，而其他的金属切削加工方法又不能满足工件的精度和表面粗糙度要求时，就要采用研磨的加工方法。研磨能使工件的表面质量提高。一般经研磨后工件的表面粗糙度 Ra 值为 $1.6 \sim 0.1\,\mu m$，最小的可达到 $Ra\,0.012\,\mu m$；其尺寸精度可达 $0.005 \sim 0.001\,mm$。研磨的切削量很小，一般研磨余量为 $0.005 \sim 0.03\,mm$ 比较合适。

◎ 相关知识

一、研具

研具是保证被研磨工件几何精度的重要因素，因此，对研具材料、精度和表面粗糙度都有较高的要求。

1. 研具材料

研具材料的硬度应比被研磨工件低，组织应细致、均匀，具有较高的耐磨性和稳定性，有较好的嵌存磨料的性能等。常用的研具材料有：

（1）灰铸铁

灰铸铁具有硬度适中、嵌入性好、价格低、研磨效果好等特点，是一种应用广泛的研具材料。

（2）球墨铸铁

球墨铸铁比灰铸铁的嵌入性更好，且更加均匀、牢固，常用于精密工件的研磨。

（3）软钢

软钢韧性较好，不易折断，常用于制作小型工件的研具。

（4）铜

铜较软，嵌入性好，常用于制作软钢类工件的研具。

2. 研具类型

常用的平面研具是研磨平板，如图9-1-2所示。研磨平板主要用来研磨平面，如研磨量块、精密量具的平面等。其中，有槽平板用于粗研，光滑平板用于精研。

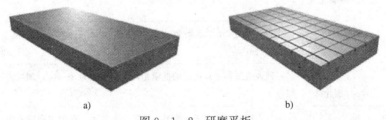

a)   b)

图9-1-2　研磨平板
a）光滑平板　b）有槽平板

二、研磨剂

研磨剂是由磨料、分散剂和辅助材料调配而成的混合剂。

1. 磨料

磨料在研磨过程中起主要的切削作用，磨料的种类很多，使用时应根据零件材料和加工要求合理选择。常用磨料的成分及特性见表9-1-1。

表9-1-1　　　　　常用磨料的成分及特性（摘自 GB/T 16458—2021）

分类	名称		成分及特性
普通磨料	天然刚玉		一种天然磨料，主要成分 Al_2O_3 含量为 $90\%\sim95\%$，密度 $3.9\sim4.1\ g/cm^3$，莫氏硬度 9
	石榴石		一种天然磨料，化学式为 $A_3B_2\ [SiO_4]$，密度为 $3.5\sim4.2\ g/cm^3$，莫氏硬度 $6.5\sim7.5$
	电熔刚玉	棕刚玉	一种人造刚玉磨料，用矾土经电弧炉熔炼制成，Al_2O_3 含量为 95% 左右，并含少量的氧化钛等其他成分，呈棕褐色，密度不小于 $3.90\ g/cm^3$
		白刚玉	一种人造刚玉磨料，用铝氧粉经电弧炉熔炼制成，Al_2O_3 含量为 98% 左右，呈白色，密度不小于 $3.90\ g/cm^3$

分类	名称		成分及特性
普通磨料	电熔刚玉	单晶刚玉	一种人造刚玉磨料，以矾土、硫化物为主要原料，经电弧炉熔炼，颗粒由水解制成，Al_2O_3 含量不小于 98%，多为等积状的单晶体，呈浅灰色，密度不小于 3.95 g/cm^3
		微晶刚玉	一种人造刚玉磨料，炼制的刚玉熔液经急速冷却而制成，晶体一般小于 300 μm，Al_2O_3 含量 95% 左右，密度不小于 3.90 g/cm^3
		铬刚玉	一种人造刚玉磨料，用铝氧粉加入少量氧化铬在电弧炉内熔炼制成，Al_2O_3 含量不少于 98.5%，多呈粉红色，密度不小于 3.90 g/cm^3
		锆刚玉	一种人造刚玉磨料，是氧化铝和氧化锆的共熔混合物，为微晶结构
		黑刚玉	一种人造刚玉磨料，由刚玉、铁尖晶石等组成，Al_2O_3 含量不小于 77%，密度不小于 3.61 g/cm^3
	陶瓷刚玉		利用化学法合成氧化铝超细粉体，然后通过烧结的方法而制成的具有微晶结构的刚玉磨料
	碳化硅	绿碳化硅	一种人造磨料，呈绿色光泽的结晶，SiC 含量为 98.5% 左右，密度不小于 3.18 g/cm^3
		黑碳化硅	一种人造磨料，呈黑色光泽的结晶，SiC 含量为 98% 左右，密度不小于 3.12 g/cm^3
		立方碳化硅	一种人造磨料，碳化硅的低温相，主要物相为 β—SiC，属立方晶系，色泽为黄绿色
	碳化硼		一种人造磨料，分子式为 B_4C，属六方晶系，呈黑色金属光泽，在电炉中用碳素材料还原硼酸制得
超硬磨料	金刚石		目前所知自然界中最硬的物质，化学成分 C，是碳的同素异构体，莫氏硬度为 10，密度 3.52 g/cm^3。它包括天然金刚石、人造金刚石、单晶金刚石、多晶金刚石、微晶金刚石、纳米金刚石等
	立方氮化硼		立方晶系结构的氮化硼，分子式为 BN，用人工方法制造

　　磨料的粗细用粒度表示，粒度是磨料大小的量度，粒度号是按照国家标准对磨料尺寸所做的分组标志。国家标准把磨料的粒度分为粗磨粒和微粉两部分，GB/T 2481.1—1998 将粗磨粒划分为 F4～F220，共 26 个号，GB/T 2481.2—2020 将微粉划分为 F230～F2000，共 13 个号。应根据零件的精度要求合理选取。

　　2. 分散剂

　　分散剂使磨料均匀分散在研磨剂中，并起稀释、润滑和冷却等作用，常用的有煤油、机油、动物油、甘油、酒精和水等。

　　3. 辅助材料

　　辅助材料主要是混合脂，常由硬脂酸、脂肪酸、环氧乙烷、三乙醇胺、石蜡、油酸和十六醇等几种材料配成，在研磨过程中起乳化、润滑和吸附作用，并促使工件表面产生化学变化，生成易脱落的氧化膜或硫化膜，借以提高加工效率。此外，辅助材料中还有着色剂、防腐剂和芳香剂等。

根据分散剂和辅助材料的成分和配合比例的不同，研磨剂分为液态研磨剂、研磨膏和固体研磨剂3种。液态研磨剂不需要稀释即可直接使用。研磨膏可直接使用或加分散剂稀释后使用，用油稀释的称为油溶性研磨膏，用水稀释的称为水溶性研磨膏。固体研磨剂常温时呈块状，可直接使用或加分散剂稀释后使用。

三、平面研磨方法

1. 研磨运动轨迹

为了使工件达到理想的研磨效果，并保持研具的磨损均匀，根据工件的不同形状，可采用的运动轨迹见表 9-1-2。

表 9-1-2　　　　　　　　　　　研磨运动轨迹的特点及应用

类型	图示	特点及应用
直线运动轨迹	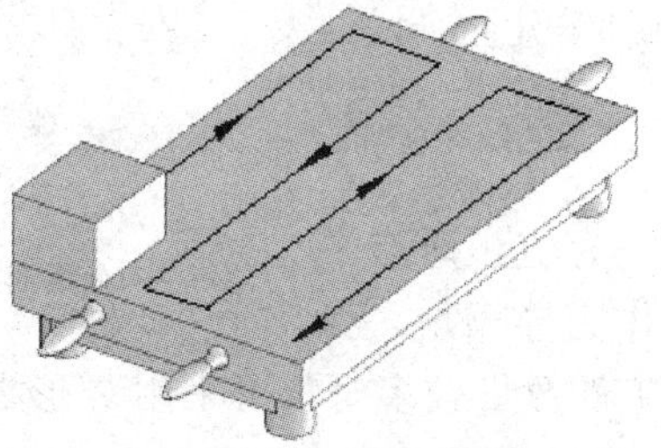	直线运动轨迹可使工件表面研磨纹路平行，适用于对狭长平面工件的研磨
直线摆动运动轨迹	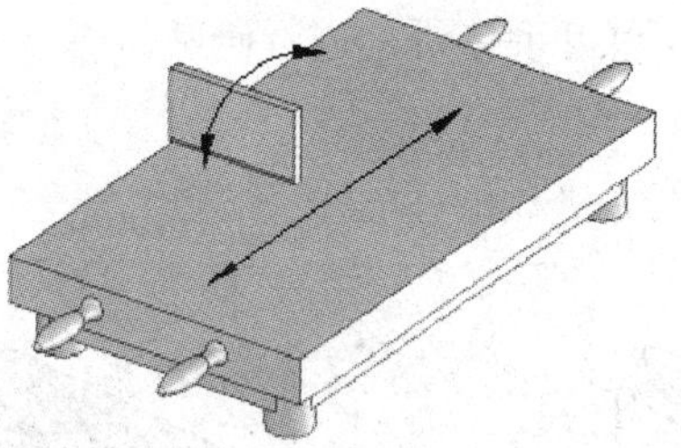	工件在左右摆动的同时做直线往复运动，适用于对平直的圆弧面工件的研磨
螺旋形运动轨迹	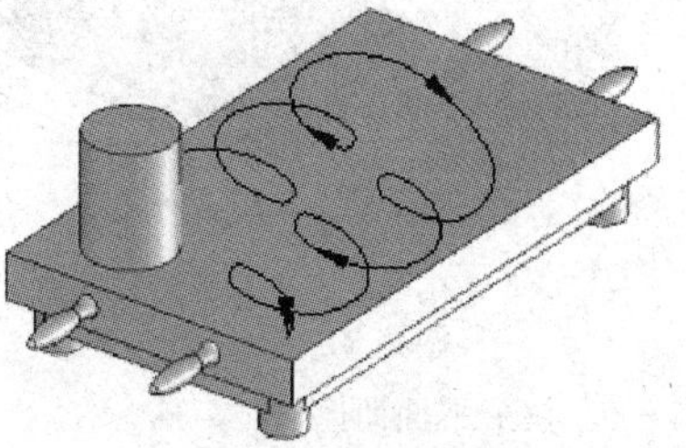	螺旋形研磨运动能使工件获得较高的平面度和很小的表面粗糙度值，适用于对圆柱工件端面进行研磨
"8"字形和仿"8"字形运动轨迹	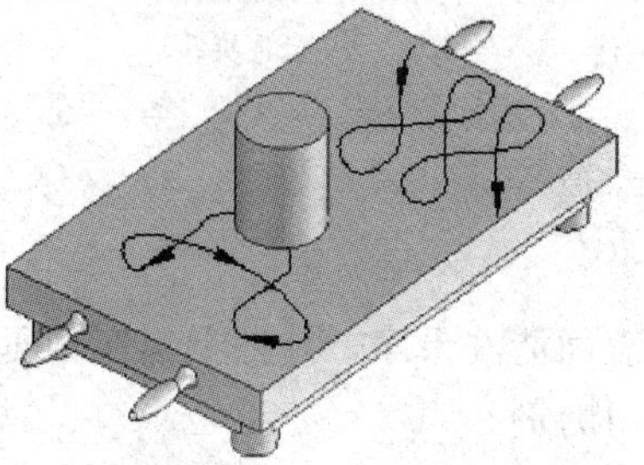	能使研具与工件间的研磨表面保持均匀接触，既提高工件的研磨质量，又能使研具磨损均匀，常用于研磨平板的修整或小平面工件的研磨

2．研磨压力和速度

研磨过程中，研磨压力和速度对研磨效率及质量有很大影响。压力、速度大，则研磨效率高；但压力、速度太大，工件表面粗糙，工件容易发热而变形，甚至会使磨料压碎而划伤表面。一般研磨较小的硬工件或进行粗研磨时，可用较大的压力、较高的速度进行研磨，压力以 $(1\sim2)\times10^5$ Pa、速度以每分钟 40~60 次为宜；研磨大而较软的工件或进行精研时，就应用较小的压力、较低的速度进行研磨，压力以 $(1\sim5)\times10^4$ Pa、速度以每分钟 20~40 次为宜。另外，在研磨中，应防止工件发热，若引起发热，应暂停，待冷却后再进行研磨。

3．一般平面研磨

研磨平面一般在精磨之后进行。研磨时，将研磨剂涂在研磨平板（研具）上，手持工件用"8"字形、螺旋形或螺旋形和直线运动轨迹相结合的形式沿平板全部表面做相对运动，如图 9-1-3 所示。研磨一定时间后，将工件旋转 90°~180°，以防工件倾斜。

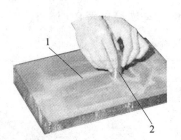

图 9-1-3　一般平面研磨
1—涂有研磨剂的研磨平板　2—工件

4．狭窄平面研磨

狭窄平面应采用直线运动轨迹研磨。为防止研磨平面产生倾斜或圆角，研磨时可用金属块作为导靠块，保证研磨精度，如图 9-1-4a 所示。研磨工件数量较多时，可采用 C 形夹头将几个工件夹在一起研磨，既防止了工件加工面的倾斜，又提高了效率，如图 9-1-4b 所示。对于工件上局部待研的小平面、方孔、窄缝等表面，也可手持研具进行研磨。

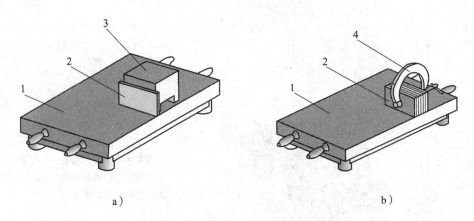

a）

b）

图 9-1-4　狭窄平面研磨
a) 利用导靠块研磨狭窄平面　b) 利用 C 形夹头研磨狭窄平面
1—平板　2—工件　3—导靠块　4—C 形夹头

◎ 任务实施

一、研磨前的准备

1. 用煤油或汽油把研磨平板的工作表面清洗干净，并擦干工作表面。

2. 在研磨平板上均匀地涂上适当的研磨剂。

二、平面的研磨

1. 把工件放在研磨平板上，用手按住进行研磨。先在有槽平板上粗研，再用光滑平板精研。

2. 研磨时采用8字形或螺旋形和直线运动轨迹相结合的运动轨迹进行研磨，并不断地变更工件的运动方向。由于无重复轨迹的运动，磨料不断在新的方向起作用，工件能较快地达到精度要求。

3. 研磨时压力要适中，粗研时压力可大些，速度为每分钟 40～60 次；精研时压力可小些，速度为每分钟 20～40 次。

知识链接

其他平面的研磨方法

1. 多工件及小型工件

研磨时，采用 C 形夹头，将工件夹在一起进行研磨，如图 9-1-5 所示。

2. 半径为 R 的圆角工件

研磨时采用直线摆动运动轨迹，如图 9-1-6 所示。

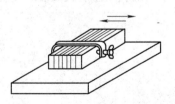

图 9-1-5 多工件的研磨

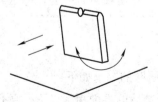

图 9-1-6 半径为 R 的圆角工件的研磨

三、平面研磨质量分析

1. 平面研磨质量的检验

平面的研磨质量常用光隙判别法来进行检验。将刀口尺放在研磨面上，对准荧光灯光箱观察光隙。

观察时，多以光隙的颜色来判断直线度误差。当光隙颜色为亮白色或白光时，其直线度误差大于等于 0.02 mm；当光隙为白光或红光时，其直线度误差大于等于 0.01 mm；当光隙呈紫光或蓝光时，其直线度误差大于等于 0.005 mm；当光隙为蓝光或不透光时，其直线度误差小于等于 0.005 mm。

用光隙判别法检验直线度误差时，应注意自然光线的影响，如自然光线过强，将会干扰判断光隙颜色的准确性。同时需注意，选用的刀口尺，其精度应高于工件平面的精度。

2. 平面研磨质量的分析

研磨平面时的质量问题及产生原因见表 9-1-3。

表 9-1-3   研磨平面时的质量问题及产生原因

质量问题	产生原因
表面粗糙度值大	1. 磨料太粗 2. 研磨剂选用不当 3. 研磨剂涂得薄而不均匀 4. 研磨时忽视清洁工作，研磨剂中混入杂质
平面成凸形	1. 研磨时压力过大 2. 研磨剂涂得太厚，工件边缘挤出的研磨剂未及时擦去，仍继续研磨 3. 运动轨迹没有错开 4. 研磨平板选用不当

§9-2　研磨内、外圆柱面

◎ 学习目标

1. 了解曲面研磨的特点及所使用的工具。

2. 能进行内、外圆柱面的研磨，并达到所要求的尺寸、形状精度和表面粗糙度值。

◎ 工作任务

圆柱孔和轴研磨的要求如下：

1. 研磨面研磨后的表面粗糙度 Ra 值不大于 0.2 μm。

2. 孔、轴配合面研磨后的圆度误差不大于 0.005 mm。

3. 孔、轴配合面研磨后的圆柱度误差不大于 0.005 mm。

4. 尺寸满足图样要求。

◎ 工艺分析

研磨不同形状的工件需要用不同形状的研具，可以采用手工或机械的方法进行研磨，以满足图样的技术要求。

◎ 相关知识

研磨曲面的研具有以下两种：

1. 研磨环

如图9-2-1所示的研磨环多用来研磨轴类工件的外圆表面。

2. 研磨棒

如图9-2-2所示的研磨棒主要用来研磨套类工件的内孔。研磨棒有固定式和可调式两种，其中固定式研磨棒又分光滑和带槽两种。固定式研磨棒制造简单，但磨损后无法补偿，多用于单件工件的研磨。可调式研磨棒的尺寸可在一定的范围内调整，其寿命较长，应用广泛。

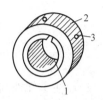

图9-2-1　研磨环
1—开口调节圈
2—外圈　3—调节螺钉

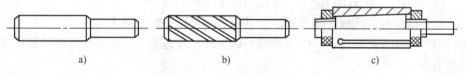

图9-2-2　研磨棒
a) 光滑研磨棒　b) 带槽研磨棒　c) 可调式研磨棒

◎ 任务实施

一、外圆柱面的研磨

外圆柱面的研磨分纯手工研磨和机床配合手工研磨两种。

操作提示

1. 在研磨过程中，无论采用何种方法，都应随时调整研具上的调节螺母，保持适当的研磨间隙。

2. 要不断地检查研磨质量，如发现工件有锥度，可将工件或研具掉头装入，调整好研磨间隙进行校正性研磨。

3. 对某些有台阶的工件，可在其相对尺寸大的部位涂敷研磨剂进行研磨，以消除锥度。

4. 在研磨过程中，重视清洁工作才能研磨出高质量的工件表面。若忽视了清洁工作，轻则将工件表面拉毛，重则拉出深痕而造成废品。另外，研磨后应及时将工件清洗干净并采取防锈措施。

1. 纯手工研磨

外圆柱面的纯手工研磨法如图9-2-3所示。

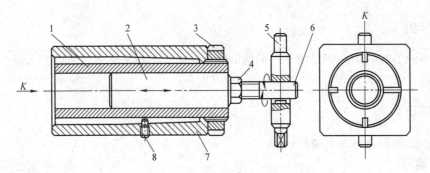

图 9-2-3 外圆柱面的纯手工研磨法

1—研磨环 2—工件 3—调节螺母 4—紧固螺母 5—夹箍 6—辅助螺杆 7—壳套 8—限位螺钉

（1）在工件外圆涂一层薄而均匀的研磨剂。

（2）将工件装入夹持在台虎钳上的研具内，调整好研磨间隙。

（3）用双手握住夹箍柄，使工件既做正、反方向的转动，又做轴向往复移动，保证工件的整个研磨面得到均匀的研磨。

2. 机床配合手工研磨

（1）将工件用煤油洗净后擦干，并均匀地涂上研磨剂。

（2）套上研磨环并调整好研磨间隙，其松紧程度以手能转动为宜。

（3）用机床使工件旋转，同时手握研具做轴向往复运动进行研磨。研磨外圆柱面时所需的运动如图 9-2-4 所示。

（4）工件直径小于 80 mm 时，其转速为 100 r/min；工件直径大于 100 mm 时，其转速为 50 r/min；工件直径介于 80 mm 和 100 mm 之间时，转速约为 100 r/min 和 50 r/min 的平均值。

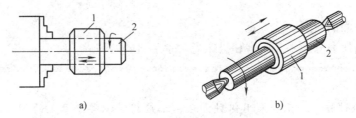

图 9-2-4 研磨外圆柱面时所需的运动

1—研磨环 2—工件

（5）研具往复运动的速度应根据在工件上磨出的网纹来控制。工件表面出现 45°网纹时说明研具的移动速度适当，研磨环的移动速度所对应的工件网纹如图 9-2-5 所示。

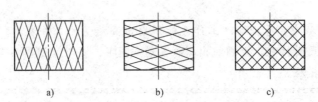

图 9-2-5 研磨环的移动速度所对应的工件网纹

a）太快 b）太慢 c）适中

（6）研具应经常掉头研磨。

二、内圆柱面的研磨

内圆柱面的研磨同样包括纯手工研磨和机床配合手工研磨两种，与外圆柱面研磨的不同点只是工件与研具的相互位置对调了。下面主要介绍机床配合手工研磨的方法。

1. 用煤油将工件洗净后擦干。

2. 将研磨棒夹在机床卡盘上，并将研磨剂均匀地涂在其表面。

3. 研磨时，研磨棒旋转，手持工件在研磨棒全长上做均匀往复运动，研磨速度取 $0.3\sim1$ m/s。

4. 研磨中不断调大研磨棒直径，以达到工件所要求的尺寸精度。研磨棒与工件配合的松紧程度以手推工件感觉不十分费力为宜。

知识链接

圆锥面的研磨

圆锥面的研磨包括内圆锥面和外圆锥面的研磨。研磨时，必须采用与工件锥度相同的研磨棒或研磨环。

研磨圆锥面时，一般在车床或钻床上进行，工件的转动方向应与研磨棒的螺旋方向相适应，如图 9-2-6 所示。在研磨棒或研磨环上均匀地涂上一层研磨剂，将其插入工件锥孔中或套在工件的外圆锥表面，旋转 $4\sim5$ 圈后，将研具稍微拔出一些，然后再推入进行研磨。研

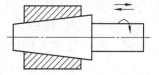

图 9-2-6 研磨圆锥面

磨到接近要求时，取下研具，并将研具和被研磨表面的研磨剂擦干净，再重复研磨（起抛光作用），直到被加工的表面呈现银灰色或发光为止。有些工件是直接用彼此接触的表面进行配研来达到加工精度的。如分配阀和阀门的研磨，就是以两者的接触表面进行研磨的。

三、曲面研磨质量的分析

1. 外圆柱面的质量检验

外圆柱面的质量检验主要包括直径尺寸、母线的直线度和圆柱面的同轴度。

（1）检验直径尺寸

用测微仪（如杠杆千分尺）直接测量，或用千分比较仪来进行测量。

（2）检验母线的直线度

检验母线的直线度时常采用光隙判别法或着色显示法。

1）光隙判别法。将工件放在精密平板上，并使两者接触部位对准光线，然后缓慢地滚动工件，观察接触处的光隙颜色（参照平面研磨的检验方法），即可得出母线的直线度误差值。光隙判别法简单可靠，虽然操作者需有一定的经验，但这些经验还是可以在实践中逐步掌握的。检验时应注意着力点的位置分布要均衡，光线应从一个方向射向工件和平板的接触处。

2）着色显示法。在精密平板上涂一层薄而均匀的显示剂，然后将工件放在涂有显示剂

的精密平板上轻轻地滚动，通过观察工件上黏附的显示剂的均匀程度来判别工件母线的直线度误差。这种方法比较容易掌握，只要在滚动工件时选择好恰当的着力点位置即可。

（3）检验圆柱面同轴度

检验时，利用两顶尖将工件装夹在机床或偏摆检查仪等类似的设备上，用千分表先检验圆柱一端的旋转中心，并以此为依据检验另一端，其读数差即为同轴度误差值。

2. 内圆柱面的质量检验

在实际生产中，检验内圆柱面研磨质量的方法大致有以下四种，可根据实际情况选用。

（1）用塞规检验

根据孔径大小采用通用塞规或制造专用塞规来进行检验，方法简便，使用也较广泛。但其不足之处是测不出孔的真实直径和圆度误差，同时由于塞规在孔内移动，有可能将孔壁划伤。

（2）用内径百分表检验

用内径百分表检验内圆柱面的研磨质量时，首先要借助千分尺（或量块附件）校对表架两测头的尺寸，并把指针调到零位，其方法比用塞规检验麻烦一些，但却可以避免塞规检验的上述缺点，而且可以用来检测深孔和较大的孔。

（3）用内径千分尺检验

用内径千分尺检验时，因受测量爪长度的限制，只能检验孔口部分的精度。检验较深的孔时不太方便，所以在生产实践中这一方法未得到广泛应用。

（4）用"配检"法检验

所谓"配检"，就是用已加工好的、质量符合要求的孔（或轴）去检验研磨过的轴（或孔）。"配检"法大都用于非标准生产，如维修和单件、小批量生产中用得较多，对成批生产来说，一般不采用这种方法。

3. 曲面研磨质量分析

曲面研磨时的质量问题及产生原因见表 9-2-1。

表 9-2-1   曲面研磨时的质量问题及产生原因

质量问题	产生原因
表面粗糙度值大	1. 磨料太粗 2. 研磨剂选用不当 3. 研磨剂涂得薄而不均匀 4. 研磨时忽视清洁工作，研磨剂中混入杂质
孔口扩大	1. 研磨剂涂抹不均匀 2. 研磨时孔口挤出的研磨剂未及时擦去 3. 研磨棒伸出太长 4. 研磨棒与工件孔之间的间隙太大，研磨时研具相对于工件孔的径向摆动太大 5. 工件内孔本身或研磨棒有锥度
孔成椭圆形或圆柱有锥度	1. 研磨时没有更换方向或及时掉头 2. 工件材料硬度不均匀或研磨前加工质量太差 3. 研磨棒本身的制造精度低

课题十　制作内卡钳

◎ **学习目标**

通过内卡钳的制作练习，进一步掌握前面所学的有关基本知识和操作技能；了解铆接的基本知识，掌握铆接的方法。

◎ **课题描述**

制作如图 10 - 0 - 1 所示的内卡钳。

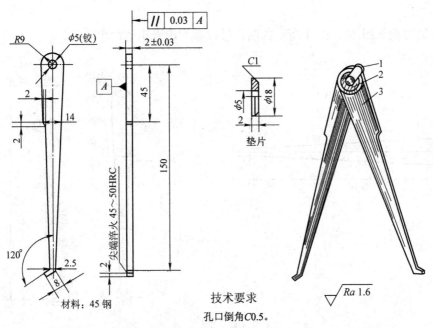

技术要求

孔口倒角C0.5。

图 10 - 0 - 1　内卡钳

1—半圆头铆钉　2—垫片　3—卡爪

◎ **材料准备**

实习件名称	材料	材料来源	件数
内卡钳坯料	45 钢	备料	2
垫片	45 钢	车削	2
半圆头铆钉	45 钢	车削	1

◎ 加工过程

加工步骤	任务描述
1. 加工内卡钳	运用前面所掌握的基本技能，加工两卡爪
2. 铆接	将加工好的两卡爪铆接成形

§10-1 加工内卡钳

◎ 学习目标

1. 能运用前面所学的基本知识和基本技能，确定工件的制作工艺。

2. 巩固前面所掌握的有关操作技能。

◎ 工作任务

本节需按照如图 10-1-1 所示的制作过程制作内卡钳的两个卡爪。

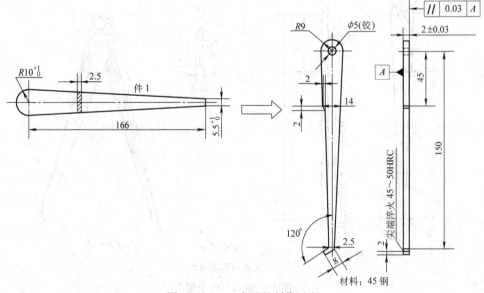

图 10-1-1 卡爪的制作过程

◎ 任务实施

如图 10-0-1 所示的内卡钳的制作工艺如下：

1. 检查如图 10-1-1 所示的内卡钳坯料的下料情况。

2. 采用扭转法与弯形法矫正坯料，使其放在平板上能够贴平。

3. 由于内卡钳坯料为薄板料，因此首先将坯料用小圆钉装夹在木块上，其装夹方法如图 10-1-2 所示。然后将木块夹在台虎钳上，粗锉两平面至尺寸 2.1 mm 左右。

4. 按图 10 - 0 - 1（或制成展开样板）对坯料划线。

5. 将两卡爪彼此贴合，钻、铰 $\phi5$ mm 的孔，保证其与铆钉为过渡配合，孔口倒角 C0.5 mm。

6. 将两卡爪同向合并，用 M5 的螺钉及螺母拧紧，按划线粗锉外形。

7. 将两卡爪按图 10 - 1 - 3 所示在铁砧上锤击弯形，达到图样要求。

图 10 - 1 - 2　薄板料的装夹方法

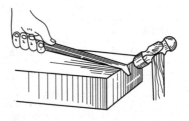

图 10 - 1 - 3　在铁砧上锤击弯形

8. 将两卡爪同时夹在木板上，精锉两平面，达到尺寸为（2±0.03）mm、平行度公差为 0.03 mm，表面粗糙度 Ra 值不大于 1.6 μm 的要求。

§10 - 2　铆　　接

◎ **学习目标**

1. 了解铆接的种类，能根据铆接零件的厚度和铆合头的形状及大小确定铆钉杆长度。

2. 掌握半圆头铆钉的铆接方法。

3. 能进行活动铆接，达到松紧均匀的要求。

◎ **工作任务**

本节需完成铆接工作。

◎ **工艺分析**

用铆钉连接两个或两个以上的零件或构件的操作方法称为铆接，如图 10 - 2 - 1 所示。

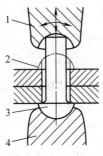

图 10 - 2 - 1　铆接

1—罩模　2—铆合头　3—铆钉头　4—顶模

◎ 相关知识

一、铆接的种类

铆接的种类、结构特点及应用见表 10-2-1。

表 10-2-1   铆接的种类、结构特点及应用

铆接种类			结构特点及应用
按使用要求分类	活动铆接		其结合部位可以相对转动。用于钢丝钳、剪刀、划规等工具的铆接
	固定铆接	强固铆接	应用于结构需要有足够的强度、承受强大作用力的地方，如桥梁、车辆、起重机等
		紧密铆接	要求接缝处非常严密，以防止渗漏，但只能承受很小的均匀压力，应用于低压容器装置，如气筒、水箱、油罐等
		强密铆接	能承受很大的压力，要求接缝非常紧密，即使在较大压力下液体或气体也应保持不渗漏。一般应用于锅炉、压缩空气罐及其他高压容器
按铆接方法分类	冷铆		铆接时，铆钉不需加热，直接镦出铆合头，应用于直径在 8 mm 以下的钢制铆钉。采用冷铆的铆钉材料必须具有较好的塑性
	热铆		将整个铆钉加热到一定温度后再铆接。铆钉塑性好，易成形，冷却后结合强度高。热铆时铆钉孔直径应放大 0.5~1 mm，使铆钉在热态时容易插入。直径大于 8 mm 的钢铆钉多采用热铆
	混合铆		只把铆钉的铆合头端部加热，以避免铆接时铆钉杆的弯曲。适用于细长的铆钉

二、铆钉及铆接工具

1. 铆钉

铆钉按其材料不同可分为钢质、铜质、铝质铆钉；按其形状不同分为平头、半圆头、沉头、半圆沉头、管状空心和传动带铆钉，铆钉的种类及应用见表 10-2-2。

表 10-2-2   铆钉的种类及应用

名称	图示	应用
平头铆钉	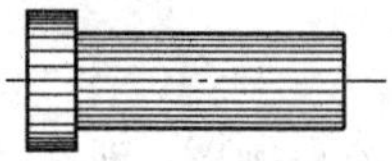	铆接方便，应用广泛，常用于一般无特殊要求的铆接中，如铁皮箱盒、防护罩壳及其他结合件中
半圆头铆钉	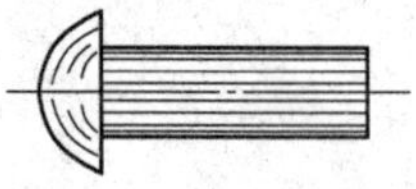	应用广泛，如钢结构的屋架、桥梁以及车辆和起重机等常用这种铆钉
沉头铆钉	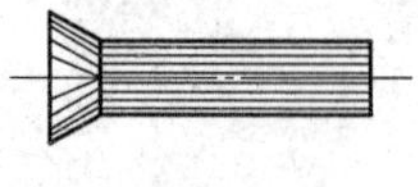	应用于框架等制品表面要求平整的地方，如铁皮箱柜的门窗以及有些手用工具等
半圆沉头铆钉	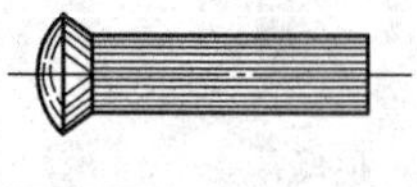	用于有防滑要求的地方，如踏脚板和楼梯板等

名称	图示	应用
管状空心铆钉		用于在铆接处有空心要求的地方，如电器部件的铆接等
传动带铆钉		用于铆接机床传动带以及毛毡、橡胶、皮革材料的制件

由于铆钉生产已经标准化，因此标记铆钉时，一般要标出公称直径、公称长度和国家标准号。如"铆钉 GB 867—86—5×20"，其含义：公称直径为 5 mm、公称长度为 20 mm、不经表面处理的半圆头铆钉。

2. 铆接工具

手工铆接工具除锤子外，还有压紧冲头、罩模、顶模等，如图 10-2-2 所示。罩模用于铆接时镦出完整的铆合头；顶模用于铆接时顶住铆钉原头，这样既有利于铆接又不损伤铆钉原头。

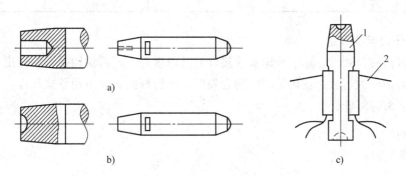

图 10-2-2　手工铆接工具

a) 压紧冲头　b) 罩模　c) 顶模

1—顶模　2—台虎钳

三、铆接形式及铆距

1. 铆接形式

由于铆接时的构件要求不一样，因此铆接分为搭接、对接、角接等几种形式，如图 10-2-3 所示。

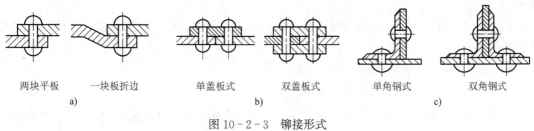

两块平板	一块板折边	单盖板式	双盖板式	单角钢式	双角钢式
a)		b)		c)	

图 10-2-3　铆接形式

a) 搭接　b) 对接　c) 角接

2. 铆距

铆距指铆钉间或铆钉与铆接板边缘的距离。在铆接结构中，有三种隐蔽性的损坏情况，即：沿铆钉中心线被拉断、铆钉被剪切断裂、孔壁被铆钉压坏。因此，按结构和工艺的要求，铆钉的排列距离有一定的规定，如铆钉并列排列时，铆钉距 $t \geqslant 3d$（d 为铆钉直径）。铆钉中心到铆接板边缘的距离：如铆钉孔是钻孔时，该距离不小于 $1.5d$；如铆钉孔是冲孔时，该距离不小于 $2.5d$。

四、铆钉直径、长度及铆钉孔直径的确定

1. 铆钉直径的确定

铆钉直径的大小与被连接板的厚度有关，当被连接板的厚度相同时，铆钉直径等于板厚的 1.8 倍；当被连接板的厚度不同，搭接连接时，铆钉直径等于最小板厚的 1.8 倍。铆钉直径及钉孔直径见表 10-2-3，铆钉直径可以在计算后按其进行圆整。

表 10-2-3　　　　　　　　铆钉直径及钉孔直径　　　　　　　　mm

铆钉直径 d		2.0	2.5	3.0	4.0	5.0	6.0	8.0	10.0
钉孔直径 d_0	精装配	2.1	2.6	3.1	4.1	5.2	6.2	8.2	10.3
	粗装配	2.2	2.7	3.4	4.5	5.6	6.5	8.5	11

2. 铆钉杆长度的确定

计算铆钉杆的长度时，除了考虑被铆接件的总厚度外，还需保留足够的伸出长度，以用来铆制完整的铆合头，从而获得足够的铆合强度。铆钉杆的长度可用下式计算：

（1）半圆头铆钉杆长度

$$L = \sum \delta + (1.25 \sim 1.5)d$$

（2）沉头铆钉杆长度

$$L = \sum \delta + (0.8 \sim 1.2)d$$

式中　$\sum \delta$——被铆接件总厚度，mm；

　　　d——铆钉直径，mm。

3. 铆钉孔直径的确定

铆接时，铆钉孔直径的大小应随着连接要求不同而有所变化。如孔径过小，使铆钉插入困难；孔径过大，则铆合后的工件容易松动，合适的铆钉孔直径应按表 10-2-3 选取。

例 10-1　用沉头铆钉搭接连接 2 mm 和 5 mm 的两块钢板，试选择铆钉直径、长度及铆钉孔直径。

解：$d = 1.8t = 1.8 \times 2$ mm $= 3.6$ mm

按表 10-2-3 圆整后，取 $d = 4$ mm

$L = \sum \delta + (0.8 \sim 1.2)d = 2$ mm $+ 5$ mm $+ (0.8 \sim 1.2) \times 4$ mm $= 10.2 \sim 11.8$ mm

铆钉孔直径：精装配时为 4.1 mm，粗装配时为 4.5 mm。

◎ 任务实施

一、铆钉直径和长度的确定

1. 铆钉直径的确定

因铆钉孔直径在图样已给定为 5 mm（铰制孔），根据精装配的要求，取铆钉直径为 4.8 mm（为非标准件，需自制）。

2. 铆钉长度的确定

因两卡爪厚度相同，均为 2 mm，两垫片厚度也为 2 mm，根据半圆头铆钉杆长度的计算公式可得：

$$L = \sum \delta + (1.25 \sim 1.5)d = 8\ \text{mm} + (1.25 \sim 1.5) \times 4.8\ \text{mm} = 14 \sim 15.2\ \text{mm}$$

二、铆接

1. 用铆钉通过 $\phi5$ mm 的孔将两卡爪按装配方向串叠在一起，在两侧套上 $\phi18$ mm 的垫片，采取用半圆头铆钉铆接的方法完成铆接工作。要求半圆头光滑且平贴在垫片上，两卡爪活动时松紧均匀。

一般钳工工作范围内的铆接多为冷铆。铆接时用工具连续锤击及压缩铆钉杆端，使铆钉杆充满铆钉孔并形成铆合头。如图 10-2-4 所示为半圆头铆钉的铆接过程。

2. 按图样尺寸修整外形，锉好两卡爪处的斜面，要求两卡爪等高，尺寸及形状相同。淬火后硬度为 45~50HRC，最后用砂布抛光。

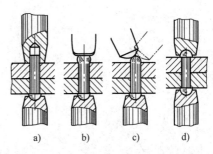

图 10-2-4 半圆头铆钉的铆接过程
a）压紧板料 b）镦粗铆钉
c）铆钉成形 d）铆钉整修

三、铆接质量分析

在铆接中可能产生的质量问题及产生原因见表 10-2-4。

表 10-2-4　　　　　铆接的质量问题及产生原因

质量问题	产生原因
铆合头偏歪	1. 铆钉太长 2. 铆钉歪斜，没有对准铆钉孔 3. 镦粗铆合头时不垂直
铆合头不光洁或有凹痕	1. 罩模工作面不光洁 2. 铆接时锤击力过大或连续锤击，罩模弹回时棱角碰在铆合头上
半圆铆合头不完整	铆钉太短
沉头座没填满	1. 铆钉太短 2. 镦粗时锤击方向与板料不垂直
原铆钉头没有紧贴工件	1. 铆钉孔直径太小 2. 孔口没有倒角

质量问题	产生原因
工件上有凹痕	1. 罩模歪斜 2. 罩模凹坑太大
铆钉杆在孔内弯曲	1. 铆钉孔太大 2. 铆钉杆直径太小
工件之间有间隙	1. 板料不平整 2. 板料没有压紧

课题十一　阀体的立体划线

◎ 学习目标

通过阀体的立体划线练习，掌握找正和借料的方法。能利用楔铁、V 形架、千斤顶和直角铁等在划线平板上安装和找正工件，能合理确定工件的找正基准和尺寸基准。

本课题主要由以下任务组成：划线前的准备工作；阀体的划线。

◎ 课题描述

如图 11-0-1 所示为阀体，为了进行机械加工，必须进行划线，以使机械加工有明确的

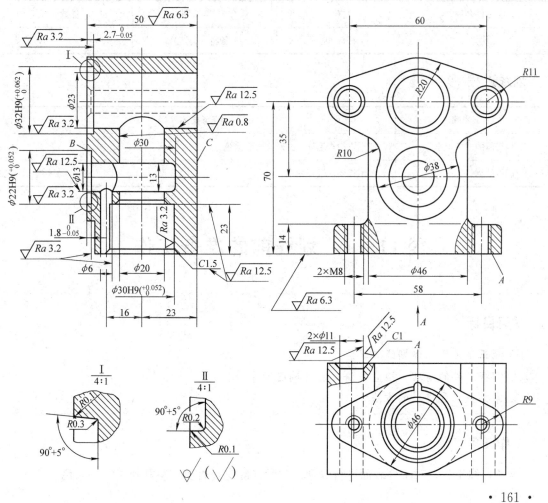

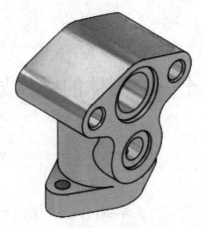

图 11-0-1　阀体

界线。假如只在阀体的一个表面上划线，不能明确地表示加工界线。因此，需在工件的几个不同表面上划出加工界线——对其进行立体划线。

◎ **材料准备**

实习件名称	材料	材料来源	件数
阀体	HT200	备料（铸造）	1

◎ **划线过程**

加工步骤	任务描述
1. 划线前的准备工作	清理、检查毛坯，并对其表面涂色
2. 阀体的划线	按图样要求进行划线

§11-1　划线前的准备工作

◎ **学习目标**

1. 能正确使用立体划线工具。
2. 掌握工件的清理、检查方法，能正确选择涂料。
3. 掌握找正和借料的方法。

◎ **工作任务**

准备划线工具，对工件表面进行清理、测量（确定是否要借料和找正）并涂色。

一、立体划线的工具

除一般平面划线工具以及前面已使用过的划线盘和游标高度卡尺以外，常用的立体划线工具见表11-1-1。

表11-1-1　　　　　　　　　　　　常用的立体划线工具

名称	图示	说明
方箱		用于夹持工件并能翻转位置而划出垂直线，一般附有夹持装置并制有V形槽
V形架		通常是两个V形架一起使用，用来安放圆柱形工件，划出中线，找出中心等
直角铁		可将工件装夹在直角铁的垂直面上进行划线。装夹时可采用C形夹头或压板
调节支承用工具	 锥顶千斤顶　　带V形架的千斤顶　　斜楔垫块　　　　V形垫铁	
	锥顶千斤顶通常是三个一组，用于支承不规则的工件，其支承高度可调整；带V形架的千斤顶用于支承工件的圆柱面；斜楔垫块和V形垫铁用于支承毛坯工件，使用方便，但只能进行少量的高度调节	

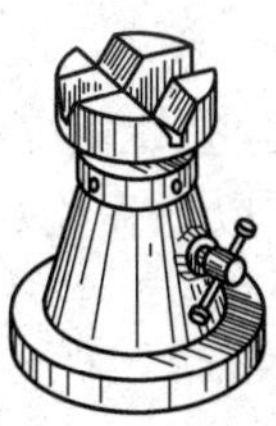

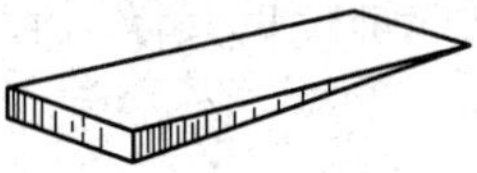

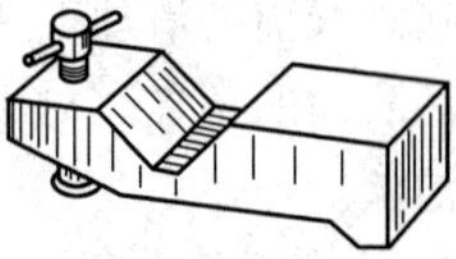

二、立体划线时工件的放置、找正基准的确定和借料

1. 工件的放置

确定工件安放基准时要保证工件安放平稳、可靠，并使工件的主要线条与平板平行。

2. 找正基准的确定

为使工件在平板上处于正确的位置，必须确定好找正基准，一般的选择原则如下：

（1）选择工件上与加工部位有关而且比较直观的面（如凸台、对称中心和非加工的自由表面等）作为找正基准，使非加工表面与加工表面之间厚度均匀，并使其形状误差反映在次要部位或不显著部位。

（2）选择有装配关系的非加工部位作为找正基准，以保证工件经划线和加工后能顺利进行装配。

（3）在多数情况下，还必须有一个与划线平板垂直或倾斜的找正基准，以保证该位置上的非加工表面与加工面之间的厚度均匀。

3. 借料

划线时，若遇到工件的某些部位加工余量不够，可通过试划和调整，将各部位的加工余量重新分配，从而使各部位的加工表面都有足够的加工余量，这种划线方法称为借料。

借料能使某些铸、锻件毛坯在尺寸、形状和位置上存在的一些误差和缺陷通过划线得以排除，提高毛坯的利用率。当零件形状复杂时，往往要经过多次试划，才能最后确定借料方案。

借料的步骤如下：

（1）测量毛坯各部分的尺寸，找出偏移部位并确定偏移量。

（2）确定借料方向和尺寸，划基准线。

（3）按图样要求划出所有的加工界线。

（4）检查各表面的加工余量是否合理。如不合理，则需重新划线，继续借料，直至各表面都有合理的加工余量为止。

◎ **任务实施**

一、准备划线工具、量具

准备千斤顶、游标高度卡尺、划线盘、直角尺、钢直尺等。

二、划线前工件的准备

1. 明确要求

根据图样分析工件的结构、加工要求及其与划线各尺寸的关系，明确划线内容和要求。

2. 清理工件毛坯

在划线前要清理工件的毛坯，一般先用钢丝刷除去氧化皮和残留的型砂，再用棕毛刷扫去毛坯表面的灰尘。对于划线部位更要仔细清理，以增强涂料的附着力，使划出的线条明显、清晰。

3. 检查工件毛坯

对工件毛坯进行清理后，要仔细检查，看毛坯上是否存在锻打和铸造的缺陷，如缩孔、气泡、裂纹、歪斜等，并与工件图样上的技术要求相对照，对某些确实不合格的工件毛坯予以剔除。然后按照图样要求的尺寸检查毛坯各加工部位的实际尺寸，要求留有足够的加工余量。对一些无加工余量的工件毛坯，且又无法校正的，亦应予以剔除。

4. 涂色

为使工件表面划出的线条清晰，划线前需在划线部位涂上一层薄而均匀的涂料，待涂料干燥后，即可进行划线。涂料的种类较多，应根据划线工件的情况来选择，下面介绍几种常用的涂料：

（1）石灰水

将熟石灰用水泡开即成石灰水。如再加入适量熬成糊状的牛皮胶，可以增强附着力。一般用于铸件、锻件毛坯表面划线时涂色。

（2）锌钡白

俗名立德粉，主要成分为硫化锌（ZnS）和硫酸钡（$BaSO_4$）。它的优点是颜色纯白，遮盖能力强，能耐热、抗碱，受日光长久暴晒后虽会变色，但只要将其重新放在阴暗处，仍可恢复原色。这种涂料的成品是粉末，使用时必须加水和适量熬成糊状的牛皮胶调匀。一般用于重要的铸件、锻件毛坯表面划线时涂色。

（3）品紫

用 2%～4% 的紫颜料（如青莲、蓝油等），3%～5% 的漆片（虫胶漆）和 91%～95% 的酒精混合而成，亦有配制好的成品。一般用于已加工表面划线时涂色。

（4）无水涂料

由醋酸丁酯（俗称香蕉水）100 g、人造树脂 0.7 g、火棉胶 39 g、甲基紫 1 g 配制而成。其配制方法：先将研成粉末状的人造树脂缓缓加入醋酸丁酯里，搅拌均匀，再将研细的甲基紫倒入调匀，最后将按配比称好的火棉胶慢慢加入，并使三者均匀混合。等沉淀数小时后进行试涂，若不易附着，可再加入少许人造树脂与醋酸丁酯的混合液体；如果附着过牢，则易脱落，可再加入几克火棉胶。无水涂料的优点是所含水分极少，涂在工件上使其不易锈蚀。但无水涂料必须置于密封的容器内，否则容易挥发掉。使用时必须注意防火。一般用于精密工件划线时涂色。

§11-2　阀体的划线

◎ **学习目标**

1. 能看懂中等复杂工件的图样，并对其进行立体划线。
2. 划线操作方法正确，线条、尺寸准确，样冲眼布置合理。

◎ **工作任务**

按照图 11-2-1 所示的划线步骤对阀体进行划线。

◎ **工艺分析**

在工件上划线前，必须先确定各个表面划线的先后顺序以及各位置的尺寸基准线；划线过程中，应根据毛坯的实际情况进行必要的借料和找正。

◎ **相关知识**

尺寸基准的选择原则：

1. 应与图样所用基准（设计基准）一致，以便能直接量取划线尺寸，避免因尺寸间的换算而增加划线误差。

2. 以精度高且加工余量少的型面作为尺寸基准，以保证主要型面的顺利加工，并且便于安排其他型面的加工位置。

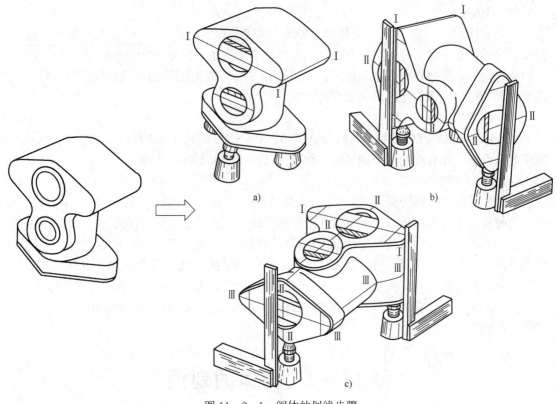

图 11-2-1 阀体的划线步骤

3. 当毛坯在尺寸、形状和位置上存在误差和缺陷时，可将所选的尺寸基准位置进行必要的调整——借料划线，使各加工表面都有足够的加工余量，并使其误差和缺陷能在加工后排除。

◎ **任务实施**

操作提示

1. 应在工件支承处打好样冲眼，以便稳固地放在支承上，防止倾倒。对于较大的工件，应加附加支承，使其安放稳定、可靠。

2. 对较大工件划线，必须使用吊车吊运时，绳索应安全、可靠，吊装的方法应正确。将大件放在平板上用千斤顶顶上时，工件下应垫上木块，以保证安全。

3. 调整千斤顶高度时，不可用手直接调节，以防止工件掉下砸伤手。

4. 必须全面、仔细地考虑工件在平板上的摆放位置和找正方法，正确确定尺寸基准线的位置，这是保证划线准确的重要环节。

5. 用划线盘划线时，划针伸出量应尽可能短，并要牢固夹紧。

6. 划线时，划线盘要紧贴平板平面移动，划线压力要一致，使划出的线条准确。

7. 所划线条应尽可能细而清楚，要避免划重线。

8. 划较长的线时，应用划线盘划多条短线进行连接，并应用划线盘校对划线的终点与始点，以防止因划针产生位移而影响划线精度。

一、第一位置划线

如图 11-0-1 及图 11-2-1a 所示，以 A 面为工件的安放基准，用三只千斤顶支承后置于平板上。取两处 R11 mm 毛坯对称中心及 C 面、B 面的对称平面作为找正基准，并以高度尺寸 14 mm 的非加工面作为参考，使前者与平板平面垂直，后者与平板平面平行，当两者误差较大时，应将误差按外观要求进行适当分配。尺寸基准线取 $\phi32^{+0.062}_{0}$ mm 孔的中心线 I—I，试划相距尺寸为 70 mm 的底面线及中心距尺寸为 35 mm 的 $\phi22$ mm 孔中心线，以确定是否有足够的加工余量，否则应进行适当借料，然后划出 I—I 平面线、底平面线（基准平面）以及 $\phi22^{+0.052}_{0}$ mm 孔中心线。

二、第二位置划线

按图 11-2-1b 所示位置放置，找正基准取 I—I 线及 C 面、B 面的对称平面，并以两处 R9 mm 圆弧对称中心线（即图 11-2-1 中的 III—III 线）作为参考，使其与平板平面垂直，当有误差时，应进行适当分配。尺寸基准取毛坯对称中心平面 II—II，并首先划出，再以 29 mm（58 mm/2）和 30 mm（60 mm/2）的尺寸划出两个 M8 的螺纹孔及两个 $\phi11$ mm 孔的中心线。

三、第三位置划线

按图 11-2-1c 所示位置放置，找正基准取 I—I 线和 II—II 线，并使其与平板平面垂直。尺寸基准取两处 R9 mm 圆弧对称中心线 III—III，试划相距尺寸为 23 mm 的 C 面线及与 C 面相距尺寸为 50 mm 的 B 面线，以确定是否有足够的加工余量，否则应进行适当借料，然后划出 III—III 平面线、C 面与 B 面的平面线。

四、复查及校核

校验无误后，撤下千斤顶，用划规划出各孔的圆周线及各螺纹孔的圆周线后冲眼。

课题十二　CA6140 型卧式车床主轴的装配

◎ **学习目标**

通过 CA6140 型卧式车床主轴的装配练习，主要掌握轴承、键连接、圆柱齿轮传动机构及轴组的装配要点。

◎ **课题描述**

CA6140 型卧式车床主轴部件的结构示意图如图 12-0-1 所示。主轴是一个空心的台阶轴，其内孔可用来通过棒料或拆卸顶尖时穿入金属棒，也可用于通过气动、电动或液压装置等机构。主轴前端的锥孔为莫氏 6 号锥度，用来安装顶尖套及前顶尖；有时也可安装心轴，利用锥面配合的摩擦力直接带动心轴转动。

主轴前端采用短锥法兰式结构，它的作用是安装卡盘和拨盘，如图 12-0-1b 所示。它以短锥和轴肩端面作为定位面。卡盘、拨盘等夹具通过卡盘座 26，用 4 个螺栓 25 固定在主轴 1 上。安装卡盘时，只需将预先拧紧在卡盘上的螺栓 25 连同螺母 24 一起，从主轴 1 的轴肩和锁紧盘 22 上的孔中穿过，然后将锁紧盘转过一个角度，使螺栓进入锁紧盘上宽度较窄的圆弧槽内，把螺母卡住（如图中所示位置），然后把螺钉 23 拧紧，就可把卡盘等夹具紧固在主轴上。由于这种主轴轴端结构的定心精度高，连接刚度高，卡盘悬伸长度短，装卸卡盘也比较方便，因此在新型车床上应用很普遍。

主轴安装在两支承上，前支承为 P5 级精度的双列短圆柱滚子轴承，用于承受径向力。轴承内圈和主轴之间以 1∶12 的锥度相配合。当内圈与主轴在轴向相对移动时，内圈可产生弹性膨胀或收缩，以调整轴承径向间隙的大小，调整后用圆形螺母锁紧。前支承处装有阻尼套筒，内套装在主轴上，外套装在前支承座孔内。内、外套径向之间有 0.2 mm 的间隙，其中充满了润滑油，能有效地抑制振动，提高主轴的动态性能。后轴承由一个推力球轴承和一个角接触球轴承组成，分别用以承受轴向力（左、右）和径向力。同理，轴承的间隙和预紧可以用主轴尾端的螺母调整。

主轴前、后支承的润滑都由润滑油泵供油。润滑油通过进油孔对轴承进行充分的润滑，并带走轴承运转所产生的热量。为了避免漏油，前、后支承采用了油沟式密封。主轴旋转时，由于离心力的作用，油液沿着斜面（朝箱内方向）被甩到轴承端盖的接油槽内，由接油槽上的孔流向主轴箱。

主轴上装有三个齿轮，右端的斜齿圆柱齿轮（$z=58$）空套在主轴上，中间的齿轮（$z=50$）可以在主轴的花键上滑移。当齿数为 50 的齿轮处于中间不啮合（空挡）位置时，

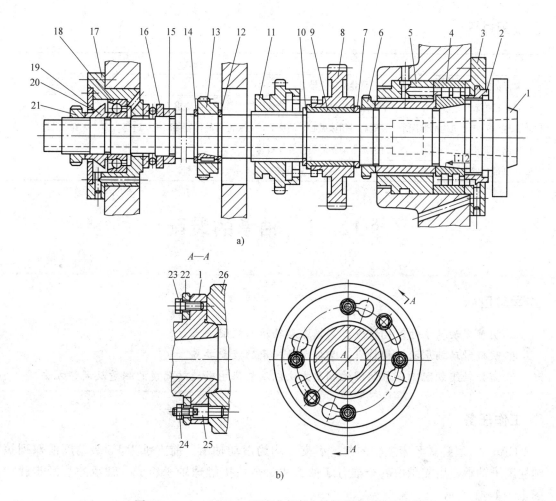

图 12-0-1　CA6140 型卧式车床主轴部件的结构示意图

a）主轴轴组　b）主轴前端的结构形式

1—主轴　2—密封套　3—前轴承端盖　4—双列短圆柱滚子轴承　5—阻尼套筒　6、21、24—螺母　7、15—垫圈

8、11、13—齿轮　9—衬套　10、12、14—开口垫圈　16—推力球轴承　17—后轴承端盖　18—角接触球轴承

19—锥形密封套　20—盖板　22—锁紧盘　23—螺钉　25—螺栓　26—卡盘座

主轴与齿轮的传动联系被断开，这时可用手转动主轴，以便于测量主轴的回转精度以及装夹工件时进行找正等工作。左端的齿轮（$z=58$）固定在主轴上，用于将运动传给进给箱。

　　本课题的任务是将所给零件按上述要求装配在主轴上，满足主轴的传动精度要求。装配是机械制造过程的最后阶段，在机械产品制造过程中占有非常重要的地位，装配工作的好坏，对产品质量起着决定性作用。

◎ 材料准备

实习件名称	材料来源	件数
CA6140 型卧式车床	购买	1

◎ 装配过程

装配任务	任务描述
1.轴承的装配	将轴承装配在主轴上
2.键连接的装配	平键连接按要求配键，花键连接应符合装配要求
3.圆柱齿轮传动机构的装配	装配前对箱体做必要的检测，对装配后的齿轮传动机构进行检验，应满足装配要求
4.轴组的装配	将装配好的轴组组件装入箱体
5.主轴部件的装配和调整	总装成形，调整主轴间隙并进行必要的检测和试车

§12-1　轴承的装配

◎ 学习目标

1.明确滚动轴承的结构特点，掌握滚动轴承的装配要点。

2.明确滑动轴承的结构特点，掌握滑动轴承的装配要点。

3.掌握轴组装配中轴承间隙的调整方法以及机床主轴旋转精度的测量及调整方法。

◎ 工作任务

CA6140型卧式车床主轴的前、后支承均为滚动轴承。前支承为P5级精度的双列短圆柱滚子轴承，后支承由一个推力球轴承和一个角接触球轴承组成，轴承的装配步骤如图12-1-1所示。

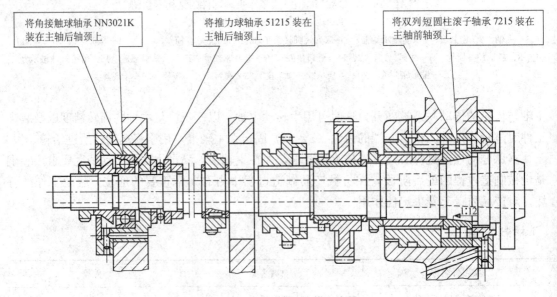

图12-1-1　轴承的装配步骤

◎ 工艺分析

机械产品一般由许多零件和部件组成。零件是构成机器（或产品）的最小单元。两个或两个以上零件结合成机器的一部分称为部件。按规定的技术要求将若干零件结合成部件，或将若干个零件和部件结合成整机的过程称为装配。最先进入装配的零件或部件称为装配基准件。直接进入总装的部件称为组件。直接进入组件装配的部件称为分组件。可以独立进行装配的部件（组件、分组件）称为装配单元。轴承是支承轴和轴上旋转件的部件。根据摩擦性质不同，轴承可分为滚动轴承和滑动轴承。

滚动轴承是标准件，由专门的企业成批生产。滚动轴承一般由外圈、内圈、滚动体和保持架组成。滚动轴承具有摩擦力小、轴向尺寸小、更换方便和维护容易等优点，所以在机械制造中应用十分广泛。

滚动轴承的内圈和轴颈为基孔制配合，外圈和轴承座孔为基轴制配合，其装配方法应视轴承尺寸的大小和过盈量来选择。

◎ 相关知识

一、滚动轴承

1. 滚动轴承的游隙

滚动轴承的游隙是指在一个套圈固定的情况下，另一个套圈沿径向或轴向的最大活动量，故游隙分为径向游隙和轴向游隙两种，如图 12 - 1 - 2 所示。

根据轴承所处状态的不同，径向游隙又分为原始游隙、配合游隙和工作游隙。

原始游隙是轴承在未安装时自由状态下的游隙。

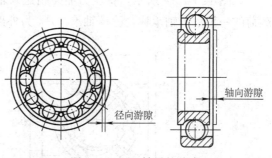

图 12 - 1 - 2　轴承的游隙

配合游隙是轴承装在轴上和箱体孔内的游隙。配合游隙小于原始游隙。

工作游隙是轴承在承受载荷时的游隙。一般情况下，工作游隙大于配合游隙。

2. 滚动轴承的预紧

对于承受载荷较大、旋转精度要求较高的轴承，大都是在无游隙甚至有少量过盈的状态下工作的，这些都需要将轴承在装配时进行预紧。

预紧就是在装配轴承时，给轴承的内圈或外圈施加一个轴向力，以消除轴承游隙，并使滚动体与内、外圈接触处产生初变形。预紧能提高轴承在工作状态下的刚度和旋转精度。

二、滑动轴承

滑动轴承因为结构简单，制造方便，径向尺寸小，润滑油膜有吸振能力，工作平稳、可靠，无噪声，并能承受较大的冲击载荷，所以多用于精密、高速及重载的场合。

1. 滑动轴承的类型

按摩擦状态不同，滑动轴承可分为以下两种：

（1）动压轴承

如图 12-1-3 所示，利用润滑油的黏性和轴颈的高速旋转，把油液带进轴承的楔形空间并建立起压力油膜，使轴颈与轴承被油膜隔开，这种轴承称为动压轴承。

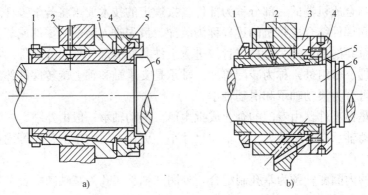

图 12-1-3　动压轴承

a）内柱外锥式滑动轴承　b）内锥外柱式滑动轴承

1、4—螺母　2—箱体　3—轴承外套　5—主轴承　6—主轴

（2）静压轴承

如图 12-1-4 所示，将压力油强制送入轴和轴承的配合间隙中，利用液体静压力支承载荷的一种润滑轴承称为静压轴承。P_B 为外部压力油压力，P_0 为内部静压力。

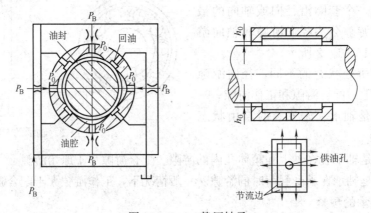

图 12-1-4　静压轴承

2. 滑动轴承的结构形式

（1）整体式滑动轴承

如图 12-1-5 所示，轴承座用铸铁或铸钢制成，并用螺栓与机体连接。顶部设有装油杯的螺纹孔。轴承座孔内装有轴套，并用紧定螺钉固定。简单的轴承也可以没有轴套。

（2）剖分式滑动轴承

如图 12-1-6 所示，它由轴承座、剖分轴瓦、轴承盖、螺栓等组成。

（3）内柱外锥式滑动轴承

内柱外锥式滑动轴承的结构如图 12-1-3a 所示，由主轴承 5、轴承外套 3 和螺母等组成。主轴承 5 上对称地开有几条狭槽，其中只有一条开穿，并嵌入弹性柚木，使轴承孔径磨损较多时可以调整。当放松右端螺母 4，再拧紧左端螺母 1 时，主轴承 5 就向左移动，使内孔直

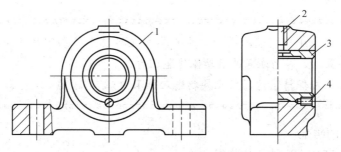

图 12-1-5 整体式滑动轴承

1—轴承座 2—螺纹孔 3—轴套 4—紧定螺钉

径收缩，主轴与轴承的配合间隙减小；反之就使间隙增大，由此可达到调整轴承间隙的目的。

（4）内锥外柱式滑动轴承

内锥外柱式滑动轴承的结构如图 12-1-3b 所示。这种轴承的内孔与主轴用圆锥面相配合，轴承外表面为圆柱面，通过前、后螺母调节轴承的轴向位置，从而调整主轴和轴承的间隙。

（5）多瓦式自动调位轴承

如图 12-1-7 所示，其结构有三瓦式和五瓦式两种。而轴瓦又分为长轴瓦和短轴瓦两种。

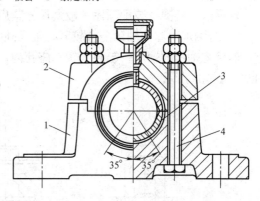

图 12-1-6 剖分式滑动轴承

1—轴承座 2—轴承盖 3—剖分轴瓦 4—螺栓

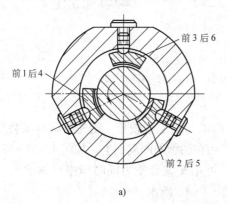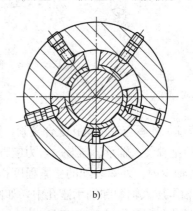

a)   b)

图 12-1-7 多瓦式自动调位轴承

a）三瓦式 b）五瓦式

◎ 任务实施

操作提示

1. 滚动轴承上带有标记代号的端面应装在可见方向，以便更换时查对。

2. 轴承装在轴上或装入轴承座孔后，不允许有歪斜和卡住现象。

3. 同轴的两个轴承中，必须有一个轴承在轴受热膨胀时有轴向移动的余地。

一、滚动轴承的装配

1. 内、外圈不可分离型轴承的装配

（1）轴承内、外圈的装配顺序

轴承内、外圈的装配顺序一般遵循先紧后松的原则进行，如图12-1-8所示。

1）若轴承内圈与轴颈配合较紧，轴承外圈与轴承座孔配合较松，应先将轴承安装在轴上，然后将轴连同轴承一起装入轴承座孔内。压装时，力应直接作用在轴承内圈端面上，如图12-1-8a所示。

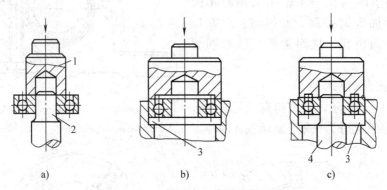

图12-1-8 轴承内、外圈的装配顺序

a）先压装内圈　b）先压装外圈　c）内、外圈同时压装

1—安装套　2—轴颈　3—轴承座孔　4—轴

2）若轴承外圈与轴承座孔配合较紧，轴承内圈与轴配合较松，则先将轴承压装在轴承座孔内，然后把轴装入轴承。压装时，力应直接作用在轴承外圈端面上，如图12-1-8b所示。

3）若轴承内、外圈装配的松紧程度相同，可用安装套使力同时作用在轴承内、外圈端面上，把轴承压入轴颈和轴承座孔中，如图12-1-8c所示。

（2）压入轴承时的方法和工具

压入轴承时，可根据过盈量的大小，分别采用锤击法、压力机压入法、热装法等进行压装。

1）锤击法。多用于配合过盈量较小的场合，如图12-1-9b所示是用铜棒垫上安装套，用锤子将轴承内圈装到轴颈上。如图12-1-9c、d所示是用锤子及铜棒在轴承内圈（或外圈）端面上对称地敲击进行装配。

2）压力机压入法。当配合过盈量较大时，可用压力机压入，如图12-1-10所示。

3）热装法。如果轴颈尺寸较大且过盈量也较大时，为装配方便，可采用热装法。即将轴承放在油中加热至80~100 ℃后与常温状态的轴配合。为避免局部过热，加热时轴承应置于油箱内的网格上；对小型轴承可直接挂在油中加热，轴承在油箱中加热的方法如图12-1-11所示。

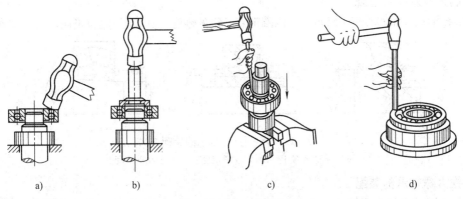

a)　　　　　b)　　　　　　　c)　　　　　　　　d)

图 12 - 1 - 9　锤击法

a) 错误的锤击方法　b) 正确的锤击方法　c) 将轴承装到轴颈上　d) 将轴承装入孔中

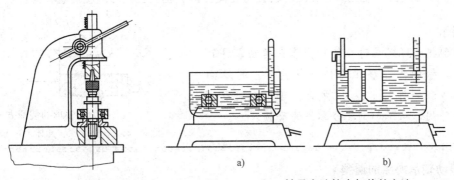

　　　　　　　　　　　　　　　　a)　　　　　　　b)

图 12 - 1 - 10　压入法　　　　图 12 - 1 - 11　轴承在油箱中加热的方法

　　如图 12 - 1 - 12 所示是利用电磁感应原理加热的一种方法。目前普遍采用的有简易式感应加热器和手提式感应加热器两种。加热时将感应器套入轴承内圈，将轴承加热至 80～100 ℃后立即切断电源，停止加热后进行安装。

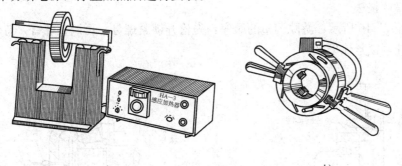

a)　　　　　　　　　　　　　　　　　　b)

图 12 - 1 - 12　用电磁感应原理加热

a) 简易式感应加热器　b) 手提式感应加热器

2. 内、外圈可分离型轴承的装配

　　圆锥滚子轴承是分体式轴承的典型，它的内、外圈可以分离，装配时可分别将内圈和滚动体一起装到轴上，外圈装入轴承座孔中，装配时仍按其过盈量的大小来选择装配方法和工具。

3. 圆锥孔轴承的装配

圆锥孔轴承（如调心滚子轴承）的内圈带有一定的锥度，其装配方法如图 12-1-13 所示。

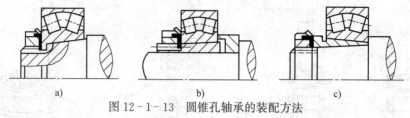

图 12-1-13　圆锥孔轴承的装配方法

a）装在圆锥轴颈上　　b）装在紧定套上　　c）装在退卸套上

4. 推力球轴承的装配

推力球轴承有松圈和紧圈之分，装配时一定要注意，不能装反，否则将使轴发热甚至出现卡死现象。

操作提示

装配推力球轴承时应使紧圈靠在转动零件的端面上，松圈靠在静止零件（或箱体）的端面上，其方法如图 12-1-14 所示。否则，滚动体将丧失作用，从而加剧配合零件的磨损。

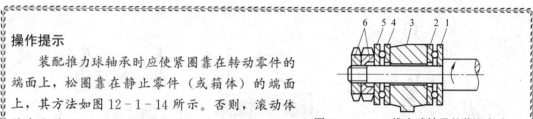

图 12-1-14　推力球轴承的装配方法

1、5—紧圈　2、4—松圈　3—箱体　6—螺母

5. 滚动轴承游隙的调整

轴承在装配时都要严格控制和调整游隙。通常采用使轴承内圈相对外圈产生适当轴向位移的方法来保证游隙。游隙的调整方法有：

（1）调整垫片法

通过调整轴承盖与壳体端面间的垫片厚度 δ 来调整轴承的轴向游隙，如图 12-1-15 所示。

（2）螺钉调整法

如图 12-1-16 所示，游隙调整的顺序：先松开锁紧螺母，再调整螺钉，待轴承的游隙调整好后再拧紧锁紧螺母。

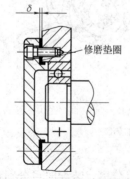

图 12-1-15　用垫片调整滚动
　　　　　　轴承的游隙

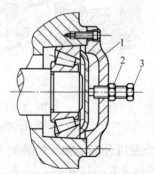

图 12-1-16　用螺钉调整滚动轴承的游隙

1—压盖　2—锁紧螺母　3—螺钉

想一想 为什么要调整滚动轴承的游隙?

因为滚动轴承的游隙不能太大或太小。若游隙太大,会造成同时承受载荷的滚动体的数量减少,使单个滚动体的载荷增大,从而降低轴承的旋转精度,缩短使用寿命。若游隙太小,会使摩擦力增大,产生的热量增加,加剧磨损,同样使轴承的使用寿命缩短。所以,许多轴承在装配时都要严格控制和调整游隙。

6. 滚动轴承的预紧

滚动轴承的预紧方法有以下几种:

(1) 成对使用角接触球轴承的预紧

角接触球轴承装配时的布置方式如图 12-1-17 所示。图 12-1-17a 所示为背对背式(外圈宽边相对)布置,图 12-1-17b 所示为面对面式(外圈窄边相对)布置,图 12-1-17c 所示为同向排列式布置。若按图示箭头方向施加作用力,使轴承紧靠在一起,即可达到预紧的目的。在成对安装的轴承之间配置不同长度的间隔套,可得到不同的预紧力,如图 12-1-18 所示。

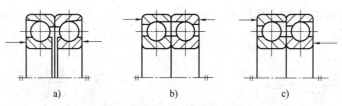

图 12-1-17 角接触球轴承装配时的布置方式

a) 背对背式 b) 面对面式 c) 同向排列式

(2) 用弹簧预紧

如图 12-1-19 所示,通过调整螺母,使弹簧产生不同的预紧力施加在轴承外圈上,达到预紧的目的。

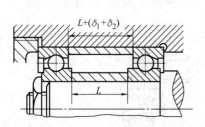

图 12-1-18 用间隔套长度差预紧轴承

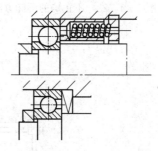

图 12-1-19 用弹簧预紧

(3) 通过调节轴承锥形孔内圈的轴向位置预紧

如图 12-1-20 所示,预紧的顺序:先松开锁紧螺母中左边的一个螺母,再拧紧右边的螺母,通过隔套使轴承内圈向轴颈大端移动,使内圈产生径向位移,从而消除径向游隙,达到预紧的目的。最后将左边的锁紧螺母拧紧,起到锁紧的作用。

(4) 用轴承内、外垫圈厚度差预紧,如图 12-1-21 所示。

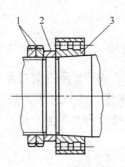

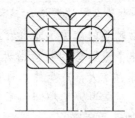

图 12-1-20　通过调节轴承锥形孔
　　　　　内圈的轴向位置预紧

1—锁紧螺母　2—隔套　3—轴承内圈

图 12-1-21　用轴承内、外垫圈
　　　　　厚度差预紧

二、滚动轴承的拆卸

滚动轴承的拆卸方法与其结构有关。对于拆卸后还要重复使用的轴承，拆卸时不能损坏轴承的配合表面，不能将拆卸的作用力加在滚动体上。如图 12-1-22 所示的拆卸方法是不正确的。

1. 圆柱孔轴承的拆卸

拆卸圆柱孔轴承时，可以用击卸法（见图 12-1-23）或用压力机；也可以用顶拔器，如图 12-1-24 所示。

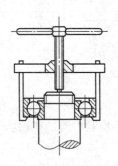

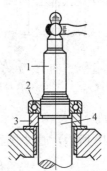

图 12-1-22　不正确的拆卸方法

图 12-1-23　用击卸法拆卸圆柱孔轴承

1—铜棒　2—轴承　3—垫块　4—轴

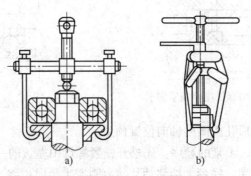

图 12-1-24　用顶拔器拆卸圆柱孔轴承

a）两爪顶拔器　b）三爪顶拔器

2. 圆锥孔轴承的拆卸

对于装在锥形轴颈上的圆锥孔轴承，可沿锥度反方向敲出。对于装在紧定套上的圆锥孔轴承，可拧松锁紧螺母，然后利用软金属棒和锤子向锁紧螺母方向将轴承敲出，其拆卸方法如图 12-1-25 所示。对于装在退卸套上的轴承，应先将锁紧螺母卸掉，然后用退卸螺母将退卸套从轴承座圈中拆出，如图 12-1-26 所示。

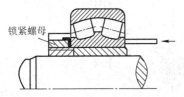

图 12-1-25 带紧定套轴承的拆卸

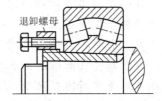

图 12-1-26 用退卸螺母拆卸

知识链接

滑动轴承的装配

操作提示

装配滑动轴承时，主要应保证轴颈与轴承孔之间获得所需要的间隙、良好的接触及充分的润滑，使轴在轴承中运转平稳。

1. 整体式滑动轴承的装配

装配过程如下：

（1）压入轴套

压入轴套的方法如图 12-1-27 所示，当轴套尺寸和过盈量都较小时，可在轴套 2 上垫以衬垫 1，用锤子直接敲入（见图 12-1-27a）。为了防止敲入时轴套产生歪斜，可采用导向套 3（见图 12-1-27b）控制轴套的压入方向。压紧薄壁轴套时，可采用心轴 4 导向，如图 12-1-27c 所示。

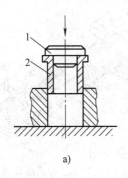
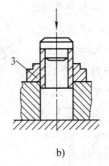
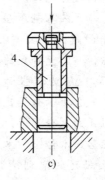

a)　　　　　　　　　b)　　　　　　　　　c)

图 12-1-27 压入轴套的方法
1—衬垫　2—轴套　3—导向套　4—心轴

压入轴套时，必须去除毛刺，擦洗干净后，在配合面上涂好润滑油。对于不带凸肩的轴套，压入机座以后，要与机座孔端面平齐。有油孔的轴套要对准机座上的油孔，可在轴套表面通过油孔中心划一条线，压入时使其对准箱体油孔，其方法如图 12-1-28 所示。

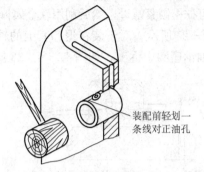

装配前轻划一条线对正油孔

图 12-1-28　有油孔轴套的装配方法

（2）轴套定位

压入轴套后，对载荷较大的轴套，可按图样要求用紧定螺钉或定位销等固定。

（3）修整轴套孔

轴套压入后，其内孔往往发生变形（如尺寸变小、圆度和圆柱度误差增大），此时可用内径百分表检验轴承孔，如图 12-1-29 所示。根据变形量的多少，采用铰孔或刮削的方法进行修整，使轴套和轴颈之间的间隙及研点达到规定要求。

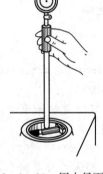

图 12-1-29　用内径百分表检验轴承孔

2. 剖分式滑动轴承的装配

剖分式滑动轴承如图 12-1-30 所示。改变调整垫片的厚度即可调整轴瓦与轴之间的间隙。当轴瓦磨损后，可按磨损程度来减薄调整垫片的厚度，使轴瓦与轴保持合适的间隙。

装配时，要求轴瓦背部与轴承座孔接触紧密。对于厚壁轴瓦，可用涂色法检验贴合情况，并进行刮研。刮研时应以轴承座孔为基准，修刮轴瓦背部。对于薄壁轴瓦则不能进行修刮，需进行选配，要求轴瓦在自由状态下外径稍大于轴承座孔直径，使其有一定的扩张量。轴瓦装入轴承座孔后，其剖分面应比轴承座平面高出 0.05～0.1 mm，以便达到配合的紧密性，薄壁轴瓦的配合要求如图 12-1-31 所示，Δh 为扩张量，H 为座孔半径。如图 12-1-32 所示为轴瓦的装配方法，须用木块垫在轴瓦的剖分面上，注意与轴承座两侧要对称，然后用木锤击打木块，使轴瓦装入轴承座孔中。轴瓦的配刮须分粗、精刮两步进行。粗刮时，可准备一根比与其配合的轴直径小 0.03～0.05 mm 的工艺轴进行研点。粗刮后，

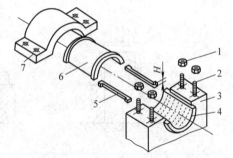

图 12-1-30　剖分式滑动轴承
1—螺母　2—螺栓　3—轴承座　4—下轴瓦
5—调整垫片　6—上轴瓦　7—轴承盖

配以适当的调整垫片，装上与其配合的轴研点后进行精刮。精刮时，在每次装好轴承盖后，稍稍扳紧螺母，用木锤在轴承盖的顶部均匀地敲击几下，目的是使轴承盖更好地定位，然后紧固所有螺母，拧紧力矩大小应一致。精刮后，轴在轴瓦中能轻轻地转动且无明显间隙，研点符合要求，即可将轴瓦拆下，经过清洗后重新装入。

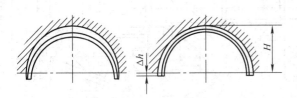 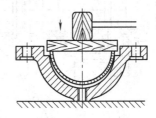

图 12-1-31　薄壁轴瓦的配合要求　　　　图 12-1-32　轴瓦的装配方法

3. 内柱外锥式滑动轴承的装配

内柱外锥式滑动轴承（见图 12-1-3a）的装配过程如下：

(1) 将装配件清洗干净后，把轴承外套压入箱体的孔内。

(2) 用专用心轴研点，修刮轴承外套的内锥孔，并保证前、后轴承的同轴度要求。

(3) 以轴承外套的内锥孔为基准，研点配刮主轴承的外锥面。

(4) 将主轴承装入轴承外套的锥孔内，两端分别拧入螺母，并调整主轴承的轴向位置。

(5) 以主轴为基准配刮主轴承的内孔，研刮至要求后，卸下主轴和轴承，将其清洗干净后重新装入并调整间隙。

内锥外柱式滑动轴承与内柱外锥式滑动轴承的装配过程大致相同。其不同之处是只需研刮内锥孔即可将轴承装入箱体，然后直接以主轴为基准研点配刮轴承内锥孔至要求的研点，将其清洗后重新装入并调整间隙。

§12-2　键连接的装配

◎ 学习目标

1. 明确键连接的工作原理及装配技术要求。
2. 掌握键连接的装配方法。

◎ 工作任务

由图 12-0-1 可知，齿轮 13 与主轴 1 通过平键连接，而齿轮 11 与主轴 1 为花键连接。键连接的装配如图 12-2-1 所示。

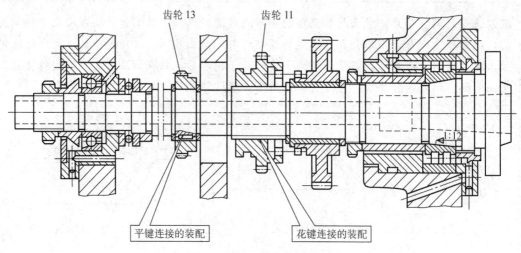

图 12-2-1　键连接的装配

◎ 工艺分析

键是用来连接轴和轴上零件，用于周向固定以传递转矩的一种机械零件。它具有结构简单、工作可靠、装拆方便等优点，因此获得广泛应用。

根据结构特点和用途不同，键连接可分为松键连接、紧键连接和花键连接三大类。

◎ 相关知识

一、松键连接

松键连接是靠键的侧面来传递转矩的，只对轴上零件做周向固定，不能承受轴向力。松键连接能保证轴与轴上零件有较高的同轴度精度，在高速、精密连接中应用较多。松键连接包括普通平键连接、半圆键连接、导向平键连接及滑键连接等，其特点及应用见表 12—2—1。

表 12-2-1　　　　　　　　　　　　　　松键连接的特点及应用

松键连接的类型	简图	特点及应用
普通平键连接		键与轴槽采用 P9/h9 或 N9/h9 配合，键与轮毂槽采用 JS9/h9 或 P9/h9 配合，即键在轴上和轮毂上均固定。常用于高精度、传递重载荷、受冲击及双向转矩的场合
半圆键连接		键在轴槽中能绕槽底圆弧几何中心摆动，采用 G9/h9 配合，键与轮毂槽采用 JS9/h9 配合。一般用于轻载的场合，常用于轴的锥形端部

松键连接的类型	简图	特点及应用
导向平键连接	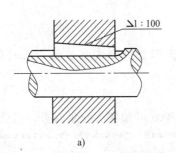	键与轴槽采用 H9/h9 配合，并用螺钉固定在轴上，键与轮毂槽采用 D10/h9 配合，轴上零件能做轴向移动。常用于轴上零件轴向移动量不大的场合
滑键连接	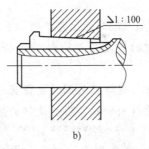	键固定在轮毂槽中（较紧配合），键与轴槽为间隙配合，轴上零件能带动键做轴向移动。用于轴上零件轴向移动量较大的场合

二、紧键连接

紧键连接主要指楔键连接，如图 12-2-2 所示。楔键有普通楔键和钩头楔键两种。楔键的上、下两面是工作面，键的上表面和轮毂槽的底面均有 1：100 的斜度，键侧与键槽间有一定的间隙。装配时须打入，靠过盈配合来传递转矩。紧键连接还能轴向固定零件和传递单方向轴向力，但易使轴上零件与轴的配合产生偏心和歪斜。多用于对中性要求不高、转速较低的场合。钩头楔键用于不能从另一端将键打出的场合。

图 12-2-2 楔键连接
a) 普通楔键连接 b) 钩头楔键连接

三、花键连接

花键连接具有承载能力高、传递转矩大、同轴度精度高、导向性好、对轴的强度削弱小等特点。适用于大载荷和同轴度要求较高的连接，在机床和汽车工业中应用广泛。

按工作方式不同，花键连接有动连接和静连接两种；按齿廓形状不同，花键可分为矩形花键、渐开线花键及三角形花键三种。矩形花键因加工方便，应用最为广泛，矩形花键连接如图 12-2-3 所示。

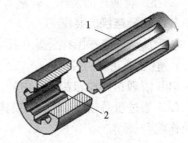

图 12-2-3 矩形花键连接
1—外花键（花键轴） 2—内花键（花键孔）

◎ 任务实施

一、松键连接的装配

松键连接的装配要点：

1. 键和键槽不允许有毛刺，以防止配合后有较大的过盈量而影响配合的正确性。

2. 只能用键的头部和键槽试配，以防止键在键槽内嵌紧而不易取出。

3. 锉配较长的键时，允许键与键槽在长度方向上有 0.1 mm 的间隙。

4. 对于重要的键连接，装配前应检查键的直线度、键槽对轴线的对称度及平行度。

5. 键连接装配时要加润滑油，用铜棒或台虎钳（钳口应加软垫）将键压装在轴槽中，并与槽底接触。

6. 装配后的套件在轴上不允许在圆周方向上有摆动。

二、楔键连接的装配

楔键连接的装配要点：

1. 装配楔键时，要用涂色法检查楔键上、下表面与轴槽或轮毂槽的接触情况，若接触不良，应修整键槽。

2. 在配合面加润滑油，轻敲入内，保证套件周向、轴向固定可靠。

三、花键连接的装配

装配前一般应按图样公差和技术要求检查相配件。

1. 静连接花键的装配

（1）清理花键轴和花键孔内的污物和毛刺，并加注润滑油。

（2）当过盈量较小时，可用铜棒将套件轻轻敲入花键轴，敲击时注意不使其偏斜，以防止拉伤配合表面。

（3）当过盈量较大时，应采用热装法进行装配。即将套件放在 80~120 ℃的热油中加热后，进行装配。

2. 动连接花键的装配

（1）清理花键轴及花键孔内的污物和毛刺。

（2）将套件装到花键轴上，用涂色法检验花键孔在花键轴全长上的配合情况。

（3）根据涂色法检验的结果，对花键轴进行修整，直至套件在花键轴全长上移动时无阻滞现象为止。

（4）将花键轴及套件清洗干净，加注润滑油后将套件装到花键轴上。

操作提示

　　各种键连接装配时，必须考虑到拆卸方便，特别是需要经预装配的组件，不能只图装配方便，将键和配件不经修配就强行压入，从而造成拆卸困难，情况严重时甚至会使组件损坏而带来损失。

知识链接

键连接的拆卸与修复方法

1. 键连接的拆卸方法

（1）平键连接的拆卸方法

平键连接时，轴与轴套的配合一般采用过渡配合或间隙配合。拆去连接件后，如果键的工作面良好，不需更换，一般都不要拆下来。如果键已损坏，可采用以下方法拆卸：

1）尺寸较小的平键，可垫上铜皮，用錾子和锤子从一端别出。

2）较长的平键一般都设有专供拆卸用的螺纹孔，这时，可用合适的螺钉旋入孔中，顶住槽底面，把键顶出来。

3）当键上没有螺纹孔且与键槽配合很紧，又需要保存完好，而且必须拆出的时候，可在键上钻孔、攻螺纹，然后用螺钉把它顶出来。这时，键上虽然多了一个螺纹孔，但对键的质量并无影响。

（2）楔键连接的拆卸方法

拆卸楔键时，只要注意拆卸方向就行了。拆卸时，可用冲子从键较薄的一端向外冲出。对于钩头楔键，可用如图12-2-4所示的拆卸工具将其拉出；对于普通楔键，可在键的端面开螺纹孔，拧上螺钉把它拉出来。

2. 键连接的修复方法

（1）键磨损和损坏时，一般采取更换新键的办法。

（2）轴与轮毂上的键槽损坏时，可将轴槽和轮毂槽用锉削或铣削的方法加宽，再配制新键。或相对原键槽旋转一定的角度，重新加工键槽。

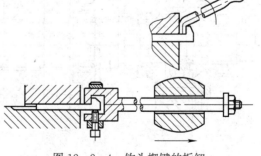

图12-2-4　钩头楔键的拆卸

（3）花键连接的修复方法

1）花键磨损的修复方法。花键磨损会造成间隙过大，可采用镀铬的方法增加花键齿的齿厚，然后用铣削或磨削的方法使花键达到技术要求。当花键磨损严重时，要用堆焊的方法增加花键的齿厚，然后用铣削或磨削的方法使花键达到技术要求。

2）花键损坏的修复方法。当花键局部损坏时，可采用堆焊的方法修复，即先在损坏处堆焊，然后进行热处理，最后采用铣削或磨削的方法使其达到技术要求。

§12-3 圆柱齿轮传动机构的装配

◎ 学习目标

1. 明确圆柱齿轮传动机构的作用、装配技术要求。
2. 掌握圆柱齿轮传动机构的装配方法。
3. 掌握圆柱齿轮传动机构装配后的检验与调整方法。

◎ 工作任务

CA6140 型卧式车床主轴上所有的传动齿轮均为直齿圆柱齿轮，但它们与主轴的连接方式不同，圆柱齿轮传动机构的装配如图 12-3-1 所示。本任务要求完成 CA6140 型卧式车床圆柱齿轮传动机构的装配。

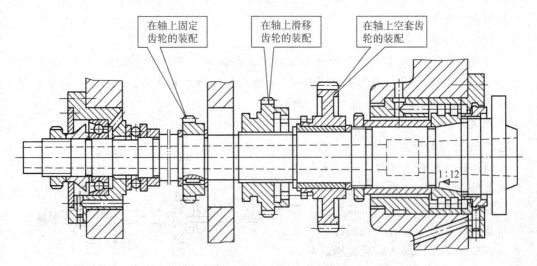

图 12-3-1 圆柱齿轮传动机构的装配

◎ 工艺分析

齿轮传动是机械中最常用的传动方式之一，它依靠轮齿间的啮合来传递运动和动力，在机床、汽车、拖拉机及其他机械传动中应用广泛，如图 12-3-2 所示。其优点是传动比恒定、变速范围大、传动效率高、传动功率大、结构紧凑、使用寿命长等；缺点是噪声大、无过载保护、不宜用于远距离传动、制造及装配要求高等。

◎ 相关知识

齿轮传动的齿侧间隙（简称侧隙）是指齿轮副非工作表面法线方向的距离，如图 12-3-3 所示为齿轮啮合时的情况。侧隙过小，齿轮转动不灵活，热胀时易卡齿，从而加剧齿面的磨损；侧隙过大，换向时空行程大，易产生冲击和振动。

图 12-3-2　齿轮传动

图 12-3-3　齿轮啮合时的情况

◎ 任务实施

操作提示

齿轮传动机构装配时的注意事项：

1. 齿轮孔与轴的配合要满足使用要求。如空套齿轮在轴上不得有晃动现象，滑移齿轮不应有咬死或阻滞现象，固定齿轮不得有偏心或歪斜现象。

2. 保证齿轮有准确的安装中心距和适当的齿侧间隙。

3. 保证齿面有正确的接触位置和足够的接触面积。

4. 进行必要的平衡试验。对转速高、直径大的齿轮，装配前应进行动平衡检查，以免工作时产生过大的振动。

装配圆柱齿轮传动机构时，一般是先把齿轮装在轴上，再把齿轮轴部件装入箱体。

一、齿轮与轴的装配

1. 在轴上空套或滑移的齿轮，一般与轴为间隙配合，装配精度主要取决于零件本身的加工精度，这类齿轮装配较方便。

2. 在轴上固定的齿轮，与轴的配合多为过渡配合，有少量的过盈量。装配时需加一定的外力。如过盈量较小时，可用手工工具敲击装入；如过盈量较大时，可用压力机压装或采用液压套合的装配方法。压装齿轮时要尽量避免齿轮偏心、歪斜和端面未紧贴轴肩等安装误差，如图 12-3-4 所示。

3. 齿轮与轴为锥面结合时，常用于定心精度较高的场合。装配前，用涂色法检查内、外锥面的接触情况，贴合不良的，可用三角刮刀进行修整。装配后，轴端与齿轮端面应有一定的间隙。

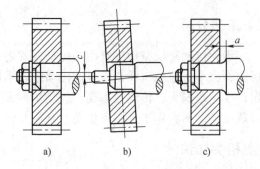

图 12 - 3 - 4　齿轮在轴上的安装误差
a）齿轮偏心　b）齿轮歪斜　c）齿轮端面未紧贴轴肩

4. 齿轮与轴装配后精度的检验。对于精度要求高的齿轮传动机构，压装后应检查其径向圆跳动误差和轴向圆跳动误差，其方法如图 12 - 3 - 5 所示。检查径向圆跳动误差的方法如图 12 - 3 - 5a 所示，将齿轮轴支承在 V 形架或两顶尖上，使轴与平板平行，把圆柱规放在齿轮的轮齿间，将百分表的测头抵在圆柱规上并读数，然后转动齿轮，每隔 3～4 个齿检查一次。在齿轮旋转一周范围内，百分表的最大读数与最小读数之差就是齿轮分度圆上的径向圆跳动误差。

齿轮轴向圆跳动误差的检查如图 12 - 3 - 5b 所示，用顶尖顶住齿轮轴，并使百分表的测头抵在齿轮端面上，在齿轮旋转一周范围内，百分表的最大读数与最小读数之差就是齿轮轴向圆跳动误差。

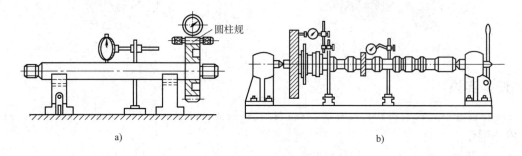

图 12 - 3 - 5　齿轮跳动量的检查方法
a）检查径向圆跳动误差　b）检查轴向圆跳动误差

二、齿轮轴装入箱体

齿轮的啮合质量包括适当的齿侧间隙、一定的接触面积以及正确的接触位置。因此，齿轮轴部件装配前应检查箱体的主要部位是否达到规定的技术要求。

　　影响齿轮啮合质量的因素有哪些？

齿轮本身的制造精度，如齿轮公法线长度偏差（影响齿侧间隙）、齿形偏差（影响接触面积）以及箱体孔的尺寸精度、形状精度及位置精度，都直接影响齿轮的啮合质量。

1. 装配前对箱体的检查

（1）孔距的检验

相互啮合的一对齿轮的安装中心距是影响齿侧间隙的主要因素，应使孔距在规定的公差范围内。如图 12 - 3 - 6a 所示是用游标卡尺分别测得 d_1、d_2、L_1 和 L_2，然后计算出孔距，其计算公式为：

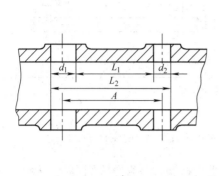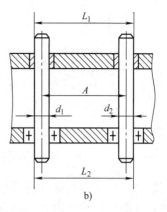

a)   b)

图 12-3-6　箱体孔距的检查方法

a）用游标卡尺测量　b）用千分尺和心棒测量

$$A = L_1 + \frac{d_1}{2} + \frac{d_2}{2} \quad 或 \quad A = L_2 - \left(\frac{d_1}{2} + \frac{d_2}{2} \right)$$

如图 12-3-6b 所示为用千分尺和心棒测量后计算孔距，其计算公式为：

$$A = \frac{L_1 + L_2}{2} - \frac{d_1 + d_2}{2}$$

（2）孔系（轴系）平行度误差的检验

如图 12-3-6b 所示也可作为齿轮安装孔轴线平行度误差的检验方法。分别测量出心棒两端尺寸 L_1 和 L_2，则 $L_1 - L_2$ 就是两孔轴线的平行度误差。

（3）孔轴线与基面距离和平行度误差的检验

其检验方法如图 12-3-7 所示，箱体基面用等高垫块支承在平板上，心棒与孔紧密配合。

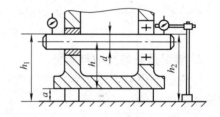

图 12-3-7　孔轴线与基面距离和平行度误差的检验方法

用游标高度卡尺测量心棒两端尺寸 h_1 和 h_2，则轴线与基面的距离为：

$$h = \frac{h_1 + h_2}{2} - \frac{d}{2} - a$$

平行度误差为： $$\Delta = h_1 - h_2$$

平行度误差太大时，可用刮削基面的方法纠正。

（4）孔轴线与端面垂直度误差的检验

如图 12-3-8 所示为常用的两种检验方法。图 12-3-8a 所示为将带圆盘的专用心棒插入孔中，用涂色法或塞尺检查孔轴线与孔端面的垂直度误差。图 12-3-8b 所示为用心棒和百分表检查，心棒转动一周，百分表读数的最大值与最小值之差就是端面对孔轴线的垂直度误差。如发现误差超过规定值，可用刮削端面的方法纠正。

（5）孔轴线同轴度误差的检验

其检验方法如图 12-3-9 所示。如图 12-3-9a 所示为成批生产时用专用心棒进行检验，若心棒能自由地推入几个孔中，即表明各孔的同轴度合格。有不同直径孔时，用不同外径的检验套配合检验，以减少心棒的数量。

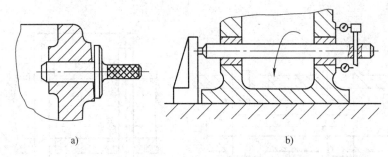

a)   b)

图 12 - 3 - 8   孔轴线与端面垂直度误差的检验方法

如图 12 - 3 - 9b 所示为用百分表及心棒进行检验，将百分表固定在心棒上，转动心棒一周，百分表最大读数与最小读数之差的一半就是同轴度误差。

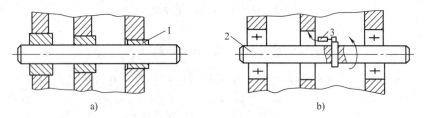

a)   b)

图 12 - 3 - 9   孔轴线同轴度误差的检验方法

a）用专用心棒检验   b）用百分表及心棒检验

1—检验套   2—心棒   3—百分表

2. 装配质量的检验与调整

齿轮轴部件装入箱体后，必须检查其装配质量。装配质量的检验包括齿侧间隙的检验和接触精度的检验。

（1）齿侧间隙的检验

常用的检验方法有以下两种：

1）压铅丝检验法。齿侧间隙最直观、最简单的检验方法就是压铅丝检验法，如图 12 - 3 - 10 所示，在齿宽两端的齿面上平行放置两条（宽齿应放置 3～4 条）直径不超过最小间隙 4 倍的铅丝，转动齿轮，使齿轮啮合并挤压铅丝，铅丝被挤压后最薄处的厚度尺寸就是齿侧间隙。

2）百分表检验法。如图 12 - 3 - 11 所示为用百分表检验齿侧间隙的方法。将百分表测头直接抵在一个齿轮的齿面上，另一齿轮固定。将接触百分表测头的齿从一侧啮合迅速转到另一侧啮合，百分表上的读数差就是齿侧间隙。

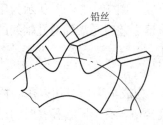

铅丝

图 12 - 3 - 10   用压铅丝检验法检验齿侧间隙

图 12 - 3 - 11   用百分表检验齿侧间隙的方法一

如图 12-3-12 所示为用百分表检验齿侧间隙的另一种方法。测量时，将一个齿轮固定，在另一个齿轮上装上夹紧杆 1。由于齿侧间隙的存在，装有夹紧杆的齿轮可摆动一定角度，在百分表 2 上得到读数差 c，则此时齿侧间隙 c_n 为：

$$c_n = c \frac{R}{L}$$

式中　c——百分表 2 的读数差，mm；

R——装夹紧杆齿轮的分度圆半径，mm；

L——百分表测头至齿轮回转中心的距离，mm。

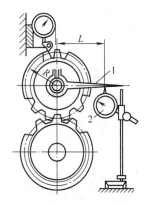

图 12-3-12　用百分表检验齿侧
间隙的方法二

1—夹紧杆　2—百分表

（2）接触精度的检验

接触精度的主要指标是接触斑点，检验时一般采用涂色法。将红丹粉涂于大齿轮齿面上，转动主动轮并使从动轮轻微制动后，即可检查其接触斑点。对双向工作的齿轮，正、反两个方向都应检查。

齿轮上接触印痕面积的大小应该随齿轮精度而定。一般传动齿轮（9～6 级精度）在轮齿的高度上接触斑点应不少于 30%～50%，在轮齿的宽度上应不少于 40%～70%，其分布的位置应是自节圆处上下对称分布。

通过接触斑点的位置及面积的大小，可以判断装配时产生误差的原因。影响齿轮接触精度的主要因素是齿形精度及安装是否正确。当接触斑点位置正确，而面积太小时，是齿形误差太大所致。应在齿面上加研磨剂并使两齿轮转动进行研磨，以增加接触面积。另一种情况是齿形正确而安装有误差造成接触不良。渐开线圆柱齿轮接触斑点状况分析及调整方法见表 12-3-1。

表 12-3-1　　　　渐开线圆柱齿轮接触斑点状况分析及调整方法

接触斑点	原因	调整方法
正常接触		
上齿面接触	中心距偏大	在中心距允差范围内调整轴承座或刮削轴瓦
下齿面接触	中心距偏小	
同向偏接触	两齿轮轴线不平行	

接触斑点	原因	调整方法
异向偏接触	两齿轮轴线相对歪斜	在中心距允差范围内调整轴承座或刮削轴瓦
单面偏接触	两齿轮轴线不平行且歪斜	
游离接触	齿轮端面与回转中心线不垂直	检查并校正齿轮端面与回转中心线的垂直度
鳞状接触	齿面有波纹或带有毛刺	修整并去除毛刺

知识链接

齿轮传动机构的修复方法

齿轮传动机构工作一定时间后，会产生磨损、润滑不良或过载等现象，使磨损加剧，齿面出现点蚀、胶合和塑性变形，齿侧间隙增大，噪声增加，传动精度降低，严重时甚至发生轮齿断裂现象。

1. 齿轮磨损严重或轮齿断裂时，应更换新的齿轮。

2. 如果是小齿轮与大齿轮啮合，一般小齿轮比大齿轮磨损严重，应及时更换小齿轮，以免加速大齿轮的磨损。

3. 对于大模数、低转速的齿轮，个别轮齿断裂时，可用镶齿法修复。

4. 大型齿轮轮齿磨损严重时，可采用更换轮缘法修复，具有较好的经济性。

§12-4 轴组的装配

◎ 学习目标

1. 掌握轴组装配中轴承间隙的调整、机床主轴旋转精度的测量及调整方法。
2. 掌握定向装配法。

◎ 工作任务

完成如图 12-4-1 所示轴组的装配工作。

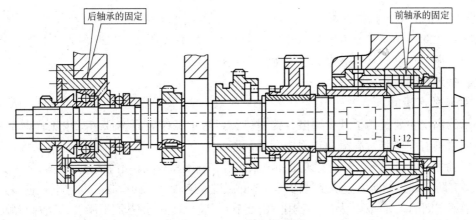

图 12-4-1　轴组的装配

◎ 工艺分析

　　轴是机械设备中的重要零件，所有的传动零件，如齿轮、带轮、蜗轮等都要装到轴上才能工作。轴、轴上零件与两端轴承座的组合，称为轴组。轴组装配主要是指将已装配好的轴组装入箱体（或机架）中，进行轴承固定、游隙调整、轴承预紧、轴承密封和轴承润滑装置的装配等工作。

◎ 相关知识

　　一、轴承的固定方式

　　轴承的径向固定是靠外圈与轴承座孔的配合来实现的。轴承轴向固定的方式有两端单向固定和一端双向固定两种。

　　1. 两端单向固定

　　如图 12-4-2 所示为在轴的两端的支点上用轴承端盖单向固定轴承，分别限制两个方向的轴向移动。为避免轴受热伸长而卡死，在右端轴承外圈与端盖间留有 0.5～1 mm 的间隙，以便轴承游动。

2. 一端双向固定

如图 12-4-3 所示为将右端轴承轴向双向固定，左端轴承可随轴做轴向游动。这种固定方式工作时不会产生轴向窜动，轴受热时又能自由地向一端伸长，轴不会被卡死。

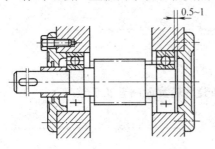

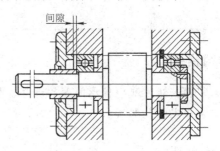

图 12-4-2　轴承两端单向固定　　　　　图 12-4-3　轴承一端双向固定

想一想　　　轴承为什么要固定？

因为轴工作时，既不允许有径向移动，也不允许有较大的轴向移动，又不至于因受热膨胀而卡死，所以要求轴承有合理的固定方式。

二、轴承的润滑和密封

1. 轴承的润滑

轴承的润滑主要是为了减小摩擦，传递热量，防止工作表面锈蚀和减少工作时的噪声。常用的润滑剂有润滑脂、润滑油和固体润滑剂等。

（1）轴颈圆周速度不高时，宜采用润滑脂润滑。它不易渗漏，不需经常添加，便于密封和维护，又有防尘和防潮能力。缺点是稀稠程度受温度影响较大。润滑脂装入量不宜过多，一般以填至轴承空间的 1/3~1/2 为宜。常用润滑脂有钙基润滑脂、钠基润滑脂和钙钠基润滑脂。

（2）轴颈圆周速度较高时，应采用润滑油润滑。它摩擦因数小，在高速和高温下仍有良好的润滑能力。常用的润滑油有机械油、精密机床主轴油等。一般可采用油浴、飞溅及循环油润滑。

2. 轴承的密封

轴承的密封装置是为了阻止灰尘、水分等进入轴承并阻止润滑剂漏出而设置的。密封装置可分为接触式及非接触式两大类。常用的滚动轴承密封装置特性及应用见表 12-4-1。

表 12-4-1　　　　　常用的滚动轴承密封装置特性及应用

类型		结构简图	特性及应用
接触式密封装置	毡圈式		结构简单，主要用于润滑脂的密封，密封配合面的圆周速度 $v \leqslant 4$ m/s
	皮碗式		皮碗用皮革、塑料或合成橡胶制成，内部有弹簧箍。市场上有成品卖，用起来简单、可靠，对润滑油和润滑脂均能起密封作用。一般用于圆周速度 $v < 6$ m/s 的场合

类型	结构简图	特性及应用
非接触式密封装置	**油沟式** 节流槽 0.1~0.3	油沟中应填满润滑脂。它结构简单，用于圆周速度 $v<5$ m/s 的清洁、干燥处，用来密封润滑脂。速度较低时也可用来密封润滑油
	挡油环式 1~2 0.5	挡油环随轴一同旋转，利用离心力甩去油污，挡油环上的齿状沟槽有密封作用，适用于采用润滑脂润滑的高速轴承
	迷宫式	利用旋转部分和不旋转部分的曲折小间隙组成"迷宫"，间隙中填满润滑脂，密封效能高，速度不受限制，但制造成本较高

◎ 任务实施

轴组尤其是主轴的装配，为了提高装配精度，经常采用定向装配法。

对于旋转精度要求较高的主轴，滚动轴承内圈往主轴的轴颈上装配时，可采用两者回转误差的高点对低点相互抵消的办法进行装配，这种装配方法即定向装配法。装配前须对主轴及轴承等主要配合零件进行测量，确定误差值和方向，并做好标记。

一、测量轴承外圈径向圆跳动误差

测量轴承径向圆跳动误差的方法如图 12-4-4 所示。如图 12-4-4a 所示，转动轴承外圈并沿百分表方向施加一定的载荷，标出外圈径向圆跳动的最高（低）点和数值。

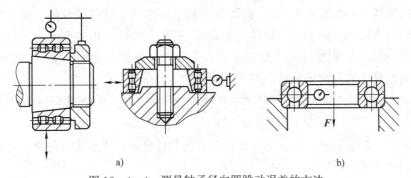

a)   b)

图 12-4-4　测量轴承径向圆跳动误差的方法

a) 测量轴承外圈径向圆跳动误差　b) 测量轴承内圈径向圆跳动误差

二、测量轴承内圈径向圆跳动误差

如图 12-4-4b 所示，检测时轴承外圈固定不动，内圈端面上加适当载荷，检查径向圆跳动误差时所加的载荷见表 12-4-2。旋转内圈，按表针的指示标出内圈径向圆跳动的最高（低）点和数值。

表 12-4-2　　　　　　　　　　　检查径向圆跳动误差时所加的载荷

轴承公称直径/mm	所加载荷（不大于）/N
	角接触球轴承
<30	15
30～50	20
>50～80	30
>80～120	50

三、测量主轴锥孔中心线偏差

测量主轴锥孔中心线偏差的方法如图 12-4-5 所示。检测时，将主轴轴颈置于 V 形架上，轴向用钢球支承在直角铁上，在主轴锥孔中插入锥度检验心棒，把百分表分别支在近主轴端及距主轴 L 处，转动主轴测出锥孔中心线的偏差方向，并做好标记。

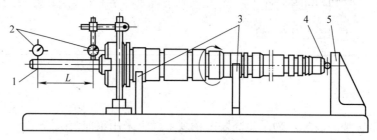

图 12-4-5　测量主轴锥孔中心线偏差的方法
1—锥度检验心棒　2—百分表　3—V 形架　4—钢球　5—直角铁

四、定向装配法

装配时，将内圈径向圆跳动量较大的轴承放在后支承上。前、后支承中各轴承内圈径向圆跳动的最高点位置（标记）应置于同一方向，且与主轴所标最高点的方向相反，使被测表面中心向实际旋转中心线靠拢，车床主轴部件滚动轴承的定向装配如图 12-4-6 所示。当前、后轴承的内圈分别有偏心误差 δ_1 和 δ_2，后轴承的精度应比前轴承低一级（如果前、后轴承精度相同，主轴的径向圆跳动量反而增大），即 $\delta_2 > \delta_1$，主轴锥孔中心线与支承轴颈公共轴线有偏离距离 δ_3，则按定向装配的原则确定轴承与轴颈的装配位置时，主轴锥孔的回转中心线将出现最小的径向圆跳动误差 δ，如图 12-4-6a 所示。

操作提示

按定向装配法装配后的轴承，应保证其内圈与轴颈不再发生相对转动，否则将失去已获得的调整精度。

196

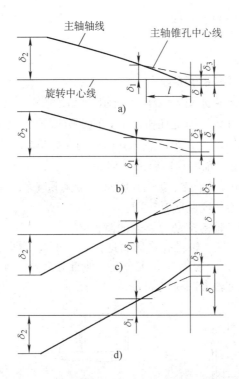

图 12 - 4 - 6 车床主轴部件滚动轴承的定向装配

a) δ_1、δ_2 与 δ_3 方向相反 b) δ_1、δ_2 与 δ_3 方向相同 c) δ_1 与 δ_2 方向相反，δ_3 在主轴轴线内侧
d) δ_1 与 δ_2 方向相反，δ_3 在主轴轴线外侧

§12 - 5 主轴部件的装配和调整

◎ **学习目标**

1. 熟悉组件装配图和装配工艺过程。
2. 能进行装配前零件的准备，如零件的整理和必要的精度检测等。
3. 掌握主轴部件装配后的检验和调整方法。

◎ **任务要求**

根据图 12 - 0 - 1a 装配 CA6140 型卧式车床主轴部件。

◎ **工艺分析**

主轴部件是车床的关键部分，在工作时承受很大的切削抗力。加工工件的精度和表面质量在很大程度上取决于主轴部件的刚度和回转精度。

主轴部件的精度是指它在装配及调整之后的回转精度，包括主轴的径向圆跳动、轴向圆跳动以及主轴旋转的均匀性和平稳性。

◎ 相关知识

一、主轴径向圆跳动误差的测量

主轴部件回转精度的测量如图 12-5-1 所示。如图 12-5-1a 所示,在锥孔中紧密地插入一根锥度检验心棒,将百分表固定在机床上,使百分表测头顶在检验心棒表面上,旋转主轴,分别在靠近主轴端部的 a 处和距 a 点 300 mm 的 b 处检验。主轴转一转,百分表在 a 和 b 两处读数的最大差值就是主轴的径向圆跳动误差。

主轴径向圆跳动量也可按图 12-5-1b 所示直接测量主轴定位轴颈。主轴旋转一周时,百分表的最大读数差值即为径向圆跳动误差。

二、主轴轴向圆跳动(轴向窜动)误差的测量

如图 12-5-1c 所示,在主轴锥孔中紧密地插入一根短锥柄检验心棒,在中心孔中装入钢球(钢球用黄油粘上),百分表固定在床身上,使百分表测头顶在钢球上。旋转主轴检查,百分表读数的最大差值就是轴向圆跳动误差。

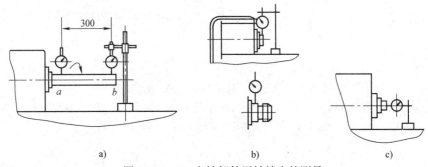

a)　　　　　　　　　　b)　　　　　　　　　　c)

图 12-5-1 主轴部件回转精度的测量

操作提示

　　为了避免检验心棒锥柄配合不良的影响,可拔出检验心棒,相对主轴旋转180°,重新插入主轴锥孔内,依次重复检验一次,两次测量结果的平均值就是主轴的径向圆跳动误差。

◎ 任务实施

一、CA6140 型卧式车床主轴部件的装配

1. 如图 12-0-1a 所示,将阻尼套筒 5 的外套和双列短圆柱滚子轴承 4 的外圈及前轴承端盖 3 装入主轴箱体前轴承孔中,并用螺钉将前轴承端盖固定在箱体上。

2. 把主轴分组件(由主轴 1、密封套 2、双列短圆柱滚子轴承 4 的内圈及阻尼套筒 5 的内套组装而成)从主轴箱前轴承孔中穿入。在此过程中,从箱体上面依次将螺母 6、垫圈 7、齿轮 8、衬套 9、开口垫圈 10、齿轮 11、开口垫圈 12、键、齿轮 13、开口垫圈 14、垫圈 15及推力球轴承 16 装在主轴 1 上,并将主轴安装至要求的位置,如图 12-0-1a 所示。适当预紧螺母 6,防止轴承内圈因转动而改变方向。

3. 从箱体后端将后轴承端盖分组件(由后轴承端盖 17 和角接触球轴承 18 组装而成)装入箱体,并拧紧螺钉。

4. 将角接触球轴承18的内圈按定向装配法装在主轴上，敲击时用力不要过大，以免主轴移动。

5. 依次装入锥形密封套19、盖板20、螺母21，并拧紧所有螺钉。

6. 对装配情况进行全面检查，以防止遗漏和错装。

二、CA6140型卧式车床主轴部件的调整

主轴部件的调整是至关重要的，分预装调整和试车调整两步进行。

1. 主轴部件预装调整

在主轴箱上安装其他零件之前，先将主轴部件按图12-0-1进行一次预装。

想一想　　预装调整的目的是什么？

　　预装调整一方面是为了检查组成主轴部件的各零件是否能达到规定的装配要求，另一方面便于空箱翻转，修刮箱体底面比较方便，以保证箱体底面与床身结合面的良好接触以及主轴轴线对床身导轨的平行度。

　　（1）后轴承的调整

　　先将螺母6松开，旋转螺母21，逐渐收紧角接触球轴承18和推力球轴承16。用百分表触及主轴前端面，用适当的力前后推动主轴，保证轴向间隙在0.01 mm之内。同时用手转动齿轮8，若感觉不太灵活，可能是角接触球轴承内、外圈没有装正，可用木锤（或铜棒）在主轴前、后端敲击，直到用手感觉主轴旋转灵活自如后，再将两螺母锁紧。

　　（2）前轴承的调整

　　逐渐拧紧螺母6，通过阻尼套筒5内套的移动，使双列短圆柱滚子轴承4的内圈做轴向移动，迫使内圈胀大。主轴径向间隙的检查方法如图12-5-2所示，用百分表触及主轴前端轴颈处，撬动杠杆使主轴受200～300 N的径向力，保证轴承径向间隙在0.005 mm之内，且齿轮8转动灵活，最后将螺母6锁紧。

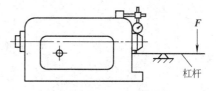

图12-5-2　主轴径向间隙的
　　　　　　检查方法

2. 主轴部件的试车调整

机床正常运转时，随着主轴箱内温度的升高，主轴轴承间隙也会发生变化。因此，主轴的间隙一般应在机床温升稳定后再进行调整，即试车调整。试车调整的方法如下：

按要求给主轴箱加入润滑油，适当拧松螺母 6 和螺母 21，用木锤（或铜棒）在主轴前、后端适当敲击，使轴承回松，保持间隙在 0.02 mm 之内。主轴从低速到高速空运转时间不超过 2 h，在最高速的运转时间不少于 30 min，一般温升不超过 60 ℃即可。停车后锁紧螺母 6 和螺母 21，结束调整工作。

课题十三 减速器的装配

◎ 学习目标

通过减速器的装配练习，主要学习装配工艺的分析方法，掌握有关固定连接和传动机构的装配、调整方法。

◎ 课题描述

减速器装在原动机与工作机之间，用于降低输出转速和相应地改变输出转矩，如图 13 - 0 - 1 所示为某减速器的装配示意图。

本课题将从组成减速器部件的有关固定连接及传动机构的装配入手，介绍装配的基本知识和减速器的装配与调整方法。

◎ 材料准备

实习件名称	材料来源件数	件数
减速器	购买	1

◎ 装配过程

装配任务	任务描述
1. 装配前的准备工作	对装配零件进行清理、清洗等工作，绘制装配单元系统图，制定装配工艺规程等
2. 过盈连接的装配	将过盈连接的零件压装在一起
3. 螺纹连接的装配	将箱体盖等零件通过螺纹连接装配在一起
4. 销连接的装配	将联轴器用销连接起来
5. 蜗杆蜗轮传动机构的装配	按技术要求进行装配、检测
6. 锥齿轮传动机构的装配	按技术要求进行装配、检测
7. 联轴器的装配	按技术要求装配联轴器
8. 减速器的装配与调整	装配减速器并进行调整，满足装配技术要求

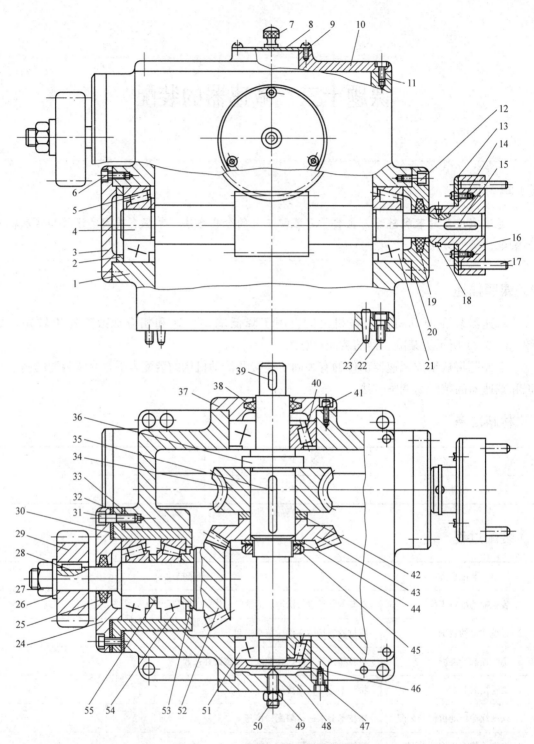

图 13-0-1 某减速器的装配示意图

1—箱体 2、32、33、42—调整垫圈 3、20、24、37、48—轴承端盖 4—蜗杆轴 5、21、40、51、54—轴承
6、9、11、12、14、22、31、41、47、50—螺钉 7—手把 8—盖板 10—箱盖 13—环 15、28、35、39—键
16—联轴器 17、23—销 18—防松钢丝圈 19、25、38—毛毡 26—垫圈 27、45、49—螺母
29、43、52—齿轮 30—轴承套 34—蜗轮 36—蜗轮轴 44—止动垫圈 46—压盖 53—衬垫 55—隔圈

§13-1 装配前的准备工作

◎ **学习目标**

　　1. 能进行零件装配前的准备工作，如零件的整理与修整，装配前的钳加工以及装配零件必要的精度检验等。

　　2. 能绘制装配单元系统图和制定装配工艺规程。

◎ **工作任务**

◎ **任务实施**

一、零件的准备

1. 零件的清理

　　（1）装配前，零件上残存的型砂、铁锈、切屑、研磨剂、涂料等都必须清除干净。

　　（2）对于孔、槽、沟及其他容易存留杂物的地方，应仔细地进行清理。

　　（3）清除在装配时产生的金属切屑（因某些零件定位销孔的钻、铰及攻螺纹等加工是在装配过程中进行的）。

　　（4）对于非全部表面都加工的零件，如铸造的机座、箱体、支架等，可用錾子、钢丝刷等清除不加工面上的型砂和铁渣，并用毛刷、压缩空气等把零件清理干净。

　　（5）加工面上的铁锈、干涂料等可用刮刀、锉刀、砂布清除。对重要的配合表面，在进行清理时，应注意保持其精度。

2. 零件的清洗

操作提示

　　1. 对于橡胶制品，如密封圈等零件，严禁用汽油清洗，以防止发胀变形，应使用酒精或清洗液进行清洗。

　　2. 滚动轴承不能使用棉纱清洗，以免影响轴承的装配质量；已加注防锈润滑脂的密封滚动轴承不需要清洗。

　　3. 清洗后的零件，应待零件上的油滴干后再进行装配，清洗后暂不装配的零件应妥善保管，以防止零件再次污染。

　　4. 零件的清洗工作可分为一次性清洗和二次性清洗。零件在第一次清洗后，应检查有无碰损或划伤，待检查及修整后再进行二次性清洗。

　　（1）零件的清洗方法

　　1）在单件或小批量生产中，零件可在洗涤槽内用抹布擦洗或进行冲洗。

2）成批大量生产中常采用洗涤机进行清洗。清洗时，根据需要可以采用气体清洗、浸渍清洗、喷淋清洗、超声波清洗等。

（2）常用的清洗液

常用的清洗液有汽油、煤油、柴油和化学清洗液等。

1）汽油。适用于清洗较精密的零部件。航空汽油用于清洗质量要求较高的零件。

2）煤油和柴油。清洗能力不及汽油，清洗后干燥较慢，但相对安全。

3）化学清洗液。又称乳化剂清洗液，对油脂、水溶性污垢具有良好的清洗能力。这种清洗液配制简单，稳定耐用，安全环保，同时以水代油，可节约能源。如105清洗剂、6501清洗剂等，可用于冲洗钢件上以机油为主的油垢和机械杂质。

3. 零件的密封性试验

对某些要求密封的零件，如机床的液压元件、油缸、阀体、泵体等，要求在一定压力下不发生漏油、漏水或漏气的现象，也就是要求这些零件在一定的压力下具有可靠的密封性，因此，在装配前应进行密封性试验。密封性试验有气压法和液压法两种，分别如图13-1-1和图13-1-2所示。

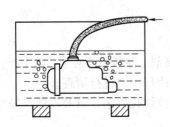

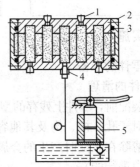

图13-1-1 气压法试验　　　　图13-1-2 液压法试验

1—锥螺塞　2—端盘　3—密封盘
4—接头　5—手动油泵

4. 旋转件的平衡

 旋转件为什么要平衡？

为了防止机器中的旋转件（如带轮、齿轮、飞轮、叶轮等）工作时因出现不平衡的离心力所引起的机械振动，造成机器工作精度降低、零件寿命缩短、噪声增大，甚至发生破坏性事故，装配前，对转速较高或长径比较大的旋转件都必须进行平衡，以抵消或减小不平衡离心力，将旋转件的重心调整到转动轴线上。

旋转件不平衡的形式可分为静不平衡（见图13-1-3）和动不平衡（见图13-1-6）两类。

（1）静平衡法

如图13-1-3a所示。旋转件在径向各截面上有不平衡量，由此所产生的离心力的合力通过旋转件的重心，这种不平衡称为静不平衡。静不平衡的特点：静止时，不平衡量自然的处于铅垂线下方，如图13-1-3b所示。旋转时，不平衡惯性力只产生垂直于旋转轴线方向的振动。

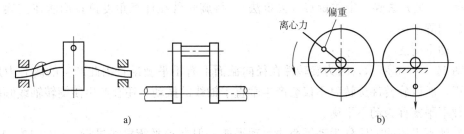

图 13 - 1 - 3　静不平衡

a）静不平衡形式　　b）静不平衡状态

消除旋转件静不平衡的方法称为静平衡法。静平衡是在圆柱形或棱形等静平衡支架上进行的，如图 13 - 1 - 4 所示。

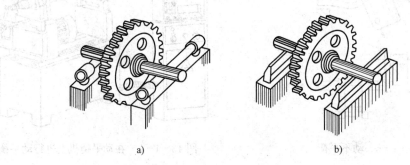

图 13 - 1 - 4　静平衡支架

a）圆柱形静平衡支架　　b）棱形静平衡支架

静平衡法是首先确定旋转件上不平衡量的大小和位置，然后去除或抵消不平衡量对旋转件的不良影响，如图 13 - 1 - 5 所示。其具体步骤如下：

1）将待平衡的旋转件装上心轴后，放在静平衡支架上。

2）用手轻推旋转件使其缓慢转动，待自动静止后，在旋转件正下方做一记号，如此重复若干次，确认所做记号位置不变，则此方向为不平衡量的方向。

3）在与记号相对的部位粘贴一质量为 m 的橡皮泥（平衡重块），使其对旋转中心产生的力矩恰好等于不平衡量 G 对旋转中心产生的力矩，即 $mr = Gl$。此时，旋转件获得静平衡。

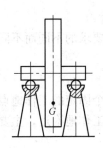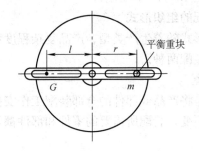

图 13 - 1 - 5　静平衡法

4) 去掉橡皮泥，在其所在部位附加相当于 m 的重块（配重法）或在不平衡量处（与 m 相对直径上 l 处）去除一定质量 G（去重法）。待旋转件在任意角度位置均能在支架上停留时，即达到静平衡。

(2) 动平衡法

如图 13-1-6 所示，因为旋转件在径向截面上有不平衡量且由此产生的离心力形成不平衡力矩，所以旋转件旋转时不仅会产生垂直于轴线的振动，还会产生使旋转轴线倾斜的振动，这种不平衡称为动不平衡。

消除动不平衡的方法称为动平衡法。动平衡一般在动平衡机上进行，如图 13-1-7 所示。对于长径比较大或转速较高的旋转件，通常都要进行动平衡。

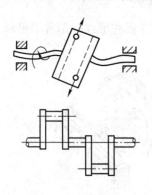

图 13-1-6　动不平衡

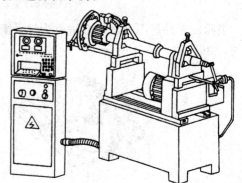

图 13-1-7　在动平衡机上进行动平衡

二、编制装配单元系统图

装配机器或机器中的部件时，必须按一定的顺序进行。为正确确定某一部件的装配顺序，要先研究该部件的结构及其在机器中与其他部件的相互关系以及装配方面的工艺问题，以便将部件划分为若干装配单元。表示装配单元装配先后顺序的图称为装配单元系统图，这种图能简明、直观地反映出部件或机器的装配顺序。

装配单元系统图的编制方法如下：在纸上画一条横线，在横线的左端画上代表基准零件（或部件）的长方格，在横线右端画上代表产品的长方格。除基准零件之外，把所有直接进入装配的零件按照装入顺序画在横线的上面。除了基准组件或基准分组件外，把所有构成产品的组件按顺序画在横线下面。在长方格内注明零件或组件名称、编号和件数。

如图 13-1-8 所示为锥齿轮轴组件的装配示意图，其装配顺序如图 13-1-9 所示，装配单元系统图如图 13-1-10 所示。

三、确定装配的组织形式

装配的组织形式随着生产类型、产品复杂程度和技术要求的不同而不同。一般分为固定式装配和移动式装配两种。

1. 固定式装配

固定式装配是将产品或部件的全部装配工作安排在一个固定的工作地点进行。在装配过程中产品的位置不变，装配所需要的零件和部件都汇集在工作地附近，主要应用于单件或小批量生产中。

2. 移动式装配

移动式装配是指工作对象（部件或组件）在装配过程中有顺序地由一个工人转移到另一

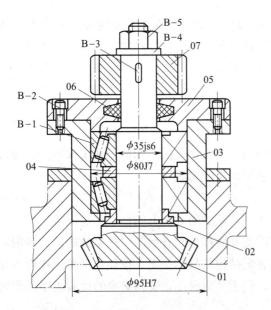

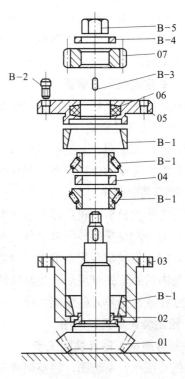

图 13-1-8 锥齿轮轴组件的装配示意图
01—锥齿轮轴 02—衬垫 03—轴承套 04—隔圈
05—轴承盖 06—毛毡圈 07—圆柱齿轮 B-1—轴承
B-2—螺钉 B-3—键 B-4—垫圈 B-5—螺母

图 13-1-9 锥齿轮轴组件的装配顺序

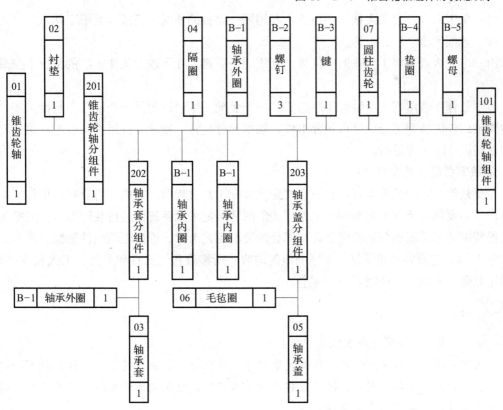

图 13-1-10 锥齿轮轴组件的装配单元系统图

个工人，即所谓流水装配法。移动式装配时，由于每个工作地点重复地完成固定的工作内容，并且广泛地使用专用设备和专用工具，因此装配质量好，生产率高，是一种先进的装配组织形式，适用于大量生产，如汽车、拖拉机的装配。

四、制定装配工艺规程

编制装配工艺规程的方法和步骤如下：

1. 对产品进行分析

研究产品装配图、装配技术要求及相关资料，了解产品的结构特点和工作性能，确定装配方法；根据企业的生产设备、规模等决定装配的组织形式。

2. 确定装配顺序

通过工艺性分析，将产品分解成若干可独立装配的组件和分组件，即装配单元。

产品的装配总是从装配基准件（基准零件或基准部件）开始的。根据装配单元确定装配顺序时，应首先确定装配基准件，然后根据装配结构的具体情况，按预处理工序在前，先下后上，先内后外，先难后易，先精密后一般，先重大后轻小，安排必要的检验工序的原则确定其他零件或装配单元的装配顺序。

3. 绘制装配单元系统图

4. 划分装配工序及装配工步

根据装配单元系统图，将整机或部件的装配工作划分成装配工序和装配工步。

（1）装配工序

由一个工人或一组工人在同一地点，利用同一设备的情况下完成的装配工作。

（2）装配工步

由一个工人或一组工人在同一位置，利用同一工具，在不改变工作方法的情况下完成的装配工作。

装配工作一般由若干个装配工序组成，一个装配工序可以包括一个或几个装配工步。如锥齿轮轴组件的装配可分成锥齿轮分组件、轴承套分组件、轴承盖分组件的装配和锥齿轮轴组件总装配 4 个工序进行。

5. 编写装配工艺文件

主要是编写装配工艺卡片，它包含着完成装配工艺过程所必需的一切资料。单件、小批量生产不需要制定装配工艺卡片，工人按装配图和装配单元系统图进行装配即可。成批生产应根据装配单元系统图分别制定总装和部装的装配工艺卡片。锥齿轮轴组件装配工艺卡片见表 13-1-1，它简要说明了每一工序的装配内容、所需设备、工具和夹具、工人技术等级、时间定额等。大批量生产则需一序一卡。

想 一 想　　为什么要编制装配工艺规程？

装配工艺规程是规定产品及部件的装配顺序、装配方法、装配技术要求和检验方法以及装配所需的设备、工具和夹具、时间定额等的技术文件。它是提高产品装配质量和效率的必要措施，也是组织装配生产的重要依据。

表 13 - 1 - 1 **锥齿轮轴组件装配工艺卡片**

			装配技术要求		
	(锥齿轮轴组件装配图)		(1) 组装时，各装入零件应符合图样要求		
			(2) 组装后，锥齿轮轴应转动灵活，无轴向窜动		

(厂名)		装配工艺卡		产品型号	部件名称		装配图号	
(车间名称)	工段		班组	工序数量	部件数		净重	
(装配车间)				4	1			

工序号	工步号	装配内容	设备	工艺装备		工人技术等级	时间定额
				名称	编号		
Ⅰ	1	分组件装配：锥齿轮轴与衬垫的装配 以锥齿轮轴为基准，将衬垫套装在轴上					
Ⅱ	1	分组件装配：轴承盖与毛毡圈的装配 将已剪好的毛毡圈塞入轴承盖槽内					
Ⅲ		分组件装配：轴承套与轴承外圈的装配	压力机	塞规 卡规			
	1	用专用量具分别检查轴承套孔及轴承外圈尺寸					
	2	在配合面上涂上机油					
	3	以轴承套为基准，将轴承外圈压入孔内底面					
Ⅳ		锥齿轮轴组件的装配	压力机				
	1	以锥齿轮轴为基准，将轴承套分组件套装在轴上					
	2	在配合面上加油，将轴承内圈压装在轴上并紧贴衬垫					
	3	套上隔圈，将另一轴承内圈压装在轴上，直至与隔圈接触					
	4	将另一轴承外圈涂上油，压至轴承套内					
	5	装入轴承盖分组件，调整端面的高度，使轴承间隙符合要求后，拧紧三个螺钉					
	6	安装键，套装圆柱齿轮、垫圈，拧紧螺母，在配合面加油					
	7	检查锥齿轮轴转动的灵活性及轴向窜动					
							共 张
标记	处数	更改文件 签字 日期	设计 (日期)	审核 (日期)	标准化（日期）	会签 (日期)	第 张

§13-2 过盈连接的装配

◎ **学习目标**

　　1. 明确过盈连接的工作原理和装配技术要求。

　　2. 掌握过盈连接的装配要点。

◎ **工作任务**

　　本节主要需完成如图13-2-1所示的过盈连接的装配工作。

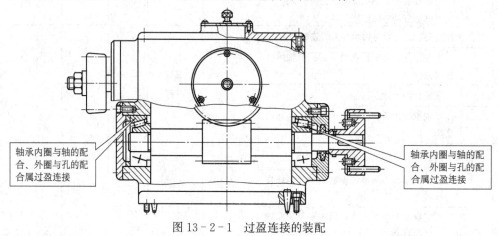

图 13-2-1　过盈连接的装配

◎ **工艺分析**

　　过盈连接是依靠包容件和被包容件配合后的过盈量达到紧固连接目的的。装配后，孔（包容件）的直径胀大，轴（被包容件）的直径缩小。由于材料的弹性变形，在包容件和被包容件配合面间产生压力。工作时，就是依靠此压力产生摩擦力来传递转矩的。

◎ **相关知识**

　　过盈连接结构简单、同轴度精度高、承载能力强，能承受负载变化和冲击力，同时可避免由于采用键连接需切削键槽而削弱零件的强度。但过盈连接配合表面的加工精度要求较高，装拆比较困难。

◎ **任务实施**

操作提示

　　1. 配合表面应具有较小的表面粗糙度值，并要十分注意配合件的清洁，零件经加热或冷却后，配合面要擦拭干净。

2. 在压合前，配合表面必须用油润滑，以免装配时擦伤表面。

3. 压入过程应保持连续，速度不宜太快。压入速度通常采用 2～4 mm/s（一定不超过10 mm/s），并需准确控制压入行程。

4. 压合时必须保证轴与孔的轴线一致，不允许存在倾斜的现象，要经常用直角尺检查。

5. 对于细长的薄壁件，要特别注意检查其过盈量和形状误差，装配时最好垂直压入，以防止变形。

一、圆柱面过盈连接的装配

圆柱面过盈连接是依靠轴、孔尺寸差来获得过盈量的，按照过盈量的不同，可采用不同的装配方法。

1. 压装法

将具有过盈配合的两个零件压装到配合位置上的装配方法称为压装法，如图 13 - 2 - 2 所示，它是过盈连接最常用的一种装配方法。根据施压方式的不同，压装法分为冲击压装、工具压装和压力机压装。

对于过盈量较小的小零件（例如销、套筒等）的压装，可用软锤（例如木锤、铜锤等）打入，如图 13 - 2 - 2a 所示；对于数量较多的零件，可用压力机（见图 13 - 2 - 2b）代替手工操作。在不方便操作的地方进行压装时，可使用各种手动的机械工具进行压装，如千斤顶（见图 13 - 2 - 2c）或弓形夹具（见图 13 - 2 - 2d）等。

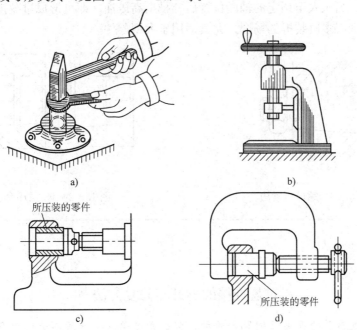

图 13 - 2 - 2　压装法
a）用锤击法压装　b）用压力机压装　c）用千斤顶压装　d）用弓形夹具压装

2. 热胀法

热胀法又称红套，它利用金属材料热胀冷缩的物理特性，在孔与轴有一定过盈的情况下，把孔加热，使之胀大，然后将轴装入胀大的孔中，待冷缩后，轴与孔形成能传递轴向力、转矩或轴向力与转矩同时作用的结合体。

加热方法应根据套件尺寸的大小而定，如一般中、小型零件的加热可在燃气炉或电炉中进行，有时也可浸在油中加热，其加热温度一般为80～120 ℃。对于大型零件，加热时则可用感应加热器等。

3. 冷缩法

冷缩法是将被包容件进行低温冷却，使之缩小，如小过盈量的小型连接件和薄壁衬套等，均可采用干冰冷缩（可冷至−78 ℃），操作比较简便。对于过盈量较大的连接件，如发动机主、副连杆衬套等，可采用液氮冷缩（可冷至−195 ℃），其冷缩时间短，生产率较高。

二、圆锥面过盈连接的装配

圆锥面过盈连接是利用轴毂之间产生相对轴向位移来实现的，主要用于轴端连接。常用的装配方法有以下两种：

1. 螺母压紧法

螺母压紧法如图13-2-3所示，拧紧螺母，可使配合面压紧而形成过盈连接。通常锥度取1∶30～1∶8。

2. 液压套合法

液压套合法如图13-2-4所示。装配时用高压油泵将油从包容件上的油孔和油沟压入配合面间，如图13-2-4a所示；也可以从被包容件上的油孔和油沟压入配合面间，如图13-2-4b所示。高压油使包容件内径胀大，被包容件外径缩小，施加一定的轴向力，就能使之互相压入。当压入至预定的轴向位置后，排出高压油，即可形成过盈连接。这种方法多用于承载较大且需多次装拆的场合，尤其适用于大型零件。

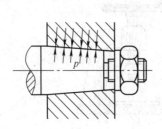

图13-2-3　螺母压紧法

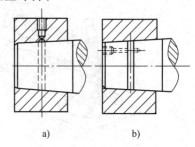

a)　　　　　b)

图13-2-4　液压套合法

知识链接

过盈连接的拆卸与修复方法

为避免因过盈量的丧失而使配合松动，圆柱面过盈连接一般不进行拆卸。过盈连接修复时，一般首先修复孔，以孔为基准，修复轴的尺寸，使轴、孔重新产生需要的过盈量。对于小型、简单的配合件一般采取更换的办法重新建立过盈连接；对于大、中型配合件可采用喷涂、涂镀、补焊等方法进行修复。

§13-3 螺纹连接的装配

◎ 学习目标

1. 明确螺纹连接的工作原理和装配技术要求。
2. 掌握螺纹连接的装配方法。

◎ 工作任务

完成如图 13-3-1 所示的螺纹连接的装配工作。

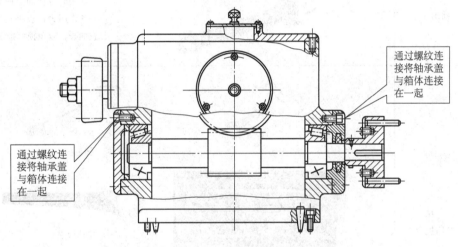

通过螺纹连接将轴承盖与箱体连接在一起

通过螺纹连接将轴承盖与箱体连接在一起

图 13-3-1　螺纹连接的装配

◎ 工艺分析

螺纹连接是一种可拆卸的固定连接，它具有结构简单、连接可靠、装拆方便、成本低廉等优点，因此在机械制造中应用广泛。

螺纹连接装配时的要求：

1. 保证有足够的拧紧力矩。为确保连接牢固、可靠，拧紧螺纹时必须有足够的力矩。对有预紧力要求的螺纹连接，其预紧力的大小可从工艺文件中查出。

2. 保证螺纹连接的配合精度。

3. 有可靠的防松装置。为防止在冲击载荷下出现松动现象，螺纹连接必须有可靠的防松装置。

◎ 相关知识

螺纹连接装配时常用的工具见表 13-3-1。

表 13 - 3 - 1　　　　　　　　　　　螺纹连接装配时常用的工具

名称		图示	说明
旋具	一字旋具		用于装拆头部开槽的螺钉
	十字旋具		
	快速旋具		
	弯头旋具		
扳手	活扳手		使用时应让固定钳口承受主要的作用力，扳手长度不可随意加长，以免损坏扳手和螺钉
	专用扳手	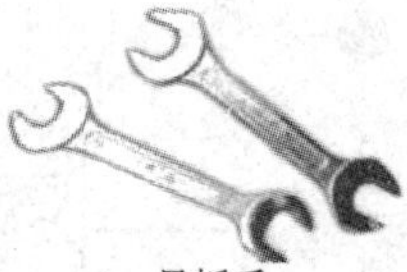 呆扳手 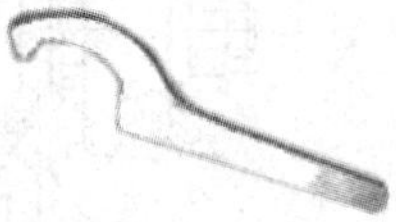　　　　　　　　钳形扳手 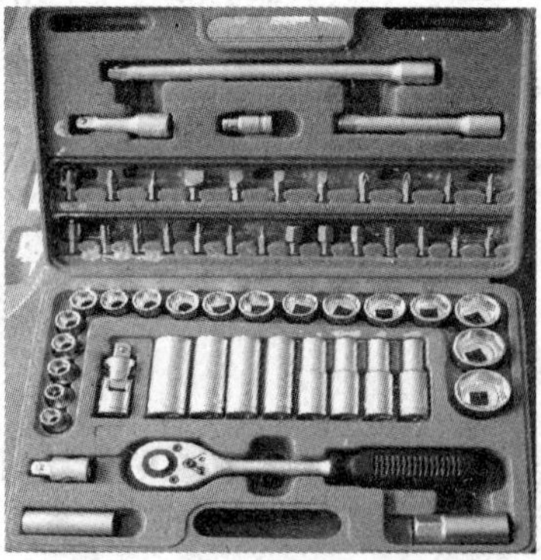 套筒扳手 　　　　　　　　整体扳手 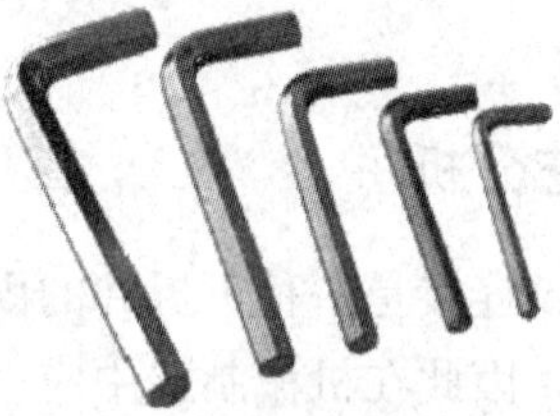 　　　　　　　　　　　内六角扳手 只能拆装一种规格的螺母或螺钉	
	特种扳手	 扭矩扳手  棘轮扳手	根据某些特殊需要而制造的

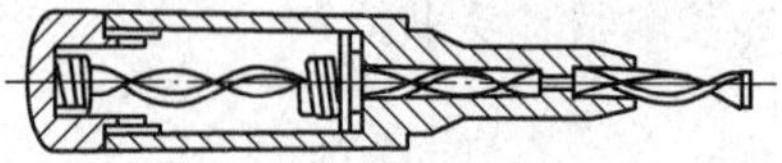

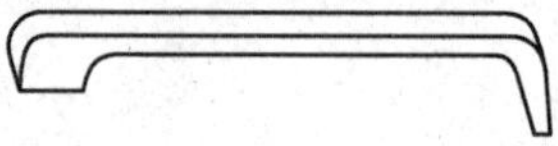

◎ 任务实施

一、双头螺柱的装配

1. 应保证双头螺柱与机体螺纹配合有足够的紧固性。为此可采用过盈配合，保证配合时有一定的过盈量；也可采用台阶形式紧固在机体上；有时还可以使螺纹最后几圈牙型沟槽浅一些，以达到紧固的目的。双头螺柱的紧固如图13-3-2所示。

2. 双头螺柱的轴线必须与机体表面垂直。为保证垂直度，可采用直角尺检验，当垂直度误差较小时，可将螺纹孔用丝锥矫正后再装。

3. 装配双头螺柱时必须加注润滑油。常用拧紧双头螺柱的方法有用两个螺母拧紧（见图13-3-3）、用长螺母拧紧（见图13-3-4a）和用专用工具拧紧（见图13-3-4b）等。

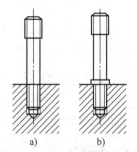

图13-3-2　双头螺柱的紧固

a）具有过盈量的配合　b）台阶形式的紧固

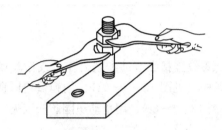

图13-3-3　用两个螺母拧紧

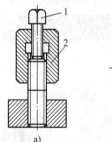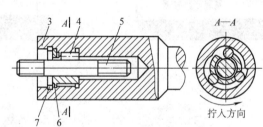

图13-3-4　拧紧双头螺柱的方法

a）用长螺母拧紧　b）用专用工具拧紧

1—止动螺钉　2—长螺母　3—工具体　4—滚柱　5—双头螺柱　6—限位套筒　7—挡圈

二、螺母和螺钉的装配

1. 螺钉不能弯曲变形，螺钉和螺母应与机体接触良好。

2. 被连接件应受力均匀，互相贴合，连接牢固。

3. 拧紧成组螺母时，需按一定顺序逐次拧紧。拧紧原则一般为从中间向两边对称扩展，其顺序如图13-3-5所示。

 为什么拧紧成组螺母时需按一定顺序逐次拧紧？

为使被连接件及螺杆受力均匀、一致，不产生变形，保证连接质量，尤其是对有密封要求的连接件尤为重要，否则会影响其密封性。

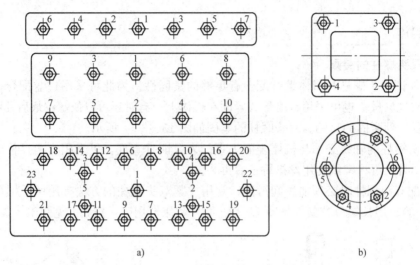

a)   b)

图 13 - 3 - 5   拧紧成组螺母的顺序

　　螺纹连接在有冲击载荷作用或振动场合时，应采用防松装置。常用的防松方法有用双螺母防松（见图 13 - 3 - 6a）、用弹簧垫圈防松（见图 13 - 3 - 6b）、用开口销与带槽螺母防松（见图 13 - 3 - 6c）、用止动垫圈防松（见图 13 - 3 - 6d）和用串联钢丝防松（见图 13 - 3 - 6e）。

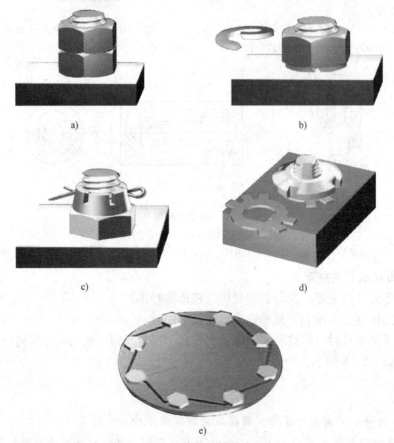

a)   b)

c)   d)

e)

图 13 - 3 - 6   螺纹连接的防松方法

a）用双螺母防松　b）用弹簧垫圈防松　c）用开口销与带槽螺母防松　d）用止动垫圈防松　e）用串联钢丝防松

螺纹连接的损坏形式及修复方法

1. 螺纹孔损坏使配合过松

修复方法：可将螺纹孔钻大，攻制大直径的新螺纹，配换新螺钉。当螺纹孔螺纹只损坏端部几牙时，可将螺纹孔加深，配换稍长的螺栓。

2. 螺钉、螺柱的螺纹损坏

修复方法：一般需更换新的螺钉、螺柱。

3. 螺栓拧断

修复方法：若螺栓拧断处在孔外，可在螺栓上锯槽、锉方或焊上一个螺母后再拧出；若断处在孔内，可用比螺纹小径小一点的钻头将螺栓钻出，再用丝锥修整内螺纹。

4. 螺钉、螺柱因锈蚀难以拆卸

修复方法：可采用煤油浸润，待锈蚀处疏松后即较容易拆卸；也可用锤子敲打螺钉或螺柱，使铁锈受振动脱落后拧出螺钉或螺柱。

§13-4　销连接的装配

◎ 学习目标

1. 明确销连接的工作原理和装配技术要求。
2. 掌握销连接的装配方法。

◎ 工作任务

完成如图13-4-1所示的销连接的装配工作。

◎ 工艺分析

销连接是一种可起定位、连接和传递转矩作用的固定连接，依靠销与孔的过盈量来实现连接。

◎ 相关知识

销连接的应用如图13-4-2所示。销连接可靠，定位方便，拆装容易，且形状和尺寸已标准化，故应用广泛。其种类有圆柱销、圆锥销、开口销等，其中应用最多的是圆柱销及圆锥销。

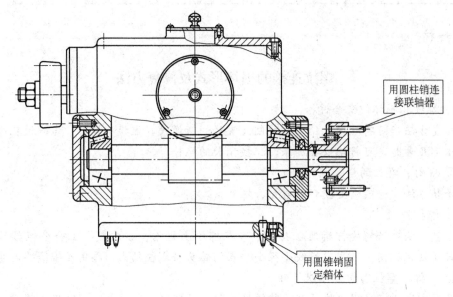

图 13-4-1　销连接的装配

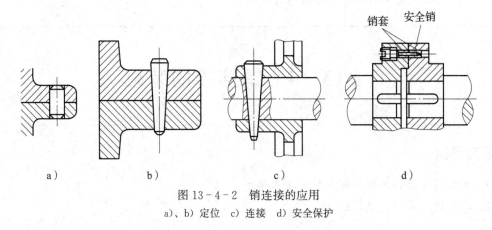

图 13-4-2　销连接的应用
a)、b) 定位　c) 连接　d) 安全保护

◎ 任务实施

一、圆柱销的装配

圆柱销一般靠过盈配合固定在销孔中，用以定位和连接。

1. 为保证配合精度，装配前被连接件的两孔应同时钻、铰，并使孔壁表面粗糙度 Ra 值不大于 $1.6~\mu m$。

2. 装配时应在销的表面涂机油，用铜棒将销轻轻敲入。

3. 某些定位销不能用敲入法，可用 C 形夹头或手动压力机把销压入孔内，其装配方法如图 13-4-3 所示。

4. 圆柱销不宜多次装拆，否则会降低定位精度和连接的紧固程度。

二、圆锥销的装配

圆锥销具有 1∶50 的锥度，定位准确，可多次拆装而不影响定位精度。圆锥销以小端直径和长度代表其规格。

1. 装配前以小端直径选择钻头，被连接件的两孔应同时钻、铰。铰孔时，用试装法控制孔径，孔径的大小以锥销长度的 80% 左右能自由插入为宜。

2. 装配时用锤子敲入，销的大头可稍微露出或与被连接件表面平齐，如图 13 - 4 - 4 所示。

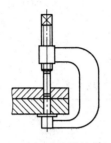
图 13 - 4 - 3　圆柱销的装配方法

图 13 - 4 - 4　圆锥销的装配方法

应当注意，无论是圆柱销还是圆锥销，往不通孔中压入时，为便于装配，销上必须钻一通气小孔或在侧面开一道微小的通气小槽，供排气用。

知识链接

销连接的拆卸及修复方法

拆卸普通圆柱销和圆锥销时，可用锤子或冲棒向外敲出（圆锥销由小头敲击）。有螺尾的圆锥销可用螺母将其旋出，如图 13 - 4 - 5a 所示；拆卸带内螺纹的圆柱销和圆锥销时，可用与内螺纹相符的螺钉将其取出，如图 13 - 4 - 5b 所示，也可以用拔销器将其拔出，如图 13 - 4 - 5c 所示。

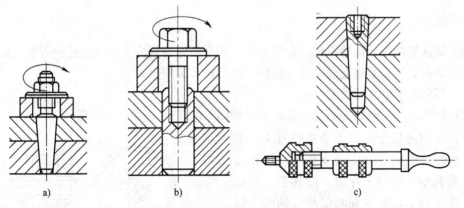

　　a)　　　　　　　　　　b)　　　　　　　　　　　c)

图 13 - 4 - 5　带螺尾圆锥销、带内螺纹圆柱销和圆锥销的拆卸方法

a) 带螺尾圆锥销的拆卸　b) 用螺钉拆卸带内螺纹的圆柱销　c) 用拔销器拆卸带内螺纹的圆锥销

销损坏时，一般应进行更换。若销孔损坏或磨损严重，可重新钻、铰较大尺寸的销孔，换装相适应的销。

§13－5　蜗杆蜗轮传动机构的装配

◎ **学习目标**

1. 明确蜗杆蜗轮传动机构的作用、装配技术要求。
2. 掌握蜗杆蜗轮传动机构的装配方法和啮合质量的检测方法。

◎ **工作任务**

完成减速器（图 13－0－1）中的蜗杆蜗轮传动机构的装配工作。

◎ **工艺分析**

蜗杆蜗轮传动机构用于传递互相垂直的两轴之间的运动，可以得到较大的减速比，结构紧凑，有自锁性，传动平稳，噪声小。缺点是传动效率较低，工作时发热大，需要有良好的润滑。

蜗杆蜗轮传动机构装配时的要求：

1. 蜗杆、蜗轮间的中心距要准确。
2. 蜗杆的轴线应在蜗轮轮齿的对称中心平面内。
3. 蜗杆轴线应与蜗轮轴线互相垂直。
4. 有适当的齿侧间隙。
5. 有正确的接触斑点。

◎ **相关知识**

为了确保蜗杆蜗轮传动机构的装配要求，通常是先对箱体上蜗杆轴孔中心线与蜗轮轴孔中心线间的中心距和垂直度误差进行检验，然后进行装配。

一、箱体孔中心距的检验

蜗杆轴孔与蜗轮轴孔中心距的检验可按如图 13－5－1 所示的方法进行。

将箱体用三只千斤顶支承在平板上。测量时，将检验心轴 1 和 2 分别插入箱体蜗轮和蜗杆轴孔中，调整千斤顶，使其中一个心轴与平板平行后，再分别测量两心轴至平板的距离，即可计算出中心距 A：

$$A=\left(H_1-\frac{d_1}{2}\right)-\left(H_2-\frac{d_2}{2}\right)$$

式中　H_1——心轴 1 至平板的距离，mm；

　　　H_2——心轴 2 至平板的距离，mm；

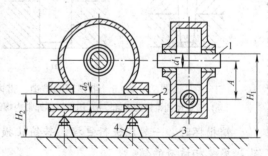

图 13－5－1　蜗杆轴孔与蜗轮轴孔中心距的检验
1、2—心轴　3—平板　4—千斤顶

d_1、d_2——心轴1和2的直径，mm。

二、箱体孔轴线间垂直度误差的检验

检验蜗杆箱体孔轴线间的垂直度误差可按如图13-5-2所示的方法进行。

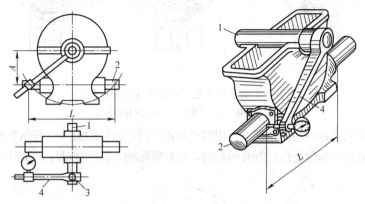

图13-5-2　蜗杆箱体孔轴线间垂直度误差的检验方法
1—蜗轮孔心轴　2—蜗杆孔心轴　3—螺钉　4—支架

检验时，先将心轴1和2分别插入箱体上蜗轮和蜗杆的安装孔内。在心轴1上的一端套装有百分表的支架4，并用螺钉紧固，百分表测头抵住心轴2。旋转心轴1，百分表在心轴2上L长度范围内的读数差就是两轴线在L长度内的垂直度误差。

◎ 任务实施

一、蜗杆蜗轮传动机构的装配

1. 装配组合式蜗轮时，应先将齿圈压装在轮毂上，其方法与过盈配合的装配相同，并用螺钉加以固定，如图13-5-3所示。

2. 将蜗轮装在轴上，其安装和检验方法与圆柱齿轮相同。

3. 把蜗轮轴装入箱体，然后装入蜗杆。因为蜗杆轴的位置已由箱体孔决定，要使蜗杆轴线位于蜗轮轮齿的对称中心平面内，只有通过变更调整垫片厚度的方法调整蜗轮的轴向位置。

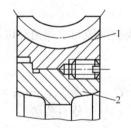

图13-5-3　组合式蜗轮的装配
1—齿圈　2—轮毂

二、蜗杆蜗轮传动机构啮合质量的检验

1. 蜗轮的轴向位置及接触斑点的检验

可用涂色法检验，首先在蜗杆上均匀地涂一层红丹粉，然后转动蜗杆，按蜗轮上的接触斑点来判断啮合的质量。如图13-5-4a所示为正确接触，其接触斑点应在蜗轮中部稍偏于蜗杆旋出方向。如图13-5-4b、c所示为两轴线不在同一平面内的情况，其中图13-5-4b中的蜗轮偏右，图13-5-4c中的蜗轮偏左，这时可配磨垫片来调整蜗轮的轴向位置，使其达到要求。接触斑点的长度，轻载时为齿宽的$25\%\sim50\%$，满载时为齿宽的90%左右。

2. 齿侧间隙的检验

蜗杆蜗轮传动机构齿侧间隙的检验方法如图13-5-5所示。一般要用百分表测量，如图13-5-5a所示。在蜗杆轴上固定一带量角器的刻度盘，将百分表测头抵在蜗轮齿面上，用手

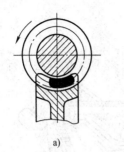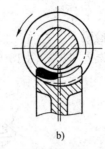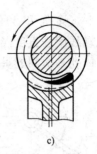

图 13-5-4 用涂色法检验蜗轮的轴向位置

a) 正确 b) 蜗轮偏右 c) 蜗轮偏左

转动蜗杆，在百分表指针不动的条件下，用刻度盘相对固定指针的最大空程角判断齿侧间隙的大小。如用百分表直接与蜗轮齿面接触有困难时，可在蜗轮轴上装一测量杆，如图 13-5-5b 所示。

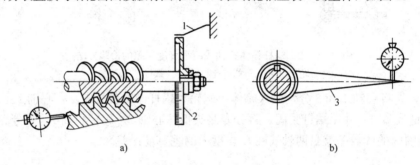

图 13-5-5 蜗杆蜗轮传动机构齿侧间隙的检验方法

a) 直接测量法 b) 用测量杆测量法

1—指针 2—刻度盘 3—测量杆

齿侧间隙与空程角有以下近似关系（蜗杆升角的影响忽略不计）：

$$\alpha = C_n \frac{360° \times 60}{1\,000\pi z_1 m} \approx 6.9 \times \frac{C_n}{z_1 m}$$

式中 C_n——侧隙，mm；

z_1——蜗杆头数；

m——模数，mm；

α——空程角，(°)。

对于装配后的蜗杆蜗轮传动机构，还要检查其转动灵活性，蜗轮在任何位置上，用手旋转蜗杆所需的转矩均应相同，不应有咬住现象。

知识链接

蜗杆蜗轮传动机构的修复方法

1. 一般传动的蜗杆和蜗轮磨损或划伤后，要更换新的。

2. 大型蜗轮磨损或划伤后，为了节约材料，一般采用更换轮缘法修复。

3. 分度用的蜗杆蜗轮传动机构（又称分度蜗杆蜗轮副）传动精度要求很高，修理工作复杂和精细，一般采用精滚齿后剃齿或珩磨法进行修复。

---

§13-6　锥齿轮传动机构的装配

◎ **学习目标**

1. 明确锥齿轮传动机构的作用、装配技术要求。
2. 掌握锥齿轮传动机构的装配方法和装配质量的检测方法。

◎ **工作任务**

完成减速器（图13-0-1）中的锥齿轮传动机构的装配工作。

◎ **工艺分析**

锥齿轮一般用于传递互相垂直的两轴之间的运动。锥齿轮传动机构装配的关键就是确定两锥齿轮的轴向位置。

锥齿轮传动机构装配的主要工作：两齿轮的轴向定位和侧隙的调整。

◎ **相关知识**

一、在同一平面内的两孔轴线垂直度误差的检验

如图13-6-1a所示为在同一平面内两孔轴线垂直度误差的检验方法。将百分表装在心棒1上，同时在心棒1上装有定位套筒，以防止心棒1的轴向窜动。旋转心棒1，百分表在心棒2上 L 长度的两点读数差就是两孔轴线在 L 长度内的垂直度误差。

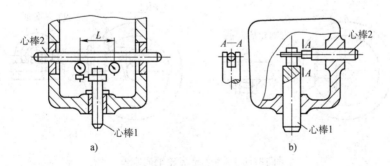

图13-6-1　同一平面内两孔轴线垂直度误差和相交程度的检验方法
a）检验垂直度误差　b）检验相交程度

二、在同一平面内的两孔轴线相交程度检验

如图13-6-1b所示为同一平面内两孔轴线相交程度的检验方法。心棒1的测量端做成叉形槽，心棒2的测量端为台阶形，分别为通端和止端。检验时，若通端能通过叉形槽，而止端不能通过，则相交程度合格，否则即为超差。

三、不在同一平面内两孔轴线垂直度误差的检验

如图 13-6-2 所示为不在同一平面内两孔轴线垂直度误差的检验方法。箱体用千斤顶支承在平板上,用直角尺将心棒 2 调成垂直位置。此时,测得的心棒 1 对平板的平行度误差就是两孔轴线的垂直度误差。

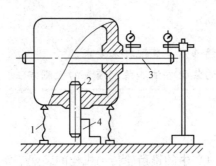

图 13-6-2　不在同一平面内两孔轴线垂直度误差的检验方法
1—千斤顶　2—心棒 2　3—心棒 1　4—直角尺

◎ 任务实施

一、锥齿轮传动机构的装配

装配锥齿轮传动机构的顺序和装配圆柱齿轮传动机构的顺序相似。

当一对标准的锥齿轮传动时,必须使两齿轮分度圆锥面相切、两锥顶重合。装配时据此来确定小锥齿轮的轴向位置,即小锥齿轮的轴向位置按安装距离(小锥齿轮基准面至大锥齿轮轴的距离,如图 13-6-3 所示)来确定。如此时大锥齿轮尚未装好,可用工艺轴代替,然后按侧隙要求确定大锥齿轮的轴向位置,通过调整垫圈厚度将齿轮的轴向位置固定,如图 13-6-4 所示。

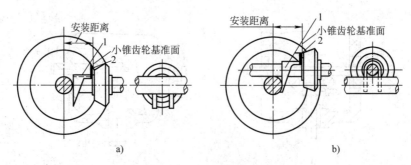

图 13-6-3　小锥齿轮轴向定位
a)正交小锥齿轮安装距离的确定　b)偏置小锥齿轮安装距离的确定
1—量规　2—塞尺

装配用背锥面作为基准的锥齿轮时,应将背锥面对齐、对平,如图 13-6-5 所示,锥齿轮 1 的轴向位置可通过改变垫片的厚度来调整;锥齿轮 2 的轴向位置则可通过调整固定垫圈的位置来确定。调整后,根据固定垫圈的位置配钻孔并用螺钉固定,即可保证两齿轮的正确装配位置。

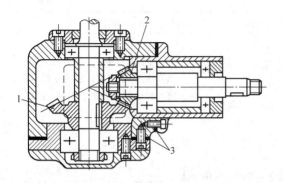
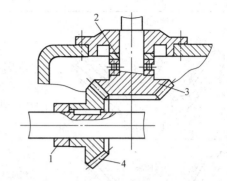

图 13-6-4　锥齿轮的轴向调整　　　　　　　图 13-6-5　以背锥面作为基准的

1—大锥齿轮　2—小锥齿轮　3—垫圈　　　　　　　　　锥齿轮的装配及调整

1—固定垫圈　2—调整垫片　3—锥齿轮1　4—锥齿轮2

二、锥齿轮装配质量的检验

锥齿轮装配质量的检验包括齿侧间隙的检验和接触斑点的检验。

1. 齿侧间隙的检验

齿侧间隙的检验方法与圆柱齿轮基本相同。

2. 接触斑点的检验

接触斑点的检验一般用涂色法。在无载荷时，接触斑点应靠近轮齿小端，以保证工作时轮齿在全宽上能均匀地接触。满载荷时，接触斑点在齿高和齿宽方向应不少于 $40\% \sim 60\%$（随齿轮精度而定），如图 13-6-6 所示为锥齿轮受载荷前后接触斑点的变化。

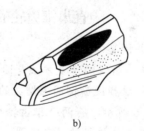

a)　　　　　　　　　　　b)

图 13-6-6　锥齿轮受载荷前后接触斑点的变化

a) 无载荷　b) 满载荷

直齿锥齿轮涂色检验时接触斑点状况分析及调整方法见表 13-6-1。

表 13-6-1　　　　　　　　直齿锥齿轮接触斑点状况分析及调整方法

接触斑点	状况分析	调整方法
正常接触	接触区在齿宽中部	

接触斑点	状况分析	调整方法
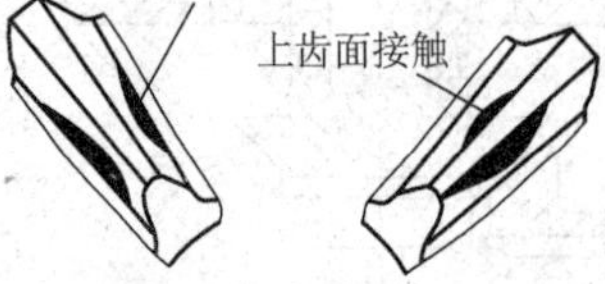 下齿面接触 上齿面接触 上、下齿面接触	小齿轮接触区在上（下）齿面，大齿轮接触区在下（上）齿面，说明小齿轮轴向位置有误差	将小齿轮沿轴线向大齿轮方向移出（移近），如侧隙过大（过小），将大齿轮朝小齿轮方向移近（移出）
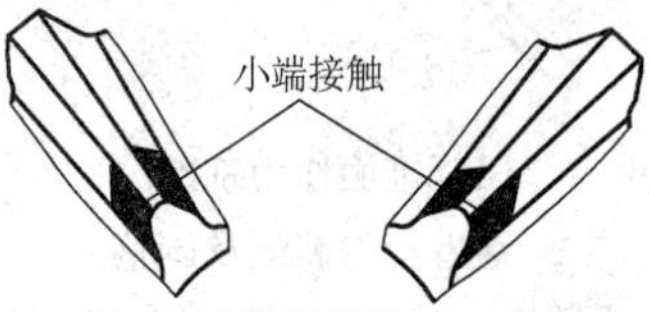 小端接触 同向偏接触	齿轮副同在近小端或近大端处接触，说明齿轮副轴线交角太大或太小	不能用一般方法调整。必要时修刮轴瓦或返修箱体
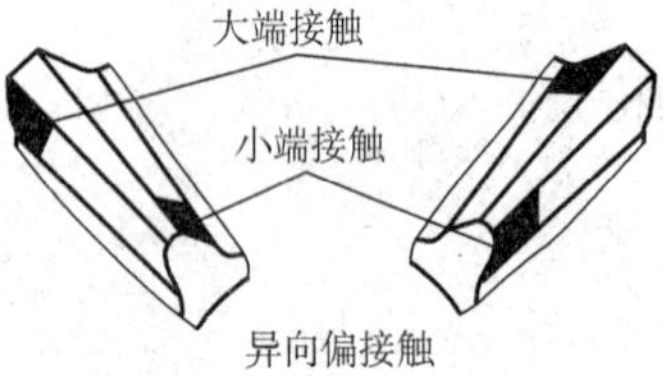 大端接触 小端接触 异向偏接触	齿轮副分别在轮齿一侧大端接触，另一侧小端接触，说明齿轮副轴线偏移	检查零件误差，必要时修刮轴瓦

知识链接

直齿锥齿轮的修复及调整方法

1. 轮齿折断的修复方法

直齿锥齿轮轮齿折断的修复方法与圆柱齿轮轮齿折断的修复方法相同。

2. 直齿锥齿轮磨损使齿侧间隙增大的调整方法

如图 13 - 6 - 5 所示，将两个锥齿轮均沿轴向移动，使齿侧间隙减小。齿侧间隙调整好后再配磨调整垫片并移动固定垫圈，确保锥齿轮轴向位置准确。当齿轮磨损量过大而无法通过调整方法修复时，应更换新的锥齿轮。

§ 13 - 7　联轴器的装配

◎ 学习目标

1. 明确联轴器的作用、装配技术要求。

2. 掌握联轴器的装配方法。

◎ 工作任务

完成如图 13-7-1 所示的联轴器的装配工作。

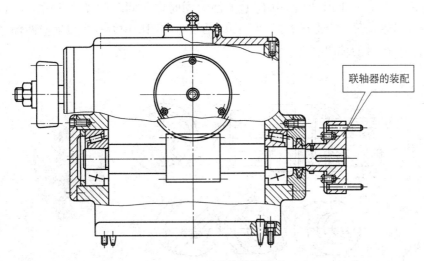

图 13-7-1　联轴器的装配

◎ 工艺分析

联轴器是机械传动中常用的部件,大多数已标准化,主要用于连接两轴并传递运动和转矩。

联轴器将两轴牢固地连接在一起,在机器运转的过程中,两轴不能分开,只有在机器停止运转并将机器拆开时,才能将两轴分开。

无论哪种形式的联轴器,装配的主要技术要求是保证两轴的同轴度。

◎ 相关知识

按结构形式不同,联轴器可分为锥销套筒式、凸缘式、十字滑块式、弹性圆柱销式、万向联轴器等。

一、凸缘式联轴器

如图 13-7-2a 所示为较常见的凸缘式联轴器,该结构通过螺栓将安装在两根轴上的圆盘连接起来传递转矩,其中一个圆盘制有凸肩,另一个有相应的凹槽。安装时,凸肩与凹槽能准确地嵌合,使两轴达到同轴度要求。如图 13-7-2b 所示为凸缘式联轴器的应用情况。

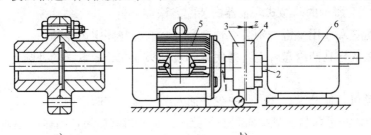

a)　　　　　　　　　　　b)

图 13-7-2　凸缘式联轴器及应用情况

a) 凸缘式联轴器　b) 应用情况

1、2—轴　3、4—凸缘盘　5—电动机　6—齿轮箱

二、十字滑块式联轴器

如图 13-7-3 所示为十字滑块式联轴器，它由两个带槽的联轴盘和中间盘组成。中间盘的两面各有一条矩形凸块，两面凸块的中心线互相垂直并通过盘的中心。两个联轴盘的端面都有与中间盘对应的矩形凹槽，中间盘的凸块同时嵌入两联轴盘的凹槽。当主动轴旋转时，通过中间盘带动另一个联轴盘转动。同时凸块可在凹槽中游动，以适应两轴之间存在的一定径向偏移和少量的轴向移动。

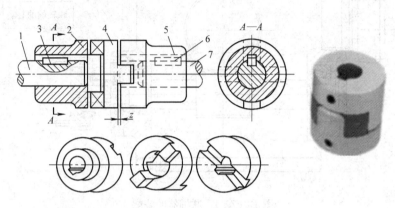

图 13-7-3 十字滑块式联轴器

1、7—轴 2、5—联轴盘 3、6—键 4—中间盘

◎ 任务实施

操作提示

联轴器装配时的注意事项：

1. 应严格保证两轴的同轴度，否则两轴不能正常传动，严重时会使联轴器或轴变形和损坏。

2. 保证各连接件（如螺母、螺栓、键、圆锥销等）连接可靠，受力均匀，不允许有自动松脱现象。

一、凸缘式联轴器的装配

如图 13-7-2 所示的凸缘式联轴器的装配方法如下：

1. 将凸缘盘 3 和 4 用平键分别装在轴 1 和轴 2 上，并固定齿轮箱。

2. 将百分表固定在凸缘盘 4 上，并使百分表测头抵在凸缘盘 3 的外圆上，找正凸缘盘 3 和 4 的同轴度。

3. 移动电动机，使凸缘盘 3 的凸块少许插入凸缘盘 4 的凹槽内。

4. 转动轴 2，测量两凸缘盘端面间的间隙 z。如果间隙均匀，则移动电动机使两凸缘盘端面靠近，固定电动机，用螺栓紧固两凸缘盘，最后再复查一次同轴度。

二、十字滑块式联轴器的装配

如图 13-7-3 所示的十字滑块式联轴器的装配方法如下：

1. 装配时，允许两轴有少量的径向偏移和倾斜，一般情况下轴向摆动量为 1～2.5 mm，径向摆动量为 $(0.01d+0.25)$ mm 左右（d 为轴的直径）。

2. 中间盘在装配后，应能在两联轴盘之间自由滑动。

1. 分别在轴 1 和轴 7 上装配键 3 和键 6，安装联轴盘 2 和 5。用钢直尺作为检查工具，检查钢直尺是否与联轴盘 2 和 5 的外圆表面均匀接触，并且在垂直和水平两个方向都要均匀接触。

2. 找正后，安装中间盘 4，并移动轴，使联轴盘和中间盘留有少量间隙 z，以满足中间盘的自由滑动要求。

知识链接

联轴器的修复方法

联轴器的损坏形式表现为联轴器孔与轴的配合松动，连接件或连接部位的磨损、变形及连接件的损坏。

滑块式联轴器与轴配合松动时，可将轴颈镀铬或喷涂，以增大轴颈的方法来修复；磨损严重时应更换新的。

§13-8 减速器的装配与调整

◎ **学习目标**

1. 明确减速器的结构特点和其装配工艺分析方法，掌握其装配工艺。
2. 明确装配尺寸链的解法与装配方法的关系，会解装配尺寸链。

◎ **工作任务**

完成减速器（图 13-0-1）的装配与调整工作。

◎ **工艺分析**

减速器的运动由联轴器传来，经蜗杆轴传给蜗轮，蜗轮和锥齿轮安装在同一根轴上，蜗轮的运动通过轴上的平键传给锥齿轮副，锥齿轮副的运动又通过轴上的圆柱齿轮传出。各传动轴采用圆锥滚子轴承支承，各轴承的间隙分别采用垫圈和螺钉进行调整。蜗轮的轴向装配位置可以通过修整轴承端盖台肩的尺寸来调整。锥齿轮的轴向装配位置通过修整调整垫圈的尺寸来控制。箱盖上设有观察口，便于加注润滑油和检查传动件的啮合及工作情况。

◎ 相关知识

一、装配尺寸链的基本概念

为了解决装配过程中的某一精度问题，要涉及各零件的许多有关尺寸。例如，齿轮孔与轴配合间隙 A_0 的大小与孔径 A_1 及轴径 A_2 的大小有关，如图 13-8-1a 所示；又如齿轮端面和机体孔端面配合间隙 B_0 的大小与机体孔端面距尺寸 B_1、齿轮宽度 B_2 及垫圈厚度 B_3 的大小有关，如图 13-8-1b 所示；再如机床溜板和导轨之间配合间隙 C_0 的大小与尺寸 C_1、C_2 及 C_3 的大小有关，如图 13-8-1c 所示。

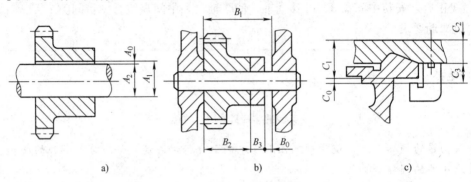

图 13-8-1 装配尺寸链

如果把这些影响某一装配精度的有关尺寸彼此顺序地连接起来，就能构成一个封闭外形。所谓装配尺寸链，就是这些相互关联尺寸的总称。如图 13-8-1 所示。

装配尺寸链有两个特征：

第一，各有关尺寸连接起来构成封闭外形。

第二，构成这个封闭外形的每个独立尺寸的偏差都影响着装配精度。

运用装配尺寸链原理来分析机械的装配精度问题是一种有效的方法。因为任何机械都是由若干互相关联的零件和部件所组成的，这些零部件的有关尺寸就反映着它们之间的彼此联系而形成装配尺寸链，所以从尺寸链的观点来看，整个机械就是一个彼此有着密切关系的尺寸链系统。

装配尺寸链可由装配图中找出，方便起见，通常不绘出该装配部分的具体结构，也不必按照严格的比例，而只依次绘出各有关尺寸，排列成封闭外形的装配尺寸链简图，如图 13-8-2 所示。

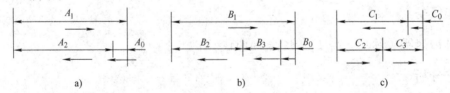

图 13-8-2 装配尺寸链简图

1. 装配尺寸链的环

组成装配尺寸链的各个尺寸称为环。在每个装配尺寸链中至少有三个环。在装配尺寸链中，当其余尺寸确定后，新产生的一个环称为封闭环。一个装配尺寸链中只有一个封闭环，其余尺寸称为组成环。封闭环常用 A_0 和 B_0 等表示。在装配尺寸链中，封闭环通常就是装配技术要求。在同一组装配尺寸链中的组成环用同一字母表示，如 A_1、A_2、A_3 和 B_1、B_2、B_3 等。

各组成环尺寸的变动对封闭环所产生的影响往往不同，例如在图 13-8-1a 中，孔径尺寸 A_1 增大，间隙 A_0' 也增大；而当轴径尺寸 A_2 增大时，间隙 A_0 将减小，所以可将尺寸链中的组成环分为两种，即增环与减环。

（1）增环

在其他组成环不变的条件下，当某组成环增大时，封闭环随之增大，那么该组成环称为增环，如图 13-8-1 中的 A_1、B_1、C_2、C_3 为增环。增环用符号 $\vec{A}_1$、$\vec{B}_1$、$\vec{C}_2$、$\vec{C}_3$ 表示。

（2）减环

在其他组成环不变的条件下，当某组成环增大时，封闭环随之减小，那么该组成环称为减环，如图 13-8-1 中的 A_2、B_2、B_3、C_1 为减环。减环用符号 $\overleftarrow{A}_2$、$\overleftarrow{B}_2$、$\overleftarrow{B}_3$、$\overleftarrow{C}_1$ 表示。

增环和减环可用简易方法判断：在装配尺寸链图上，由装配尺寸链任一环的基面出发，绕其轮廓顺时针（或逆时针）方向旋转一周，回到这一基面，按该旋转方向给每个环标出箭头，如图 13-8-2 所示。凡是箭头方向与封闭环相反的为增环，箭头方向与封闭环相同的为减环。

2. 封闭环极限尺寸及公差

（1）封闭环的基本尺寸

由装配尺寸链简图可以看出，封闭环的基本尺寸等于所有增环基本尺寸之和减去所有减环基本尺寸之和，即：

$$A_0 = \sum_{i=1}^{m} \vec{A}_i - \sum_{j=1}^{n} \overleftarrow{A}_j$$

式中　A_0——封闭环的基本尺寸，mm；

$\vec{A}_i$——尺寸链中第 i 个增环的基本尺寸，mm；

$\overleftarrow{A}_j$——尺寸链中第 j 个减环的基本尺寸，mm；

m——增环的数目；

n——减环的数目。

由此可得出封闭环基本尺寸与各组成环基本尺寸的关系。

（2）封闭环的最大极限尺寸

当所有增环都为最大极限尺寸，而减环都为最小极限尺寸时，则封闭环为最大极限尺寸，可用下式表示：

$$A_{0\max} = \sum_{i=1}^{m} \vec{A}_{i\max} - \sum_{j=1}^{n} \overleftarrow{A}_{j\min}$$

式中　$A_{0\max}$——封闭环最大极限尺寸，mm；

$\vec{A}_{i\max}$——各增环最大极限尺寸，mm；

$\overleftarrow{A}_{j\min}$——各减环最小极限尺寸，mm。

（3）封闭环的最小极限尺寸

当所有增环都为最小极限尺寸，而减环都为最大极限尺寸时，则封闭环为最小极限尺寸，可用下式表示：

$$A_{0\min}=\sum_{i=1}^{m}\vec{A}_{i\min}-\sum_{j=1}^{n}\overleftarrow{A}_{j\max}$$

式中　$A_{0\min}$——封闭环最小极限尺寸，mm；

　　　$\vec{A}_{i\min}$——各增环最小极限尺寸，mm；

　　　$\overleftarrow{A}_{j\max}$——各减环最大极限尺寸，mm。

（4）封闭环公差

封闭环公差等于封闭环最大极限尺寸与封闭环最小极限尺寸之差，也就是将上面两式相减即得到封闭环公差，其计算公式为：

$$T_0=\sum_{i=1}^{m+n}T_i$$

式中　T_0——封闭环公差，mm；

　　　T_i——各组成环公差，mm。

由此可知，封闭环公差等于各组成环公差之和。

例 13 - 1　在如图 13 - 8 - 1b 所示的齿轮轴装配过程中，要求装配后齿轮端面和箱体凸台端面之间具有 0.1～0.3 mm 的轴向间隙。已知 $B_1=80^{+0.1}_{0}$ mm，$B_2=60^{0}_{-0.06}$ mm，尺寸 B_3 应控制在什么范围内才能满足装配要求？

解：（1）根据题意绘制装配尺寸链简图，如图 13 - 8 - 2b 所示。

（2）确定封闭环为 B_0、增环为 B_1、减环分别为 B_2 和 B_3。

（3）列尺寸链方程式，计算 B_3，得：

$$B_0=B_1-(B_2+B_3)$$
$$B_3=B_1-B_2-B_0$$
$$=80\text{ mm}-60\text{ mm}-0$$
$$=20\text{ mm}$$

（4）确定 B_3 的极限尺寸。

$$B_{0\max}=B_{1\max}-(B_{2\min}+B_{3\min})$$
$$B_{3\min}=B_{1\max}-B_{2\min}-B_{0\max}$$
$$=80.1\text{ mm}-59.94\text{ mm}-0.3\text{ mm}$$
$$=19.86\text{ mm}$$
$$B_{0\min}=B_{1\min}-(B_{2\max}+B_{3\max})$$
$$B_{3\max}=B_{1\min}-B_{2\max}-B_{0\min}$$
$$=80\text{ mm}-60\text{ mm}-0.1\text{ mm}$$
$$=19.9\text{ mm}$$

故　　　　　　　　　　$B_3=20^{-0.10}_{-0.14}$ mm

二、装配尺寸链的解法

1. 完全互换装配法

在同类零件中任取一个，不经修配、选择或调整即可装入部件中，并能达到规定的装配要求，这种装配方法称为完全互换装配法。完全互换装配法的特点：

（1）装配操作简便，生产率高。

（2）容易确定装配时间，便于组织流水装配线。

（3）零件磨损后便于更换。

（4）对零件精度要求高。

完全互换装配法适用于组成环数少、精度要求不高或大批量生产的场合。

按完全互换装配法的要求解有关的装配尺寸链，称为完全互换装配法解尺寸链。此时，装配精度完全由零件的制造精度来保证。

例 13 - 2 如图 13-8-3a 所示为齿轮箱部件装配图，装配要求是轴向窜动量为 $A_0=0.2\sim0.7$ mm。已知 $A_1=121$ mm，$A_2=28$ mm，$A_3=5$ mm，$A_4=140$ mm，$A_5=4$ mm，试用完全互换装配法解此尺寸链。

解：（1）根据题意绘出装配尺寸链简图，并校验各环的基本尺寸。如图 13-8-3b 所示为装配尺寸链简图，其中 A_1 和 A_2 为增环，A_3、A_4、A_5 为减环，A_0 为封闭环。

$$A_0=(A_1+A_2)-(A_3+A_4+A_5)$$
$$=(121+28)\text{ mm}-(5+140+4)\text{ mm}$$
$$=0$$

可见各环基本尺寸确定无误。

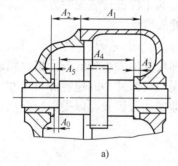 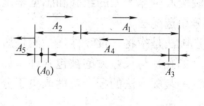

a)　　　　　　　　　　　　　　b)

图 13-8-3　齿轮箱部件装配图及装配尺寸链简图

（2）确定各组成环尺寸公差及极限尺寸。首先求出封闭环公差：

$$T_0=0.7\text{ mm}-0.2\text{ mm}=0.5\text{ mm}$$

根据 $T_0=\sum_{i=1}^{m+n}T_i=T_1+T_2+T_3+T_4+T_5=0.5$ mm，在等公差原则下，考虑各组成环尺寸的加工难易程度，合理分配各组成环公差：

$$T_1=0.2\text{ mm}，T_2=0.1\text{ mm}，T_3=T_5=0.05\text{ mm}，T_4=0.1\text{ mm}$$

再按入体原则分配偏差：

$$A_1=121^{+0.20}_{0}\text{ mm}，A_2=28^{+0.10}_{0}\text{ mm}，A_3=5^{0}_{-0.05}\text{ mm}，A_5=4^{0}_{-0.05}\text{ mm}$$

 想一想　何谓入体原则？

入体原则是指当组成环为包容面时，取下偏差为零；当组成环为被包容面时，取上偏差为零；若组成环为中心距，则偏差应对称分布。

（3）确定协调环。为满足装配精度要求，应在各组成环中选择一个环，其极限尺寸由封闭环极限尺寸方程式来确定，此环称为协调环。一般选便于制造及可用通用量具测量的尺寸作为协调环，本例题中 A_4 为协调环。

$$A_{0\max} = A_{1\max} + A_{2\max} - A_{3\min} - A_{4\min} - A_{5\min}$$

$$A_{4\min} = A_{1\max} + A_{2\max} - A_{3\min} - A_{5\min} - A_{0\max}$$

$$= 121.20 \text{ mm} + 28.10 \text{ mm} - 4.95 \text{ mm} - 3.95 \text{ mm} - 0.7 \text{ mm}$$

$$= 139.70 \text{ mm}$$

$$A_{0\min} = A_{1\min} + A_{2\min} - A_{3\max} - A_{4\max} - A_{5\max}$$

$$A_{4\max} = A_{1\min} + A_{2\min} - A_{3\max} - A_{5\max} - A_{0\min}$$

$$= 121 \text{ mm} + 28 \text{ mm} - 5 \text{ mm} - 4 \text{ mm} - 0.2 \text{ mm}$$

$$= 139.80 \text{ mm}$$

故
$$A_4 = 140^{-0.20}_{-0.30} \text{ mm}$$

经计算可知，若装配尺寸链各环均按上述计算所得的尺寸制造，则在装配时不需任何选择和修配，就能达到所要求的轴向间隙。

2. 选择装配法

选择装配法有直接选配法和分组选配法两种。

（1）直接选配法

直接选配法是由工人直接从一批零件中选择合适的零件进行装配的方法。这种方法比较简单，其装配质量靠工人的经验和感觉来确定，装配效率低。

（2）分组选配法

分组选配法是指将一批零件逐一测量后，按实际尺寸的大小分成若干组，然后将尺寸大的包容件（如孔）与尺寸大的被包容件（如轴）相配，将尺寸小的包容件与尺寸小的被包容件相配。这种装配方法的配合精度取决于分组数，即增加分组数可以提高装配精度。分组选配法的特点：

1）经分组选配后零件的配合精度高。

2）因零件制造公差放大，所以加工成本可降低。

3）增加了零件测量、分组的工作量，可能造成半成品和零件的积压。

分组选配法常用于大批量生产中装配精度要求很高、组成环数较少的场合。

（3）用分组选配法解尺寸链

分组选配法是将装配尺寸链中组成环的制造公差放大到经济精度的程度，然后分组进行装配，以保证装配精度。

例 13-3 如图 13-8-4 所示为某发动机内直径为 28 mm 的活塞销与活塞销孔装配示意图，要求销与销孔装配时有 0.01～0.02 mm 的过盈量。试用分组选配法解该尺寸链并确定各组成环的偏差值。设轴、孔的经济公差为 0.02 mm。

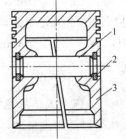

图 13-8-4 活塞销与活塞销孔
装配示意图

1—活塞销 2—挡圈 3—活塞

解：（1）先按完全互换装配法确定各组成环的公差和偏差值：

$$T_0 = (-0.01) \text{ mm} - (-0.02) \text{ mm} = 0.01 \text{ mm}$$

根据等公差原则，取 $T_1 = T_2 = T_0/2 = 0.01 \text{ mm}/2 = 0.005 \text{ mm}$

按入体原则，销的公差带分布位置应为单向负偏差，即销的尺寸应为：

$$A_1 = 28_{-0.005}^{\ 0} \text{ mm}$$

根据配合要求可知销孔尺寸为：

$$A_2 = 28_{-0.020}^{-0.015} \text{ mm}$$

画出销与销孔的尺寸公差带图，如图 13-8-5a 所示。

（2）将得出的组成环公差均扩大 4 倍，得到 4×0.005 mm $= 0.02$ mm 的经济制造公差。

（3）按相同方向扩大制造公差，得销尺寸为 $\phi 28_{-0.020}^{\ 0}$ mm，销孔尺寸为 $\phi 28_{-0.035}^{-0.015}$ mm，如图 13-8-5b 所示。

（4）制造后，按实际加工尺寸分 4 组，如图 13-8-6b 所示，然后按组进行装配。因分组配合公差与允许配合公差相同，所以符合装配要求。活塞销与活塞销孔的分组尺寸见表 13-8-1。

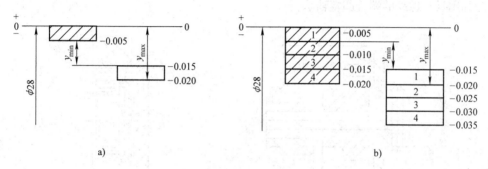

图 13-8-5 销与销孔的尺寸公差带图

a）原尺寸公差带 b）分组尺寸公差带

表 13-8-1　　　　　　　　　活塞销与活塞销孔的分组尺寸　　　　　　　　　　　mm

组别	活塞销直径	活塞销孔直径	配合情况	
			最小过盈	最大过盈
1	$\phi 28_{-0.005}^{\ 0}$	$\phi 28_{-0.020}^{-0.015}$		
2	$\phi 28_{-0.010}^{-0.005}$	$\phi 28_{-0.025}^{-0.020}$	0.010	0.020
3	$\phi 28_{-0.015}^{-0.010}$	$\phi 28_{-0.030}^{-0.025}$		
4	$\phi 28_{-0.020}^{-0.015}$	$\phi 28_{-0.035}^{-0.030}$		

3. 修配装配法

装配时，修去指定零件上的预留修配量，以达到装配精度的装配方法称为修配装配法。此方法装配周期长、效率低，适用于单件、小批量生产以及装配精度高的场合。如图 13-8-6 所示，在卧式车床尾座的装配过程中，用修刮尾座底板的方法保证车床前、后顶尖等高度。

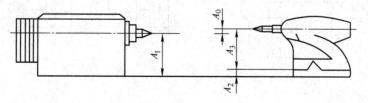

图 13-8-6 修刮尾座底板

4. 调整装配法

装配时调整某一零件的位置或尺寸以达到装配精度的装配方法称为调整装配法。一般采用斜面、锥面、螺纹等移动调整件的位置，采用调换垫片、垫圈、套筒等控制调整件的尺寸。采用调整装配法时调整及维修方便，生产率低，除必须采用分组装配的精密配件外，可用于各种装配场合。

调整装配法主要有可动调整法和固定调整法两种。

（1）可动调整法

可动调整法是指通过改变零件位置来达到装配精度的方法，如图13-8-7所示。采用可动调整法可以调整由于磨损、热变形、弹性变形等引起的误差。如图13-8-7a所示为利用套筒调整，装配时，使套筒沿轴向移动（即调整A_3），直至达到规定的间隙；如图13-8-7b所示为利用具有螺纹的端盖调整轴承。

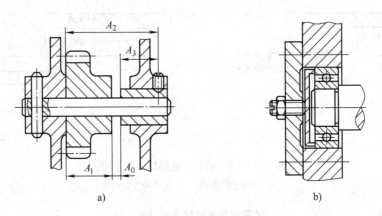

图13-8-7 可动调整法

a）利用套筒调整 b）利用具有螺纹的端盖调整

（2）固定调整法

固定调整法是指在装配尺寸链中选定一个或加入一个零件作为调整环，通过改变调整环的尺寸，使封闭环达到精度要求的方法，如图13-8-8所示。作为调整环的零件是按一定尺寸间隔制成的一组专用零件，装配时，根据需要选用其中的一种作为补偿，从而保证所需的装配精度。如图13-8-8所示为通过垫片来调整轴向配合间隙的方法。

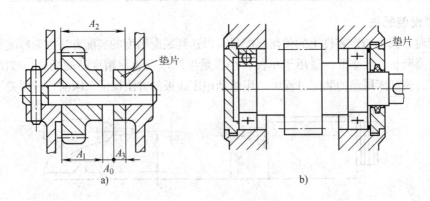

图13-8-8 固定调整法

◎ 任务实施

一、减速器的装配工艺

1. 零件的清理、清洗。

2. 装配零件的补充加工

零件的补充加工包括轴承端盖与轴承座、箱盖与箱体等连接螺纹孔的划线、钻孔、攻螺纹等。

3. 零件的预装

为了保证部件装配工作顺利，某些配合零件应进行试装，待配合达到要求后再拆下。轴类零件配键的预装示意图如图 13 - 8 - 9 所示。

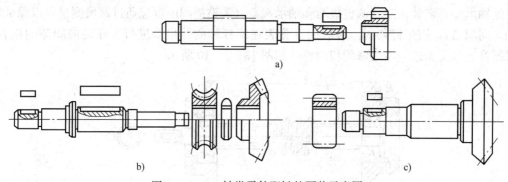

图 13 - 8 - 9　轴类零件配键的预装示意图

4. 组件装配

按装配单元系统图，该减速器可以划分为锥齿轮轴、蜗轮轴、蜗杆轴、联轴器、3 个轴承端盖及箱盖共 8 个组件。其中只有锥齿轮轴组件（见图 13 - 1 - 8）可以独立先行装配，装配后可以整体装入 $\phi95H7$ 的孔中。对不能先行装配的组件，在部件总装前应进行预装、试配工作。

锥齿轮轴组件的装配顺序如图 13 - 1 - 9 所示，装配单元系统图如图 13 - 1 - 10 所示。其装配工艺要点如下：

（1）装配轴承内、外圈时，应检查配合尺寸偏差是否符合要求，合格后将配合表面擦净，并涂上机油，用手动压力机或锤子施加轴向力，垫上软金属衬垫，逐步装到位置。

（2）油封毛毡内、外径尺寸应按最大实体状态落料。

（3）装配轴承端盖时，应通过检测端面间隙来选配合适的调整垫圈。

（4）组件装好后，锥齿轮轴的旋转应灵活、自如，且无明显的轴向窜动。

5. 总装与调整

在完成减速器各组件的装配后，即可进行总装配工作，总装从基准零件（箱体）开始。

操作提示

1. 严格按照工艺规程所规定的操作步骤，使用合适的工具进行装配。

2. 在装配过程中，应遵循先里后外，先下后上，以不影响下道工序为原则的次序进行。

3. 装配工作要认真、细心地进行，不能破坏各配合零件本身的精度和表面粗糙度。

4. 在任何情况下，均应保证不使脏物进入减速器的零部件内。

5. 减速器总装后，要在滑动和旋转部分加润滑油，以防止在运转时有拉毛、咬住或烧坏的危险。

6. 最后要严格按照技术要求进行逐项的检查工作。

根据先里后外，先下后上的装配原则，该减速器应先装蜗杆轴，后装蜗轮轴。

（1）装配蜗杆轴

将蜗杆与两轴承内圈合成的组件首先装入箱体，然后从箱体孔的两端装入两轴承外圈，再装上右端轴承盖组件，并用螺钉紧固。这时可轻轻敲击蜗杆轴左端，使右端轴承消除间隙并贴紧轴承盖，再装入左端调整垫圈和轴承端盖（调整垫圈厚度应通过塞尺测量，以保证蜗杆轴向间隙Δ），用螺钉紧固。最后用百分表在蜗杆轴的伸出端进行实际轴向间隙的检查，并根据检查情况做进一步的修配和调整，如图 13-8-10 所示。

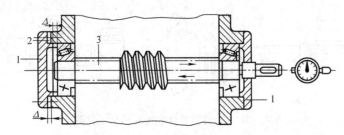

图 13-8-10　调整蜗杆轴向间隙
1—轴承端盖　2—调整垫圈　3—蜗杆

（2）试装蜗轮轴

先确定蜗轮轴向的正确装配位置，如图 13-8-11 所示。将轴承的内圈装入轴的大端，然后将轴通过箱体孔，装上已试配好的蜗轮、轴承外圈以及工艺套（为了调整时拆卸方便，暂以工艺套代替小端轴承），然后移动轴，使蜗轮与蜗杆达到正确的啮合位置，要求蜗轮轮齿的对称中心平面与蜗杆轴线重合，用游标深度卡尺测量尺寸 H，并修整轴承端盖的台阶尺寸至 $H_{-0.02}^{0}$ mm。

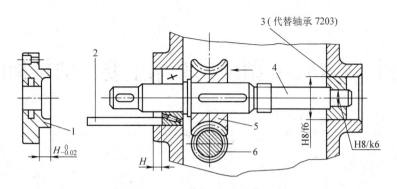

图 13 - 8 - 11　调整蜗轮轴向位置

1—轴承端盖　2—游标深度卡尺　3—工艺套　4—轴　5—蜗轮　6—蜗杆

（3）试装锥齿轮轴组

确定两锥齿轮轴向的正确装配位置，如图 13 - 8 - 12 所示。先调整好蜗轮轴轴承的轴向间隙，再装入锥齿轮轴组，调整两锥齿轮的轴向位置，使两锥齿轮的背锥面平齐，然后分别测量出应放置调整垫圈处的 H_1 和 H_2 的尺寸，并按尺寸配磨垫圈，最后卸下各零件，并对输入、输出端轴承端盖配好油封毛毡。

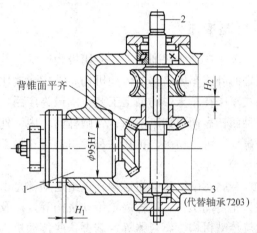

图 13 - 8 - 12　调整两锥齿轮的轴向位置

1—轴承套组件　2—轴　3—工艺套

（4）装配蜗轮与锥齿轮轴组

1）从大轴承孔一端将蜗轮轴装入，同时依次将键、蜗轮、垫圈、锥齿轮、止动垫圈和螺母装在轴上，然后从箱体轴承孔的两端分别装入滚动轴承及轴承端盖，用螺钉将其紧固，并调整好轴承间隙。装好后，用手转动蜗杆轴时应灵活，无阻滞现象。

2）将锥齿轮轴组件与垫圈一起装入箱体，用螺钉紧固，复检齿轮啮合侧隙，并做进一步调整，至运转灵活。

（5）安装联轴器，用动力轴连接空运转，用涂色法检验齿轮的接触斑点情况，并做必要的调整。

（6）清理减速器内腔，安装箱盖组件，注入润滑油，最后装上盖板，连上电动机。

二、空运转试车

全部安装完毕后，用手转动联轴器试转，一切符合要求后，接通电源，用电动机带动进行空运转试车。试车的时间不少于 30 min，达到热平衡时，轴承的温度及温升值不超过规定要求，齿轮和轴承无显著噪声，达到各项装配技术要求。

课题十四 CA6140型卧式车床主要传动机构的装配

◎ 学习目标

通过CA6140型卧式车床主要传动机构的装配练习，主要掌握带传动机构、链传动机构、螺旋传动机构、离合器和管道连接的装配要点。

◎ 课题描述

车床在金属切削加工中应用极为广泛。其中CA6140型卧式车床是我国自行设计、质量较好的卧式车床。它的传动机构和结构形式比较典型，对了解其他各类机床具有指导意义。卧式车床在车床中的加工工艺范围最为广泛，它适于加工各种轴类、套筒类和盘类工件上的各种回转表面，如车削内、外圆柱面，内、外圆锥面，环槽和成形回转表面；车削端面及各种螺纹；可用钻头、扩孔钻和铰刀进行孔加工；还能用丝锥、板牙加工内、外螺纹以及进行滚花等工作。

金属切削机床的主运动和进给运动都是由一些传动机构来实现的，例如，前面学过的圆柱齿轮传动机构、蜗杆蜗轮传动机构等，以及本课题将要学习的带传动机构、链传动机构、螺旋传动机构、离合器等。掌握这些传动机构的装配和调整方法，对于钳工来说是非常重要的。

◎ 材料准备

实习设备名称	材料来源	台数
CA6140型卧式车床	购买	1

◎ 装配过程

装配任务	任务描述
1. 带传动机构的装配	装配带轮并检测其安装的正确性，安装传动带，调整其松紧程度
2. 链传动机构的装配	装配链轮，校正安装位置，安装链条
3. 螺旋传动机构的装配	校正丝杠和螺母的安装位置，装配后进行间隙调整
4. 离合器的装配	装配离合器并进行调整
5. 管道连接的装配	安装管道，主要完成管接头的装配工作

§14-1 带传动机构的装配

◎ **学习目标**

1. 明确带传动机构的作用、装配技术要求。
2. 掌握带传动机构的装配工艺要求。
3. 掌握带传动机构的装配方法及装配后的检验和调整方法。

◎ **工作任务**

进行带传动机构的装配练习，其装配步骤如图14-1-1所示。

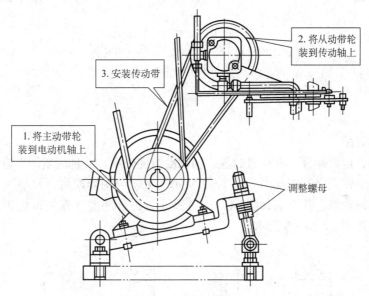

图14-1-1 带传动机构的装配步骤

◎ **工艺分析**

带传动是常用的一种机械传动，它是依靠张紧在带轮上的带与带轮之间的摩擦力或啮合来传递运动和动力的。

带传动机构装配的技术要求：

1. 带轮的安装要正确，通常要求其径向圆跳动量为 $(0.0025\sim0.0005)D$，轴向圆跳动量为 $(0.0005\sim0.00001)D$（D 为带轮直径）。

2. 两带轮的中间平面应重合，其倾斜角和轴向偏移量不得超过规定要求。一般倾斜角不应超过1°，否则传动带易脱落或加快带侧面的磨损。

3. 带轮工作表面的表面粗糙度值要符合要求，一般 Ra 值为 $3.2\ \mu m$。若过于粗糙，工作时会加剧传动带的磨损；若过于光滑，加工经济性差，且传动带易打滑。

4.传动带的张紧力要适当,若张紧力过小,不能传递一定的功率;若张紧力过大,传动带、轴和轴承都将迅速磨损。

◎ 相关知识

带传动具有工作平稳、噪声小、结构简单、制造方便及能过载保护等优点,适用于两轴中心距较大的传动。带传动分为 V 带传动、平带传动和同步带传动等形式,如图 14 - 1 - 2 所示。其中 V 带传动应用广泛,CA6140 型卧式车床电动机的动力就是通过 V 带传到主轴箱的。

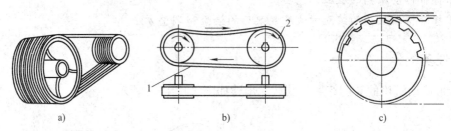

图 14 - 1 - 2　带传动形式
a) V 带传动　b) 平带传动　c) 同步带传动
1—平带　2—带轮

◎ 任务实施

一、带轮的装配

带轮孔与轴为过渡配合,有少量过盈,同轴度精度较高,并且用紧固件进行周向和轴向固定。带轮在轴上的固定形式如图 14 - 1 - 3 所示。带轮与轴装配后,要检查带轮的径向圆跳动量和轴向圆跳动量,其方法如图 14 - 1 - 4 所示。另外还要检查两带轮相对位置是否正确,其检查方法如图 14 - 1 - 5 所示。

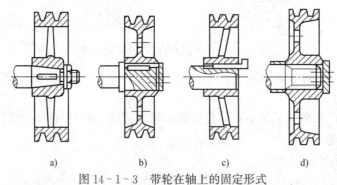

图 14 - 1 - 3　带轮在轴上的固定形式
a) 圆锥形轴头连接　b) 平键连接　c) 楔键连接　d) 花键连接

二、V 带的安装

安装 V 带时先将其套在小带轮轮槽中,然后套在大带轮上,边转动大带轮边用十字旋具将 V 带拨入带轮槽中。装好后的 V 带在轮槽中的正确位置如图 14 - 1 - 6a 所示,应避免出现如图 14 - 1 - 6b 所示的形式。

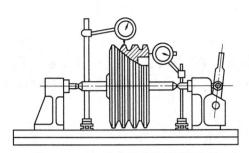

图 14-1-4　带轮跳动量的检查方法

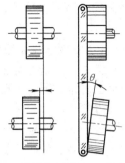

图 14-1-5　带轮相对位置正确性的检查方法

三、张紧力的控制

1. 张紧力的检查

合适的张紧力可通过计算来确定，即在传动带与两轮的切点 B 和 A 的中点且垂直于传动带的方向加一载荷 W，通过测量所产生的挠度 y 来检查张紧力的大小，其方法如图 14-1-7 所示。

a)　　　　　　　　b)

图 14-1-6　V带在轮槽中的位置
a) 正确　b) 错误

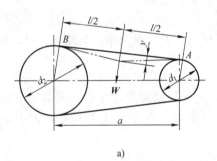

a)

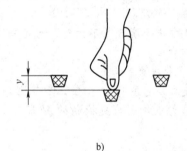

b)

图 14-1-7　张紧力的检查方法

2. 张紧力的调整

传动带工作一段时间后将产生塑性变形，使张紧力减小。为能正常地进行传动，在带传动机构中都有调整张紧力的装置，其原理是靠改变两带轮的中心距来调整张紧力。当两带轮的中心距不可改变时，可应用张紧轮张紧，如图 14-1-8 所示为张紧力的调整方法。

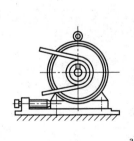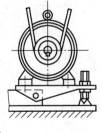

a)

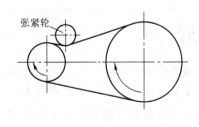

b)

图 14-1-8　张紧力的调整方法
a) 改变中心距　b) 用张紧轮张紧

想一想　　为什么要调整张紧力？

　　带传动是摩擦传动，适当的张紧力是保证带传动正常工作的重要因素。若张紧力不足，传动带将在带轮上打滑，使传动带急剧磨损；若张紧力过大，则会使传动带的寿命缩短，轴和轴承上的作用力增大。

知识链接

带传动机构的损坏形式及修复方法

　　带传动机构常见的损坏形式有轴颈弯曲、带轮孔或轴颈磨损、带轮槽磨损、V带拉长、带轮崩裂等。

　　1. 轴颈弯曲

　　修复方法：检查弯曲程度，采用矫正或更换的方法修复。

　　2. 带轮孔或轴颈磨损

　　修复方法：当带轮孔和轴颈磨损量不大时，可将带轮孔用车床修圆、修光，或将轴颈用镀铬、堆焊或喷镀法加大直径，然后磨削至配合尺寸。当带轮孔磨损严重时，可将其镗大后压装衬套，用骑缝螺钉固定，加工出新的键槽。

　　3. 带轮槽磨损

　　修复方法：磨损量不大时，可适当车深轮槽，并修整轮缘。磨损严重时，要更换新带轮。

　　4. V带拉长

　　修复方法：V带拉长在正常范围内时，可通过调整带轮中心距将其张紧。若超过正常的拉伸量，则应更换新的V带。更换V带时，应将一组V带同时更换，不得新旧混用。

　　5. 带轮崩裂

　　修复方法：焊、镶或更换新带轮。

§14-2　链传动机构的装配

◎ 学习目标

　　1. 明确链传动机构的作用、装配技术要求。

　　2. 掌握链传动机构的装配工艺要求。

　　3. 掌握链传动机构的装配方法及装配后的检验和调整方法。

◎ 工作任务

　　进行链传动机构的装配练习，其装配步骤如图14-2-1所示。

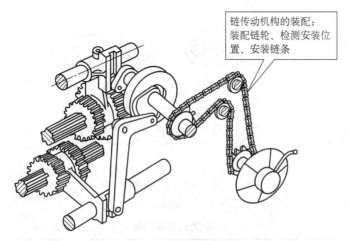

图 14 - 2 - 1　链传动机构的装配步骤

链传动机构的装配：
装配链轮、检测安装位置、安装链条

◎ 工艺分析

链传动机构由两个链轮和连接它们的链条组成，通过链条和链轮的啮合来传递运动和动力，如图 14 - 2 - 2 所示。它能保证准确的平均传动比，适用于远距离传动或温度变化大的场合。

链传动机构装配后必须满足以下要求：

1. 两链轮轴线必须平行，否则会加剧链条和链轮的磨损，降低传动平稳性，并增加噪声。

2. 两链轮之间的轴向偏移量必须在要求范围内，一般当两轮中心距小于 500 mm 时，允许轴向偏移量 $a \leqslant 1$ mm；当两轮中心距大于 500 mm 时，允许轴向偏移量 $a \leqslant 2$ mm。

3. 链轮的跳动量必须符合要求。

4. 链条的下垂度要适当。链条过紧会加剧磨损，过松则容易产生振动或脱链现象。

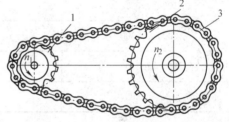

图 14 - 2 - 2　链传动机构
1—主动链轮　2—从动链轮　3—链条

◎ 相关知识

常用的传动链有套筒滚子链和齿形链，分别如图 14 - 2 - 3 及图 14 - 2 - 4 所示。套筒滚子链与齿形链相比，噪声大，运动平稳性差，速度不宜过高，但成本低，故使用广泛。链轮允许跳动量见表 14 - 2 - 1。

◎ 任务实施

一、链轮的装配

链轮在轴上的固定方法如图 14 - 2 - 5 所示。链轮的装配方法与带轮的装配方法基本相同。

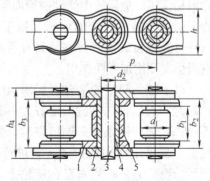

图 14 - 2 - 3　套筒滚子链
1—内链片　2—外链板　3—销轴
4—套筒　5—滚子

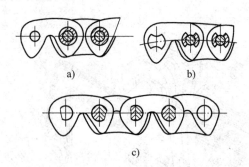

图 14 - 2 - 4　齿形链

a) 圆销式　b) 轴瓦式　c) 滚柱式

表 14 - 2 - 1　　　　　　　　　　　　链轮允许跳动量　　　　　　　　　　　　　　　mm

链轮的直径	套筒滚子链的链轮跳动量	
	径向圆跳动量 δ	轴向圆跳动量 a
$d<100$	0.25	0.3
$100 \leqslant d < 200$	0.5	0.5
$200 \leqslant d < 300$	0.75	0.8
$300 \leqslant d < 400$	1.0	1.0
$d \geqslant 400$	1.2	1.5

二、链条的接合

套筒滚子的接头形式如图 14 - 2 - 6 所示。图 14 - 2 - 6a 所示为用开口销固定活动销轴，图 14 - 2 - 6b 所示为用弹性锁片固定活动销轴，这两种形式都在链条节数为偶数时使用。用弹性锁片固定时要注意使开口端方向与链条的速度方向相反，以免运转中受到碰撞而脱落。图 14 - 2 - 6c 所示为采用过渡链板接合的形式，适于在链板为奇数时使用。这种过渡链板的柔性较好，具有缓冲和减振作用，但这种链板会受到附加弯曲作用。

对于链条两端的接合，如两轴中心距可调节且链轮在轴端时，可以预先将链条接好，再装到链轮上。如果结构不允许预先将链条接头连接好时，则必须先将链条套在链轮上，再采用专用的拉紧工具进行连接，如图 14 - 2 - 7a 所示。齿形链条必须先套在链轮上，再用拉紧工具拉紧后进行连接，如图 14 - 2 - 7b 所示。

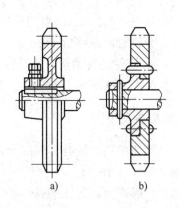

图 14 - 2 - 5　链轮在轴上的
固定方法

a) 用键连接、紧定螺钉固定

b) 用圆锥销固定

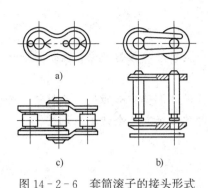

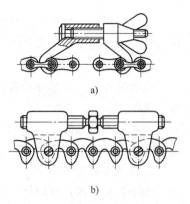

图 14-2-6 套筒滚子的接头形式   图 14-2-7 用拉紧工具拉紧链条

a) 用开口销固定 b) 用弹性锁片固定 c) 用过渡链板接合

三、链传动机构装配后的检查

1. 两链轮轴线的平行度误差及轴向偏移量 a 的检查方法如图 14-2-8 所示，通过测量 A 和 B 两个尺寸来确定平行度误差。

2. 链轮的跳动量可用划线盘或百分表进行检查，其方法如图 14-2-9 所示，图中 a 为轴向偏移量，δ 为链轮的跳动量。

3. 链条下垂度的检查方法如图 14-2-10 所示。对于水平或 $45°$ 以下的链传动，链的下垂度 f 应小于 $20\%L$（L 为两链轮的中心距）；倾斜度增大时，就要减小下垂度，在链垂直传动时，f 应小于 $0.2\%L$。

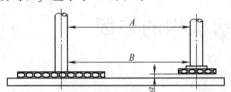

图 14-2-8 两链轮轴线的平行度误差及
轴向偏移量的检查方法

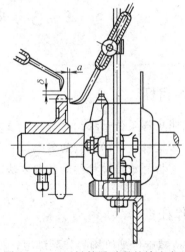

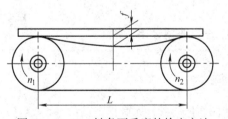

图 14-2-10 链条下垂度的检查方法   图 14-2-9 链轮跳动量的检查方法

知识链接

链传动机构的损坏形式及修复方法

链传动机构常见的损坏形式有链条拉长、链或链轮齿形磨损，链轮轮齿个别折断、链板断裂及链轮轮面变形等。

1. 链条拉长

链条经长时间使用后会被拉长而下垂，产生抖动和掉链现象，链板拉长后使链和链轮磨损加剧。

修复方法：当链轮中心距可以调节时，可通过调整中心距使链条拉紧；若中心距不能调节时，可使用张紧轮张紧，也可以通过卸掉一个或几个链板来调整。

2. 链或链轮齿形磨损

链轮齿形磨损，节距增加，磨损加快。

修复方法：磨损严重时应更换新的链轮。

3. 链轮轮齿个别折断

修复方法：可堆焊后采用修锉法修复，或更换新链轮。

4. 链板断裂

修复方法：可采用更换断裂链板的方法修复。

5. 链轮轮面变形

链轮转动时，各轮齿不在同一平面上，产生掉链、咬链或跳链现象。

修复方法：可在平板上对链轮进行检查和矫正。

§14-3 螺旋传动机构的装配

◎ 学习目标

1. 明确螺旋传动机构的作用、装配技术要求。
2. 掌握螺旋传动机构的装配工艺要求。
3. 掌握螺旋传动机构的装配方法及装配后的检验和调整方法。

◎ 工作任务

进行螺旋传动机构的装配练习，其装配步骤如图14-3-1所示。

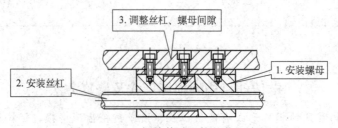

图14-3-1　螺旋传动机构的装配步骤

◎ 工艺分析

螺旋传动机构可将旋转运动变换为直线运动，它的特点是传动精度高、工作平稳、无噪声、易于自锁、能传递较大的转矩等。螺旋传动机构在机床中得到广泛的应用，如车床的纵向和横向进给丝杠等。

为了保证丝杠的传动精度和定位精度，螺旋传动机构装配后一般应满足以下要求：

1. 螺旋副应有较高的配合精度和准确的配合间隙。

2. 螺旋副轴线的同轴度及丝杠轴线与基准面的平行度应符合规定的要求。

3. 螺旋副转动应灵活，丝杠的回转精度应在规定范围内。

◎ 相关知识

螺旋副的配合间隙是保证其传动精度的主要因素，分径向间隙（顶隙）和轴向间隙两种。

一、径向间隙的测量

径向间隙直接反映丝杠和螺母的配合精度，其测量方法如图 14-3-2 所示。使百分表测头抵在螺母上，用稍大于螺母重量的力 F 压下或抬起螺母，百分表指针的摆动量就是径向间隙值。

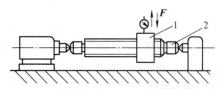

二、轴向间隙的消除和调整

丝杠和螺母的轴向间隙直接影响其传动的准确性，进给丝杠应有轴向间隙消除机构，简称消隙机构。

图 14-3-2　螺旋副径向间隙的测量方法
1—螺母　2—丝杠

1. 单螺母消隙机构

螺旋副传动机构只有一个螺母时，常采用如图 14-3-3 所示的单螺母消隙机构，使螺旋副始终保持单向接触。注意消隙机构的消隙力方向应与切削力 P_x 方向一致，以防止进给时产生爬行，影响进给精度。

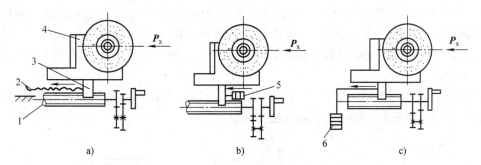

图 14-3-3　单螺母消隙机构
a) 用弹簧拉力消隙　b) 用油缸压力消隙　c) 用重锤消隙
1—丝杠　2—弹簧　3—螺母　4—砂轮架　5—油缸　6—重锤

2. 双螺母消隙机构

双向运动的螺旋副应用两个螺母来消除双向轴向间隙，如图 14-3-4 所示为双螺母消隙机构。

如图 14-3-4a 所示为楔块消隙机构。调整时，松开螺钉 3，再拧动螺钉 1 使锲块 2 向上移动，以推动带斜面的螺母右移，从而消除右侧轴向间隙，调好后用螺钉3锁紧。消除左侧轴向间隙时，则松开左侧螺钉，并通过楔块使螺母左移。CA6140型卧式车床的中滑板丝杠采用楔块消隙机构。

如图14-3-4b所示为弹簧消隙机构。调整时，转动调整螺母7，通过垫圈6及弹簧5使螺母8轴向移动，以消除轴向间隙。

如图14-3-4c所示为利用垫片厚度来消除轴向间隙的机构。丝杠或螺母磨损后，通过修磨垫片10来消除轴向间隙。

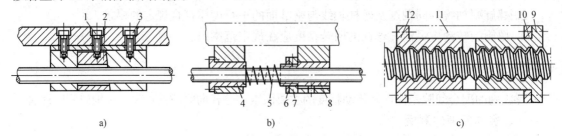

图14-3-4 双螺母消隙机构

a）楔块消隙机构 b）弹簧消隙机构 c）垫片消隙机构

1、3—螺钉 2—楔块 4、8、9、12—螺母 5—弹簧 6—垫圈 7—调整螺母 10—垫片 11—工作台

◎ **任务实施**

为了能准确而顺利地将旋转运动转换为直线运动，装配时螺旋副必须同轴，丝杠轴线必须与基面平行。因此，安装丝杠和螺母时应按以下步骤进行：

1. 先正确安装丝杠两轴承座，用专用检验心轴和百分表校正，使两轴承孔轴线在同一直线上，且与螺母移动时的基准导轨平行，如图14-3-5所示。校正时，可以根据误差情况修刮轴承座结合面，并调整前、后轴承的水平位置，使其达到要求。

心轴上母线a用于校正垂直平面，侧母线b用于校正水平平面。

2. 再以平行于基准导轨面的丝杠两轴承孔的中心连线为基准，校正螺母与丝杠轴承孔的同轴度，如图14-3-6所示。校正时，将检验心轴4装在螺母座6的孔中，移动工作台2，如检验心轴4能顺利插入前、后轴承座孔中，即符合要求；否则应按尺寸h修磨垫片3的厚度。

3. 调整丝杠的回转精度。丝杠的回转精度是指丝杠的径向圆跳动和轴向窜动的大小。装配时，通过正确安装丝杠两端的轴承座来保证。

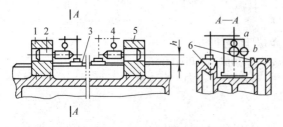

图14-3-5 安装丝杠两轴承座

1、5—前后轴承座 2—检验心轴 3—磁力表座滑板
4—百分表 6—螺母移动基准导轨

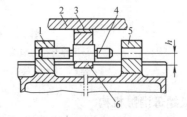

图14-3-6 校正螺母与丝杠轴承孔的同轴度

1、5—前后轴承座 2—工作台 3—垫片
4—检验心轴 6—螺母座

螺旋传动机构的常见损坏形式及修复方法

1. 丝杠螺纹磨损

修复方法：梯形螺纹丝杠的磨损不超过齿厚的 10% 时，通常用车深螺纹的方法修复，再根据修复后的丝杠配车新螺母；矩形螺纹丝杠磨损后一般不能修复，只能更换新的；对磨损过大的精密丝杠，常采用更换的方法。

2. 丝杠轴颈磨损

修复方法：丝杠轴颈磨损后，可根据磨损情况，采用镀铬、涂镀、堆焊等方法加大轴颈，在车削轴颈时，应与车削螺纹同时进行，以便保持这两部分轴线的同轴度。对于磨损的衬套则应更换。

3. 螺母磨损

修复方法：螺母磨损通常比丝杠迅速，因此需要经常更换。

4. 丝杠弯曲

修复方法：弯曲的丝杠常用矫正法修复。

§14-4　离合器的装配

◎ 学习目标

1. 明确离合器的作用、装配技术要求。
2. 掌握离合器的装配工艺要求。
3. 掌握离合器的装配方法及装配后的检验和调整方法。

◎ 工作任务

完成如图 14-4-1 所示的双向多片式摩擦离合器的装配工作。

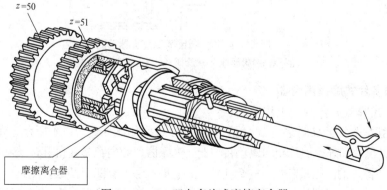

图 14-4-1　双向多片式摩擦离合器

◎ 工艺分析

离合器是一种使主、从动轴接合或分开的传动装置，分牙嵌式和摩擦式两种。无论哪种离合器，在装配时都应保证：接合和分开时动作要灵敏，能传递设计的转矩，且工作平稳、可靠。

◎ 相关知识

一、牙嵌式离合器

牙嵌式离合器靠啮合的牙面来传递转矩，结构简单，但有冲击，如图14-4-2所示。它由两个端面具有凸齿的结合子组成，其中结合子1固定在主动轴上，结合子2用导向平键或花键与从动轴连接。通过操纵手柄控制的拨叉4可带动结合子2轴向移动，使结合子1和2接合或分离。导向环3用螺钉固定在主动轴结合子1上，在结合子2移动时起导向和定心作用。

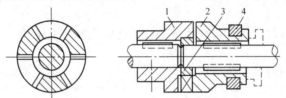

图14-4-2　牙嵌式离合器

1、2—结合子　3—导向环　4—拨叉

二、圆锥摩擦离合器

摩擦离合器靠接触面的摩擦力传递转矩，分为片式及圆锥式两种。其特点是结合平稳，且可起安全作用，但结构复杂，须经常调整。如图14-4-3所示为圆锥摩擦离合器，它利用锥体5的外锥面和齿轮4的内锥面的紧密结合，把齿轮4的运动传给齿轮6。图示为扳平手柄1的情况，使手柄1紧压套筒3，将内锥面与外锥面压紧，接通运动；当向下扳动手柄1时，即不再压紧套筒3，内、外锥面在弹簧的作用下脱开，切断运动。

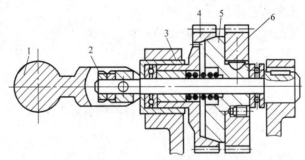

图14-4-3　圆锥摩擦离合器

1—手柄　2—锁紧螺母　3—套筒　4、6—齿轮　5—锥体

三、双向多片式摩擦离合器

双向多片式摩擦离合器的工作原理：

CA6140型卧式车床双向多片式摩擦离合器的结构如图14-4-4所示。由若干厚度为1.5 mm的内摩擦片和外摩擦片相间地套在轴上。内摩擦片的内孔是花键孔，套在轴的花键上作为主动片。外摩擦片的内孔是圆孔，空套在轴上，它的外缘上有四个凸起，刚好卡在齿轮侧面的四个槽内作为被动片。两端的齿轮是空套在轴上的，只有通过外摩擦片拨动才能随轴一起旋转。

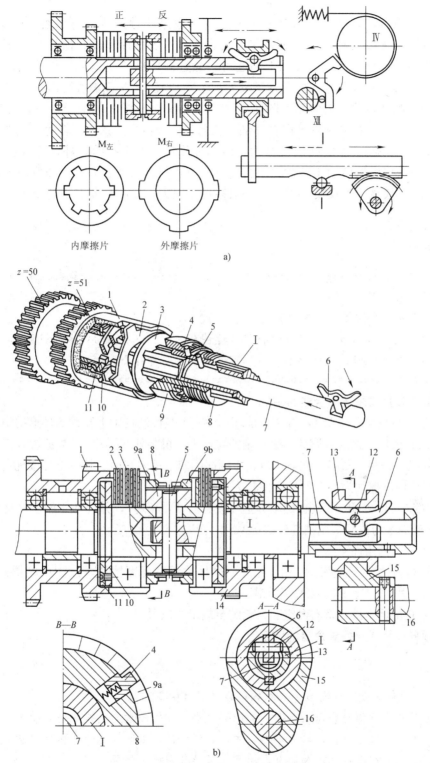

图 14-4-4　双向多片式摩擦离合器的结构

a) 示意图　b) 结构图

1—空套齿轮　2—外摩擦片　3—内摩擦片　4—弹簧销组件　5、12—销　6—元宝形摆块　7、16—拉杆

8—螺圈　9a、9b—调整螺套　10、11—止推环　13—滑套　14—齿轮　15—拨叉

电动机启动后，通过 V 带使 I 轴转动，这时通过花键连接的内摩擦片也随之转动。当操纵杆处于停车位置时，螺圈 8 处在中间位置，内摩擦片和外摩擦片没有压紧，不能传递运动，主轴不动。当操纵杆向上抬起时，通过杠杆机构使扇形齿轮顺时针转动，带动齿条轴向右移动，其左端的拨叉则带动 I 轴上的滑套 13 右移。滑套内孔迫使元宝形摆块绕其中心顺时针转动，因为元宝形摆块下部凸起卡在拉杆 7 的槽里，所以元宝形摆块推动拉杆向左移动，带动螺圈 8 向左移动，从而将离合器左边的内摩擦片 3 与外摩擦片 2 压紧。依靠内、外摩擦片之间的摩擦力，内摩擦片带动外摩擦片，外摩擦片拨动空套齿轮 1，再经一系列齿轮传动，使主轴正向转动。若将操纵杆下压，则将压紧离合器右边的内、外摩擦片，实现主轴反转。因反转一般多用于退刀，故离合器右边的摩擦片数比左边少。

◎ 任务实施

操作提示

双向多片式摩擦离合器装配时的注意事项：

1. 装配后，双向多片式摩擦离合器应操作自如，不得有阻滞或卡住现象。

2. 摩擦片松开时，间隙要适当，不可过大，亦不可过小。

一、双向多片式摩擦离合器的装配

1. 先装入左端空套齿轮 1，将左止推环 10 和 11 组件装到轴上花键的环形槽中。

2. 装入摩擦片，将内摩擦片 3 套在轴的花键上，再装外摩擦片 2，外摩擦片 2 空套在轴上，它的外缘上的四个凸起卡在空套齿轮 1 侧面的四个槽内，内、外摩擦片按规定的片数交替装入（其中内摩擦片为 9 片，外摩擦片为 8 片）。

3. 将调整螺套 9a 和 9b 装在螺圈 8 上（注意齿槽要相对），并套在 I 轴上，从右侧装入拉杆 7，将螺圈 8 与拉杆 7 用销 5 连接起来。

4. 装入弹簧销组件 4。

5. 按同样方法装入右侧摩擦片，先装内摩擦片再装外摩擦片（其中内摩擦片为 5 片，外摩擦片为 4 片），内、外摩擦片交替装入。

6. 装入止推环组件，将右侧空套齿轮装至规定的位置。

二、双向多片式摩擦离合器的调整

想一想　为什么要对双向多片式摩擦离合器进行调整？

装配后的片式摩擦离合器松开时，间隙要适当。如间隙过大，操纵时会使内、外摩擦片压紧不够，摩擦力减小，传动转矩不够，主轴启动缓慢。如间隙过小，压紧时费力，且失去保险作用，停机时，摩擦片不易脱开，严重时可导致摩擦片烧坏。

双向多片式摩擦离合器的调整方法：先将弹簧销组件 4 压入调整螺套的缺口下，然后转动调整螺套（9a 调整左半边离合器，9b 调整右半边离合器）进行间隙的调整。调整好后弹簧销自动弹入调整螺套的缺口当中，以防止螺母在工作中松动。

其他离合器的装配

1. 牙嵌式离合器的装配

操作提示

　　牙嵌式离合器装配时的要求：

　　（1）接合和分开时，动作要灵敏，能传递设计的转矩，且工作平稳、可靠。

　　（2）结合子齿形啮合间隙要尽量小些，以防止旋转时产生冲击。

　　装配后的牙嵌式离合器如图14-4-2所示。

　　（1）将结合子1和2分别装在轴上，结合子2与从动轴和键之间能轻快滑动，结合子1要固定在主动轴上。

　　（2）将导向环3安装在结合子1的孔内，用螺钉紧固。

　　（3）将从动轴装入导向环3的孔内，再装拨叉4。

2. 圆锥摩擦离合器的装配

操作提示

　　圆锥摩擦离合器装配时的要求：

　　（1）两圆锥面接触必须符合要求，用涂色法检查时，其接触斑点应均匀分布在整个圆锥表面上。

　　（2）结合时要有足够的压力把两锥体压紧，断开时应完全脱开。

　　（1）检查两圆锥面的接触情况

　　如图14-4-5所示为用涂色法检查锥面上接触斑点的分布情况，其中图14-4-5b所示为接触斑点靠近锥底，图14-4-5c所示为接触斑点靠近锥顶，都表示锥体的角度不正确，可通过刮削或磨削方法来修整，以达到如图14-4-5a所示的情况。

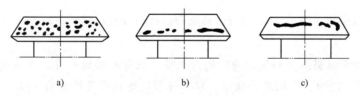

　　　　a)　　　　　　　　　b)　　　　　　　　　c)

图14-4-5　用涂色法检查锥面上接触斑点的分布情况

　　（2）调整开合装置

　　调整开合装置时，必须保证把手柄1扳到如图14-4-3所示位置时，两个锥面能产生足够的摩擦力；扳下手柄1时，运动能完全断开。摩擦力的大小可通过调节螺母2来控制。

3. 离合器的修复方法

　　牙嵌式离合器的损坏形式通常是接合牙齿磨损、变形或崩裂。轻微的磨损可重新铣削、磨削或焊补，严重损坏时则需更换。

> 圆锥摩擦离合器表面出现不均匀磨损时，可重新磨削或刮研。
> 片式摩擦离合器出现弯曲或严重擦伤时，可调平或更换。

§14－5　管道连接的装配

◎ **学习目标**

　　1. 明确管道连接的特点。

　　2. 掌握管道连接的装配要点。

◎ **工作任务**

　　为保证 CA6140 型车床切削液和润滑油的输送，进行管理连接的装配。

◎ **工艺分析**

　　管道连接可分为可拆卸连接和不可拆卸连接两种。可拆卸连接由管子、管接头、连接盘和衬垫等零件组成；不可拆卸连接是用焊接方法连接的。

◎ **相关知识**

　　在机器设备中，管道用来输送液体或气体，如金属切削机床用管道输送切削液和润滑油；在液压传动系统中用管道输送压力油；在风动工具和夹具中用管道输送压缩空气等。管道连接常用的管子有钢管、有色金属管、橡胶管和尼龙管等。

◎ **任务实施**

操作提示

　　1. 油管必须根据压力和使用场所进行选择，应有足够的强度，而且要求内壁光滑、清洁，无砂眼、锈蚀、氧化皮等缺陷，以保证管道连接有足够的密封性。

　　2. 在配管作业时，对通过腐蚀性物质的管子应进行酸洗、中和、干燥、涂油、试压等处理，直到合格才能使用。

　　3. 切断管子时，断面应与轴线垂直；弯曲管子时，不要把管子弯扁。

　　4. 较长管道各段应有支承，管道要用管夹牢固固定，以免产生振动。

　　5. 在安装管道时应使压力损失最小。整个管道尽量短，转弯次数要少，并使管道受温度影响时有伸缩变形的余地。

　　6. 系统中任何一段管道或元件应能单独拆装而不影响其他元件，以便于修理。

一、扩口薄管接头的装配

对于有色金属管、薄钢管或尼龙管，都采用扩口薄管接头连接。装配时，先按如图 14-5-1 所示将管子端部进行手动滚压扩口，并分别套上管套和管螺母，然后装入管接头。应注意在外螺纹表面涂抹虫胶漆或用密封胶带包缠，然后将其拧入螺纹孔中，以防止泄漏，如图 14-5-2 所示为扩口薄管接头的结构。

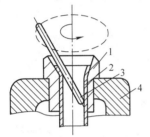

图 14-5-1 手动滚压扩口

1—扩头模 2—油管

3—小棒 4—台虎钳钳口

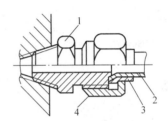

图 14-5-2 扩口薄管接头的结构

1—接头体 2—管子

3—管套 4—管螺母

二、球形管接头的装配

如图 14-5-3 所示为球形管接头的结构。装配时，分别把凸球面接头体和凹球面接头体与管子进行焊接，再把连接螺母套在凸球面接头体上，然后拧紧连接螺母，其松紧程度要适当。当压力较大时，接合球面应当研配。涂色检查时，接触面宽度应大于 1 mm。

三、高压胶管接头的装配

如图 14-5-4 所示为高压胶管接头的结构。装配时，将胶管剥去一定长度的外胶层，剥离处倒 15°角（剥外胶层时切勿损伤钢丝层），然后将其装入外套内。胶管端部与外套螺纹部分应留有约 1 mm 的距离，并在胶管外露端做标记。最后，把接头芯拧入外套及胶管中。于是胶管便被挤到外套和接头芯的螺纹中，使胶管与接头芯及外套紧密连接起来。

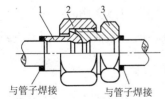

图 14-5-3 球形管接头的结构

1—凸球面接头体 2—连接螺母

3—凹球面接头体

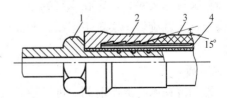

图 14-5-4 高压胶管接头的结构

1—接头芯 2—外套

3—胶管 4—钢丝层

课题十五　CA6140型卧式车床主要部件的结构与调整

◎ **学习目标**

通过学习CA6140型卧式车床主要部件的结构与调整，主要掌握CA6140型卧式车床主轴箱、进给箱、溜板箱、尾座和刀架的典型结构及调整方法。

◎ **课题描述**

CA6140型卧式车床如图15-0-1所示，其主要部件如下：

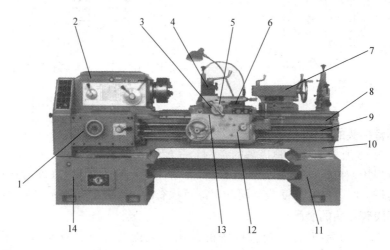

图15-0-1　CA6140型卧式车床

1—进给箱　2—主轴箱　3—中滑板　4—刀架　5—回转盘　6—小滑板　7—尾座
8—丝杠　9—光杠　10—床身　11—右床腿　12—溜板箱　13—床鞍　14—左床腿

1. 主轴箱

主轴箱又称床头箱，固定在床身的左端。其内装有主轴和变速、换向机构，由电动机经变速机构带动主轴旋转，实现主运动，并获得所需转速及转向。主轴前端可安装三爪自定心卡盘、四爪单动卡盘等，用来装夹工件。

2. 进给箱

进给箱固定在床身的左前侧。进给箱是进给运动传动链中主要的传动比变换装置，它的功用是改变被加工螺纹的导程或自动进给的进给量。

3. 溜板箱

溜板箱固定在床鞍的底部，可带动刀架一起做纵向运动。溜板箱的功用是将进给箱传来的运动传递给刀架，使刀架实现纵向进给、横向进给、快速移动或车螺纹。在溜板箱上装有各种操纵手柄及按钮，可以方便地操纵机床。

4. 床身

床身固定在左床腿和右床腿上。床身是车床的基本支承件，车床的各个主要部件均安装在床身上，并保持各部件间具有的准确相对位置。

5. 尾座

尾座安装在床身导轨上，可沿导轨移至所需的位置。在尾座套筒内安装顶尖，可支承轴类工件；安装钻头、扩孔钻或铰刀，可在工件上钻孔、扩孔或铰孔。

6. 光杠

光杠将进给运动传给溜板箱，实现自动进给。

7. 丝杠

丝杠将进给运动传给溜板箱，完成螺纹的车削工作。

8. 床鞍

床鞍与溜板箱连接，可带动车刀沿床身导轨做纵向移动。

9. 中滑板

中滑板可带动车刀沿床鞍上的导轨做横向移动。

10. 小滑板

小滑板可沿回转盘上的导轨做短距离移动。当回转盘扳转一定角度后，小滑板还可带动车刀做相应的斜向运动。

11. 回转盘

回转盘与中滑板连接，用螺栓紧固。松开螺母，回转盘可在水平面内转动任意角度。

12. 刀架

刀架用来安装车刀，最多可同时装 4 把。松开锁紧手柄即可转位，选用所需的车刀。

通过本课题的学习，应掌握 CA6140 型卧式车床主要部件的结构与调整方法。

◎ 材料准备

实习设备名称	材料来源	台数
CA6140 型卧式车床	购买	1

◎ 调整过程

装配任务	任务描述
1. 主轴箱的结构与调整	主轴箱主要机构的作用、工作原理及调整方法
2. 进给箱的结构与调整	进给箱主要机构的作用、工作原理及调整方法
3. 溜板箱的结构与调整	溜板箱主要机构的作用、工作原理及调整方法
4. 尾座的结构与调整	尾座的作用、工作原理及调整方法
5. 刀架的结构与调整	刀架的作用、工作原理及调整方法

§15−1 主轴箱的结构与调整

◎ 学习目标

1. 熟悉 CA6140 型卧式车床主轴箱的结构。
2. 明确 CA6140 型卧式车床主轴箱主要机构的作用和工作原理。
3. 掌握对主要部件进行调整的技能。

◎ 工作任务

对 CA6140 型卧式车床主轴箱进行调整。

◎ 工艺分析

CA6140 型卧式车床主轴箱主要由多片式摩擦离合器、钢带式制动器及主轴部件和主轴变速操纵机构等组成。对主要部件进行调整，必须熟悉它们的结构和原理。

◎ 任务实施

一、多片式摩擦离合器及操纵机构

多片式摩擦离合器的结构及其调整方法在课题十四中"§14−4 离合器的装配"中已做了详细介绍，此处只介绍钢带式制动器的调整方法。

如图 15−1−2 所示为钢带式制动器，当车床主轴停转时，钢带（制动带）7 将制动轮 8 抱紧。若机床停止时主轴不能迅速停止转动，说明钢带和制动轮之间的间隙较大（即钢带较松），应调紧制动带，其方法：先将锁紧螺母 6 松开，然后旋转（顺时针）调整螺钉 5，调整合适后再将锁紧螺母 6 拧紧。

> **操作提示**
>
> 当离合器松开和改变主轴旋向时，如主轴未能立即停下（主轴转速为 300 r/min，其制动应为 2～3 r），可通过调整制动装置的制动带，使其紧一些。然后检查在压紧离合器时制动带是否松开。调整应在电动机开动（主轴不转）的状态下进行。

二、主轴部件的调整

主轴部件的调整参见课题十二中"主轴部件的装配和调整"。

三、主轴箱变速操纵机构

如图 15−1−3 所示为主轴箱变速操纵机构。主轴箱内有两组滑移齿轮 A 和 B，双联齿轮 A 有左、右两个啮合位置，三联齿轮 B 有左、中、右三个啮合位置。两组滑移齿轮由装在主轴箱前侧面上的手柄 6 操纵。

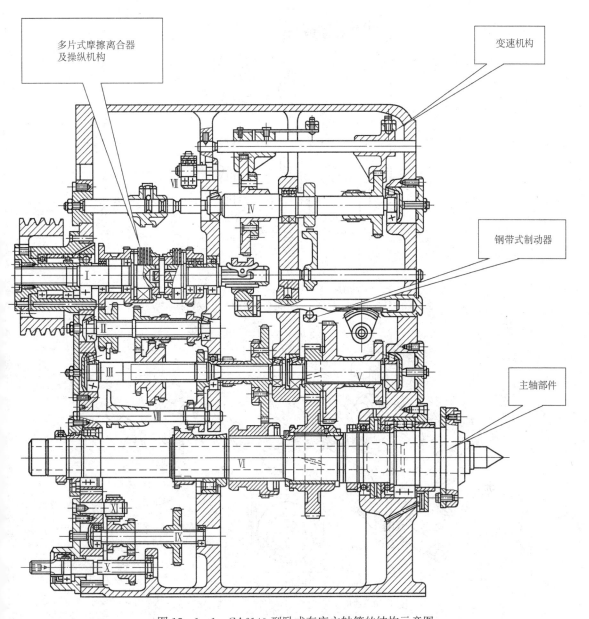

图 15-1-1　CA6140 型卧式车床主轴箱的结构示意图

1. 手柄 6 通过传动比为 1∶1 的链传动带动轴 5 与其同步转动。轴 5 上装有盘状凸轮 4 和曲柄 2。凸轮 4 端面上有一条封闭的曲线槽，它由两条不同半径的圆弧和两条过渡直线组成。

在凸轮上标有 a～f 六个位置，如图 15-1-4 所示。通过杠杆 3 操纵双联齿轮 A，当杠杆 3 的滚子处于凸轮曲线 abc 大半径处时，齿轮 A 在左端位置；当处于 def 小半径处时，齿轮 A 则移动到右端位置。

2. 曲柄 2 上的圆柱销滚子安装在拨叉 1 的长槽中，当曲柄 2 随着轴 5 转动时，可拨动滑移齿轮 B，使齿轮 B 处于左、中、右三个不同位置，如图 15-1-5 所示。

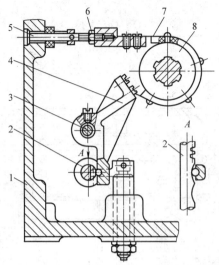

图 15-1-2　钢带式制动器

1—主轴箱体　2—齿条轴　3—轴　4—杠杆

5—调整螺钉　6—锁紧螺母　7—钢带（制动带）　8—制动轮

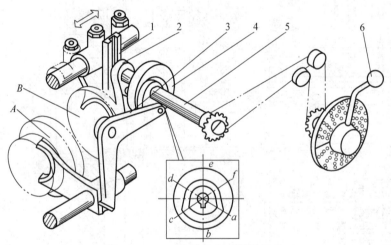

图 15-1-3　主轴箱变速操纵机构

1—拨叉　2—曲柄　3—杠杆　4—凸轮　5—轴　6—手柄

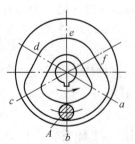

图 15-1-4　凸轮的六个位置

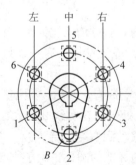

图 15-1-5　左、中、右三个位置

3. 由于凸轮 4 和曲柄 2 同轴，两者同步转动，通过手柄 6 的旋转和曲柄 2 及杠杆 3 的协同动作，即可使齿轮 A 和齿轮 B 的轴向位置实现六种不同的组合，得到六种不同的转速。所以这种机构又称为单手柄六速操纵机构。

§15-2　进给箱的结构与调整

◎ 学习目标

1. 熟悉 CA6140 型卧式车床进给箱的结构。
2. 明确 CA6140 型卧式车床进给箱主要机构的作用和工作原理。
3. 掌握对主要部件进行调整的技能。

◎ 工作任务

如图 15-2-1 所示为 CA6140 型卧式车床进给箱的结构示意图。这里的主要工作任务是介绍基本螺距机构。

◎ 工艺分析

进给箱的功用是将主轴箱经交换齿轮箱传来的运动经变速后传给光杠和丝杠，以满足自动进给和车削不同螺距的螺纹的需要。进给箱主要由基本螺距机构、倍增机构、移换机构、丝杠和光杠转换机构以及操纵机构等组成。

◎ 任务实施

操作提示

1. 各进给手柄应与标牌相符，固定可靠，互锁动作可靠。
2. 交换齿轮要求配合良好且固定可靠。

1. 进给箱中基本螺距机构由 XIV 轴上 4 个滑移齿轮 1、2、3、4 和 XIII 轴上 8 个固定齿轮 5、6、7、8、9、10、11、12 组成。每个滑移齿轮依次与 XIII 轴相邻的两个固定齿轮中的一个啮合，而且要保证在同一时刻内基本螺距机构中只能有一对齿轮啮合。控制齿轮啮合的 4 个拨块是由一个手轮操纵的。

2. 根据如图 15-2-2 所示的基本螺距机构可知：4 个滑移齿轮分别由 4 个拨块 2 来拨动，每个拨块的位置是由各自的 4 个销通过杠杆 3 来控制的。4 个销均匀地分布在操纵手轮 5 背面的环形槽 E 中。环形槽上有两个间隔 45°的孔 a 和孔 b，孔中分别装有带斜面的压块 6 和 6′。安装时，压块 6 的斜面应向外斜，以便与销 4 接触时能向外抬起销；压块 6′的斜面应向里斜，以便与销 4 接触时能向里压销。这样通过环形槽以及压块 6 和 6′，可操纵销 4 和杠杆 3，使每个拨块及其滑移齿轮能依次有左、中、右 3 个位置。

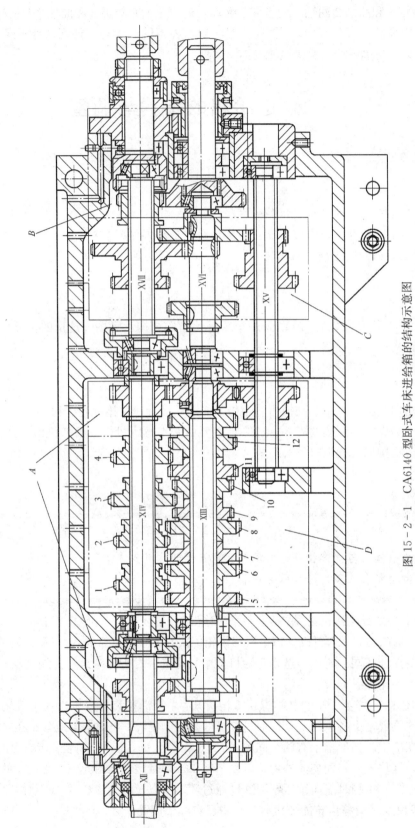

图 15 − 2 − 1 CA6140 型卧式车床进给箱的结构示意图

A—移换机构 B—丝杠和光杠转换机构 C—倍增机构 D—基本螺距机构
1、2、3、4—滑移齿轮 5、6、7、8、9、10、11、12—固定齿轮

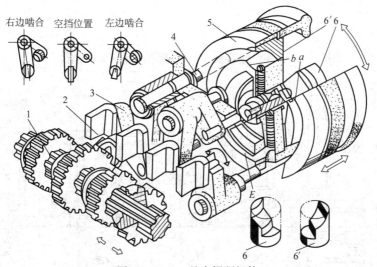

图 15-2-2　基本螺距机构

1—滑移齿轮　2—拨块　3—杠杆　4—销　5—手轮　6、6′—压块

3. 操纵手轮 5 在圆周方向有八个均匀分布的位置，如图 15-2-3 所示，在图示位置时，只有左上角的销 4′，在压块 6′的作用下靠在孔 b 的内壁上。此时杠杆将拨动滑移齿轮右移，使 XIV 轴上的第三个滑移齿轮 3 向左移动，与 XIII 轴上的齿轮 9 啮合（见图 15-2-1）。因其余 3 个销在环形槽 E 内，相应的其他 3 个滑移齿轮都在中间位置，从而保证 XIV 轴和 XIII 轴之间只有一对齿轮啮合。

当手轮 5 旋转一周时，能使基本螺距机构得到八种不同的啮合状态。

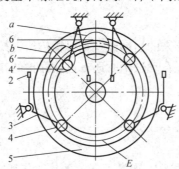

图 15-2-3　操纵手轮在圆周方向有八个均匀分布的位置

§15-3　溜板箱的结构与调整

◎ 学习目标

1. 熟悉 CA6140 型卧式车床溜板箱的结构。

2. 明确 CA6140 型卧式车床溜板箱主要机构的作用和工作原理。

3. 掌握对主要部件进行调整的技能。

◎ 工作任务

如图 15 - 3 - 1 所示为 CA6140 型卧式车床溜板箱的结构示意图。

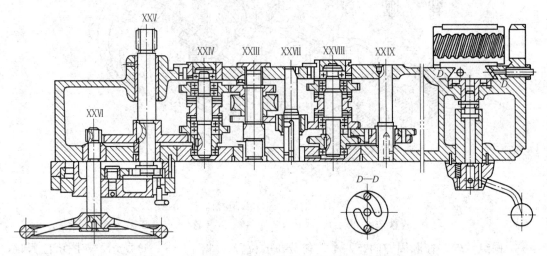

图 15 - 3 - 1 CA6140 型卧式车床溜板箱的结构示意图

工作任务流程如下：

◎ 工艺分析

溜板箱的功用是将进给箱传来的运动经操纵机构传给刀架，使刀架做纵向、横向自动进给或车削螺纹的运动。溜板箱在自动进给时还有过载保护的作用。

◎ 任务实施

操作提示

1. 各进给手柄应与标牌相符，固定可靠，互锁动作可靠。

2. 启闭开合螺母的手柄应准确、可靠，且无阻滞或过松感觉。

3. 进给（快进）手柄应灵活、可靠。交换齿轮要求配合良好且固定可靠。

一、开合螺母机构

开合螺母机构如图 15 - 3 - 2 所示。开合螺母机构的功用是接通或断开由丝杠传来的运动。车削螺纹时，将开合螺母合上，丝杠通过开合螺母带动溜板箱及刀架运动。开合螺母机构的两半螺母 1 和 2 装在溜板箱背后的燕尾形导轨中，可做上、下移动。在上、下半螺母的背面各装有一个圆柱销 3，其伸出端分别嵌在槽盘 4 的两条曲线槽中。转动手柄 6 经轴 7 使槽盘转动，当从 A 向看槽盘逆时针旋转时，曲线槽迫使两个圆柱销 3 互相靠近，使开合螺母合拢，与丝杠啮合，刀架做车削螺纹运动。当槽盘顺时针旋转时，曲线槽迫使上、下半螺母分开，脱离丝杠传动，溜板箱的运动停止。

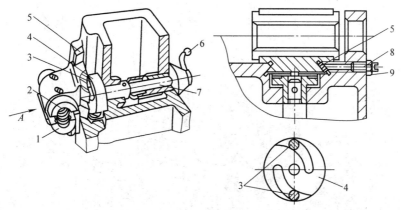

图 15-3-2 开合螺母机构

1—下半螺母 2—上半螺母 3—圆柱销 4—槽盘 5—楔铁
6—手柄 7—轴 8—调整螺钉 9—锁紧螺母

开合螺母的松紧程度可由调整螺钉 8 来调整。调整时，先松开锁紧螺母 9，拧动调整螺钉 8，当开合螺母的松紧程度调整合适后，再将锁紧螺母 9 拧紧。

二、纵向、横向自动进给及快速移动操纵机构

如图 15-3-3 所示为溜板箱传动操纵机构。车床纵向、横向自动进给的接通、断开及变向都是由装在溜板箱右侧的手柄 1 操纵的，手柄扳动方向与进给方向一致，使用非常方便。向前或向后扳动手柄 1，通过手柄座 3 使轴 19 以及固定在它左端的凸轮 18 转动，凸轮上的曲线槽通过销钉 15 使杠杆 16 绕轴销 17 摆动，再经杠杆 16 上的另一个销钉 14 带动轴 6 以及固定在其上的拨叉 13 做轴向移动，并拨动双面斜爪形离合器 M_9 向前或向后，接通向前或向后的横向自动进给运动。此时，若按下手柄 1 上的快速移动按钮 K，刀架实现快速横向移动，直到松开 K 时为止。

向左或向右扳动手柄 1，使手柄座 3 绕销钉 2 摆动（销钉 2 装在轴向固定的轴 19 上），手柄座下端的开口槽通过球头销 4 拨动轴 5，使轴 5 沿轴向移动，再经杠杆 7 和连杆 8 使凸轮 9 转动，凸轮上的曲线槽通过销钉 10 带动轴 11 以及固定在它上面的拨叉 12 向后或向前移动，通过拨叉使双面斜爪形离合器 M_8 向后或向前啮合，便可接通向左或向右的纵向移。此时按下手柄 1 上的快速移动按钮 K，刀架实现快速纵向移动，松开按钮 K，快速移动停止，恢复正常的纵向移动。

当手柄 1 处于中间位置时，离合器 M_8 和 M_9 都处于脱开位置，此时自动进给断开。

三、互锁机构

车床在工作时，为防止因操纵错误将开合螺母和纵向、横向自动进给（或快速移动）同时接通而损坏机床，在溜板箱内安装有互锁机构，如图 15-3-4 所示。互锁机构的功用是当开合螺母合上时，自动进给（或快速移动）不能接通；反之，自动进给接通时，开合螺母不能合上。

1. 在车床停止状态（见图 15-3-4a），即开合螺母脱开，自动进给也未接通，此时可任意扳动图 15-3-3 中的手柄 1 或开合螺母的手柄。

2. 开合螺母处于合上的状态时（见图 15-3-4b），由于开合螺母的操纵轴 2 转过了一定的角度，它的凸肩 T 进入轴 1（即图 15-3-3 中的轴 19）的槽中，将轴 1 卡住，使之不能转动，无法接通横向自动进给。同时凸肩 T 又将固定轴套 3 横向孔中的球头销 4 往下压，使它的下端插入轴 6（即图 15-3-3 中的轴 5）的孔中，将轴 6 锁住，无法接通纵向自动进

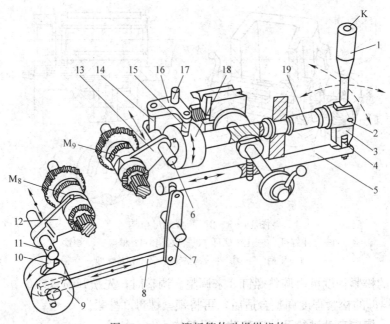

图 15-3-3　溜板箱传动操纵机构

1—手柄　2、10、14、15—销钉　3—手柄座　4—球头销　5、6、11、19—轴　7、16—杠杆

8—连杆　9、18—凸轮　12、13—拨叉　17—轴销　K—快速移动按钮

给。由此可知，当开合螺母合上时，自动进给和快速进给就不能接通。

3. 处于接通纵向自动进给的状态时（见图 15-3-4c），轴 6 沿轴向移动了位置，其上的横向孔与球头销 4 错开，球头销被轴 6 的外圆顶住而无法向下移动，轴 2 无法转动，开合螺母就不能合上。

4. 处于接通横向自动进给的状态时（见图 15-3-4d），由于轴 1 转动了一个角度，其上的沟槽不再对准轴 2 上的凸肩 T，使轴 2 不能转动，因此开合螺母就不能闭合。

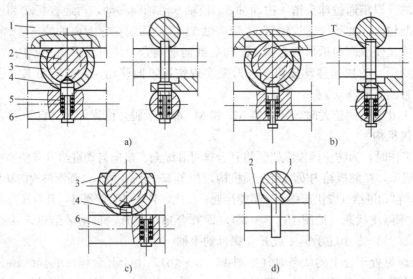

图 15-3-4　互锁机构

a）停止状态　b）自动进给、快速移动锁定状态　c）接通纵向自动进给状态　d）接通横向自动进给状态

1、6—轴　2—操纵轴　3—固定轴套　4—球头销　5—弹簧

四、安全离合器与超越离合器

1. 安全离合器

安全离合器（见图 15-3-5）又称过载保护机构，其功用是在自动进给中，当进给抗力过大或刀架受阻时，能自动断开自动进给，保证传动件不发生损坏。

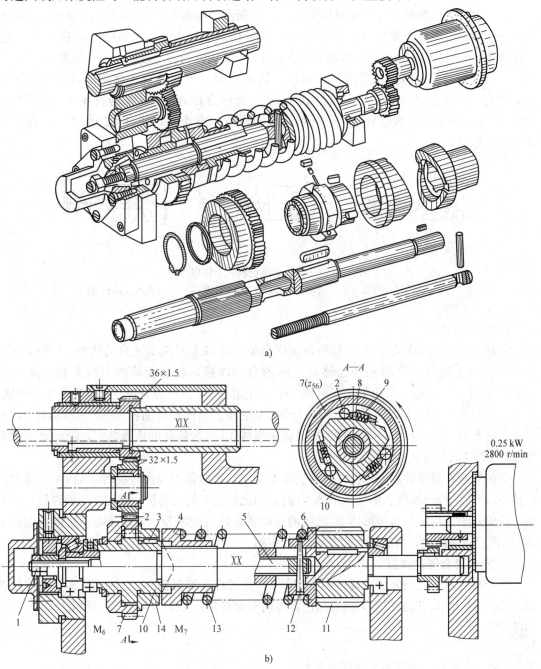

a)

b)

图 15-3-5　安全离合器与超越离合器

a）示意图　b）结构图

1—螺母　2—滚柱　3—键　4—右结合子　5—螺杆　6—弹簧座　7—齿轮

8—顶销　9—弹簧销　10—星形体　11—蜗杆　12—销　13—弹簧　14—左结合子

（1）安全离合器由两个端面带齿爪的结合子 4 和 14 组成，左结合子 14 和超越离合器星形体 10 连接在一起，且空套在蜗杆轴 XX 上；右结合子 4 与蜗杆轴用花键连接，并可在花键轴上轴向滑动，依靠弹簧 13 的弹力与左结合子 14 紧紧地啮合在一起传递自动进给运动。

（2）安全离合器的工作原理图如图 15-3-6 所示。如图 15-3-6a 所示为正常自动进给状态。运动由超越离合器传给左结合子 14，弹簧 13 将右结合子 4 与左结合子 14 压在一起，完成运动的传递，由右结合子 4 带动蜗杆轴运动，形成正常的自动进给运动。如图 15-3-6b 所示为自动进给过载或刀架受阻时，蜗杆轴转矩增大，使两结合子之间的轴向力大于弹簧的弹力，右结合子 4 被推开。如图 15-3-6c 所示为右结合子 4 被彻底推开，此时左结合子 14 继续转动，而右结合子 4 不能被带动而出现打滑现象，使自动进给停止，保护传动件不被损坏。

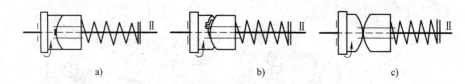

图 15-3-6　安全离合器的工作原理图

a）正常自动进给状态　b）自动进给过载或刀架受阻状态　c）自动进给断开状态

2. 超越离合器

超越离合器的功用是当有快慢两种速度交替传到轴上时能实现自动转换。CA6140 型卧式车床为实现自动进给和快速移动之间的自动转换，在溜板箱内安装有超越离合器（见图 15-3-5）。超越离合器由星形体 10、三个滚柱 2、三个弹簧销 9 以及齿轮 7 等组成。齿轮 7 空套在轴 XX 上，星形体 10 用键与轴 XX 连接。当慢速运动由轴 XIX 传给齿轮 7，使其逆时针旋转，靠摩擦力带动滚柱 2 楔紧在星形体 10 与齿轮孔的楔缝之间，带动星形体和轴 XX 一起逆时针旋转。

当齿轮 7 在慢速转动的同时，启动快速电动机，快速运动经齿轮副传给轴 XX，带着星形体 10 逆时针快速旋转。由于星形体 10 的运动比齿轮 7 的运动快，滚柱 2 压缩弹簧销 9 并离开楔缝，于是齿轮 7 与星形体 10 之间的运动联系便自动断开。当快速电动机停止时，轴 XX 又恢复慢速转动，刀架又重新获得自动进给。

3. 安全离合器的调整

安全离合器的调整方法：旋转调整螺母 1，使螺杆 5 通过销 12 拉动弹簧座 6 来控制弹簧 13 压力的大小，以适应安全离合器所需要的安全转矩，如图 15-3-5b 所示。

　想一想　为什么要调整安全离合器？

安全离合器中弹簧压力的大小必须合适，若压力太大，过载时，离合器右边的结合子推不开，起不到过载保护的作用；若弹簧压力太小，则不能选用较大的背吃刀量和进给量，否则自动进给将停止。

§15-4 尾座的结构与调整

◎ **学习目标**

1. 熟悉 CA6140 型卧式车床尾座的结构。
2. 明确 CA6140 型卧式车床尾座主要机构的作用和工作原理。
3. 掌握对主要部件进行调整的技能。

◎ **工作任务**

了解 CA6140 型卧式车床尾座的结构（见图 15-4-1）及调整方法。

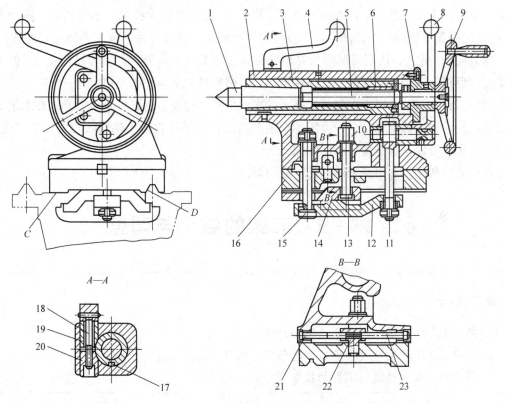

图 15-4-1　CA6140 型卧式车床尾座的结构示意图

1—后顶尖　2—尾座体　3—顶尖套　4—手柄　5—丝杠　6—丝杠螺母　7—端盖　8—快速紧固手柄
9—手轮　10—螺母　11—拉杆　12—压紧块　13、15—螺钉　14—压板　16—尾座底板　17—平键
18—螺杆　19、20—套筒　21、23—调整螺钉　22—调整螺母

◎ **工艺分析**

尾座可安装后顶尖，以便于支承较长的工件；也可以安装钻头、铰刀等对工件进行孔加工。

◎ **任务实施**

> **操作提示**
>
> 　对尾座部件的要求：
>
> 　1. 套筒由轴孔的最内端伸出到最大长度时应无不正常的间隙和滞塞，手轮转动要轻便，螺栓的拧紧与松开应灵便。
>
> 　2. 套筒的夹紧装置应灵便、可靠。

　　尾座装在床身的尾座导轨 C 及 D 上，它可以根据工件的长短调整纵向位置。位置调整后用快速紧固手柄 8 夹紧，当快速紧固手柄 8 向后推动时，通过偏心轴及拉杆，就可将尾座夹紧在床身导轨上。有时为了将尾座紧固得更牢靠些，可拧紧螺母 10，这时螺母 10 通过螺钉 13 及压板 14 使尾座牢固地夹紧在床身上。后顶尖 1 安装在尾座顶尖套 3 的锥孔中。尾座顶尖套装在尾座体 2 的孔中，并由平键 17 导向，使它只能轴向移动，不能转动。摇动手轮 9，可使尾座顶尖套 3 纵向移动。当尾座顶尖套移到所需的位置时，可用手柄 4 转动螺杆 18 以拉紧套筒 19 和 20，从而将尾座顶尖套 3 夹紧。如需卸下后顶尖，可转动手轮 9，使尾座顶尖套 3 后退，直到丝杠 5 的左端顶住后顶尖，将后顶尖从锥孔中顶出。

　　调整螺钉 21 和 23 用于调整尾座体 2 的横向位置，也就是调整后顶尖中心线在水平面内的位置，使它与主轴轴线重合，可用于车削圆柱面；如果使它与主轴轴线相交，工件由前、后顶尖支承，可以车削锥度较小的锥面。

　　尾座套筒和丝杠都用弹子油杯进行注油润滑。

§15－5　刀架的结构与调整

◎ **学习目标**

　　1. 熟悉 CA6140 型卧式车床刀架的结构。

　　2. 明确 CA6140 型卧式车床刀架的作用和工作原理。

　　3. 掌握对主要部件进行调整的技能。

◎ **工作任务**

　　根据如图 15－5－1 所示的 CA6140 型卧式车床刀架的结构，了解刀架的工作原理，掌握刀架调整技能。

◎ **工艺分析**

　　刀架用来安装车刀，最多可同时装 4 把。松开锁紧手柄即可转位，以选用所需的车刀。

　　刀架的结构示意图如图 15 - 5 - 1 所示。刀架装在小滑板的上面，在刀架的四侧可以夹持 4 把车刀（或 4 组刀具）。刀架体 1 可以转动四个位置（间隔 90°），使所装的 4 把车刀轮流参加切削。为了使刀架转位时获得准确的位置，用圆锥定位销 6 来定位。刀架的转位、定位及夹紧的工作原理如下：

　　当刀架需要转位时，把手柄 4 逆时针方向转动，通过花键套筒 2、5 以及单向斜齿离合器使凸轮块 7 转动，这时，利用凸轮块 7 端面的斜面将定位销 6 从定位孔中拨出（见图 15 - 5 - 1b）。手柄 4 继续转动，凸轮块的缺口肩部碰到固定在刀架体上的销 9，通过销 9 带动刀架体转动，钢球 8 因而滑出定位孔。

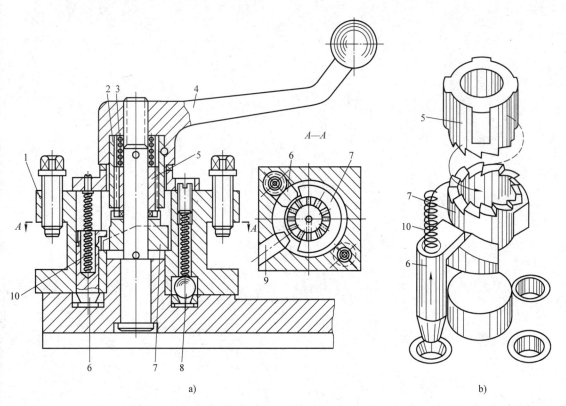

图 15 - 5 - 1　刀架的结构示意图

1—刀架体　2、5—花键套筒　3、10—弹簧　4—手柄

6—定位销　7—凸轮块　8—钢球　9—销

当刀架体 1 转到所需的位置时，钢球 8 便进入另一个定位孔，进行粗定位。然后反转手柄，凸轮块 7 也往回转动（依靠弹簧 3 压向单向斜齿离合器的摩擦力），使它的斜面脱离定位销 6，在弹簧 10 的作用下使定位销 6 插入新的定位孔中，进行精确定位。于是刀架体 1 不再转动，而当凸轮块 7 的缺口肩部另一侧与销 9 相碰时，凸轮块 7 也不能转动，这时花键套筒 5 与凸轮块端面的单向斜齿离合器开始打滑，手柄可以继续转动到夹紧刀架体为止。

课题十六　CA6140型卧式车床的总装配

◎ **学习目标**

通过CA6140型卧式车床的总装配，主要掌握CA6140型卧式车床总装配的顺序及工艺要求。

◎ **课题描述**

本课题是在课题十四、课题十五的基础上，进行CA6140型卧式车床的总装配练习。

◎ **材料准备**

实习设备名称	材料来源	台数
CA6140型卧式车床	课题十五	1

◎ **装配过程**

装配任务	任务描述
1. 总装配	按普通车床装配要求进行CA6140型卧式车床的总装配
2. 试车和验收	对装配后的CA6140型卧式车床进行试车与验收，包括静态检查、空运行试验、负载试验和精度检验四个方面
3. 常见故障和消除方法	对CA6140型卧式车床主要故障的产生原因进行分析，并消除故障

§16-1　总　装　配

◎ **学习目标**

1. 了解常用检验工具、量具的结构及使用方法。
2. 掌握CA6140型卧式车床的总装配工艺。

◎ **工作任务**

进行如图 16‐1‐1 所示的 CA6140 型卧式车床的总装配工作。

◎ **工艺分析**

普通车床[1]是在金属切削加工中应用比较广泛的机床，在传动和结构上也比较典型。同时，普通车床的装配工艺对解决各类机床的装配工艺问题具有一定的普遍指导意义。

零件装配成组件、部件后，即可进入总装配。普通车床总装配的要点是保证各部件之间的相互位置和装配尺寸链要求。

总装配工作包括部件与部件的连接，零件与部件的连接，各部件之间相互位置的调整与校正。各部件的装配位置确定后，还要进行钻孔、攻螺纹及铰削销孔等加工。

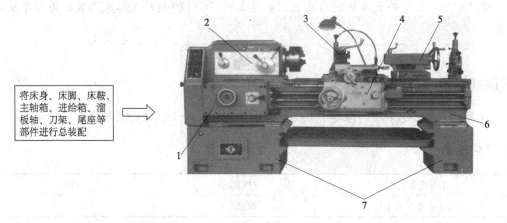

将床身、床脚、床鞍、主轴箱、进给箱、溜板轴、刀架、尾座等部件进行总装配

图 16‐1‐1 CA6140 型卧式车床总装配

1—进给箱 2—主轴箱 3—刀架 4—溜板箱 5—尾座 6—床身 7—床脚

◎ **相关知识**

一、常用检验工具及量具

总装配工作中常用的检验工具和量具见表 16‐1‐1。

表 16‐1‐1 总装配工作中常用的检验工具和量具

名称		图示	说明
平尺	桥形平尺		上表面为工作面，用来刮研或测量机床导轨

---

[1] 车床、钻床类组、系划分表见附表 9。

名称		图示	说明
平尺	平行平尺	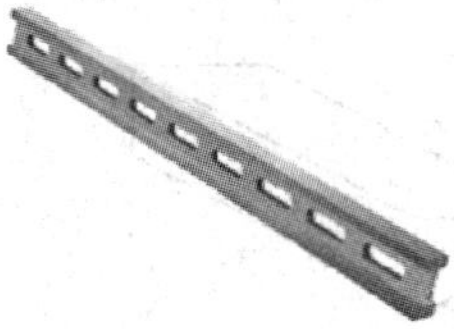	有两个互相平行的工作面
	角形平尺		用来检验燕尾导轨
方尺和直角尺	方尺	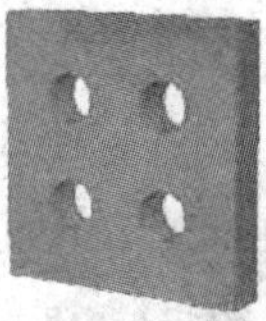	方尺和直角尺用来检验机床部件的垂直度误差
	直角尺		
	宽座直角尺		
	直角平尺		
垫铁	平面垫铁		

名称	图示	说明
垫铁 — 凹V形等边垫铁	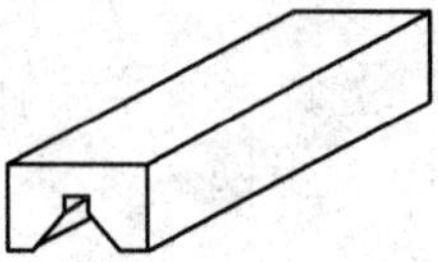	垫铁是一种检验导轨精度的通用工具,主要用作水平仪及百分表架等测量工具的垫铁
凸V形等边垫铁		
凹凸V形不等边垫铁		
90°角垫铁		
55°角垫铁		
检验心棒		检验心棒主要用来检查机床主轴及套筒类零部件的径向圆跳动误差、轴向窜动误差、同轴度误差、平行度误差等,是机床装配工作中常备工具之一 检验心棒一般用工具钢制成,经热处理及精密加工,精度较高。为减轻质量可以做成空心的;为便于装拆、保管,还可以做出拆卸螺纹及吊挂用小孔。用完后要清洗、涂油,并吊挂保存

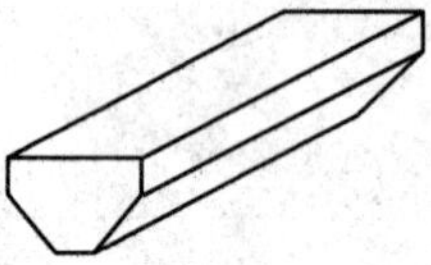

名称	图示	说明
检验桥板	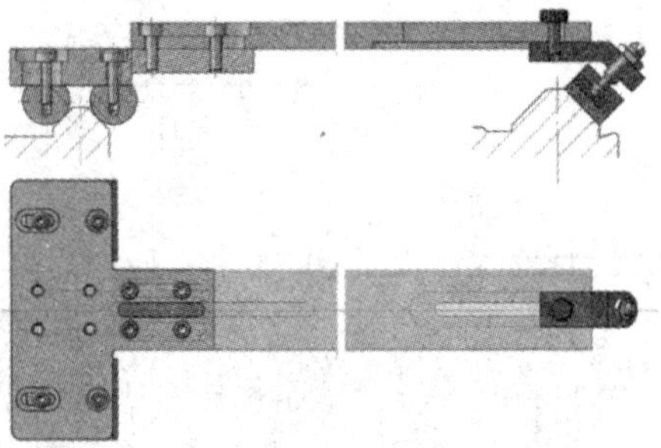	检验桥板是检验机床导轨面间相互位置精度的一种工具，一般与水平仪结合使用。按导轨的不同形状，可以做成不同的支承结构形式。检验桥板与导轨接触部分及本身的跨度可以调整和更换，以适应多种床身导轨组合的测量
水平仪 条形水平仪		
框式水平仪		水平仪主要用来测量导轨在铅垂平面内的直线度误差、工作台的平面度误差及零件的垂直度误差和平行度误差等
合像水平仪		
光学平直仪		可以精确地测量机床或仪器导轨的直线度误差，利用光学直角器和带磁反射镜等附件还可以测量垂直导轨的直线度误差，与多面体联用可测量圆的分度误差

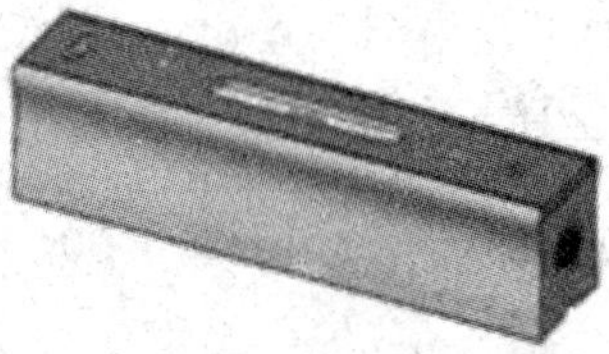

二、水平仪和光学平直仪的读数原理及使用方法

1. 水平仪的读数原理及使用方法

（1）水平仪的读数原理

如图 16-1-2 所示，假定平板处于自然水平位置，在平板上放一根 1 m 长的平行平尺，平行平尺的水平仪的读数为零，即处于水平状态。如将平行平尺右端抬起 0.02 mm，相当于使平行平尺与平板平面形成 4″ 的角度。如果此时水平仪的气泡向右移动一格，则该水平仪读数精度规定为 0.02/1 000，读成千分之零点零二。

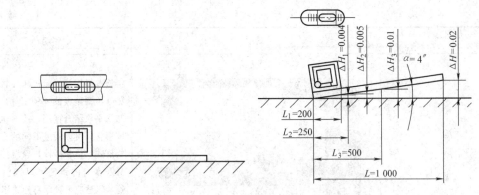

图 16-1-2 水平仪的读数原理

水平仪是一种测角量仪，它的测量结果是被测面相对于水平面的斜率。如 0.02/1 000，其含义是被测量面相对于水平面倾斜 4″，斜率是 0.02/1 000，而此时平尺两端的高度差则因测量长度不同而不同。如图 16-1-2 所示，按相似三角形比例关系可得：

在离左端 200 mm 处　$\Delta H_1 = 0.02 \times \dfrac{200}{1\,000}$ mm = 0.004 mm

在离左端 250 mm 处　$\Delta H_2 = 0.02 \times \dfrac{250}{1\,000}$ mm = 0.005 mm

在离左端 500 mm 处　$\Delta H_3 = 0.02 \times \dfrac{500}{1\,000}$ mm = 0.01 mm

（2）水平仪的读数方法

水平仪常用的读数方法有以下两种：

1）绝对读数法。如图 16-1-3a 所示，气泡在中间位置时，读成 0。以零线为基准，气泡向任意一端偏离零线的格数就是实际偏差的格数。偏离起端为"＋"，偏向起端为"－"。一般习惯由左向右测量，也可以把气泡向右移作为"＋"，向左移作为"－"。如图 16-1-3a 所示为＋2 格。

2）平均值读数法。以两长刻线（零线）为基准，同一方向分别读出气泡停止的格数，再把两数相加除以 2，即为其读数值，如图 16-1-3b 所示，气泡偏离右端零线 3 个格，偏离左端零线两个格，实际读数为＋2.5 格，即右端比左端高 2.5 格。平均值读数法不受环境温度的影响，读数精度高。

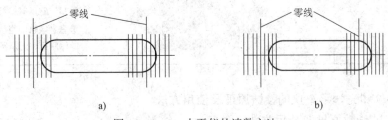

图 16-1-3　水平仪的读数方法
a）绝对读数法　b）平均值读数法

（3）用水平仪测量导轨铅垂平面内直线度的方法

1）用一定长度（l）的垫铁安放水平仪，不能直接将水平仪置于被测表面上。

2）将水平仪置于导轨中间，调平导轨。

3）将导轨分段，其长度与垫铁长度相适应。依次首尾相接逐段测量导轨，取得各段高度差读数。可根据气泡移动方向来评定导轨倾斜方向，如假定气泡移动方向与水平仪移动方向一致时为"＋"，反之为"－"。

4）把各段测量读数逐点积累，画出导轨直线度误差曲线图。作图时，导轨的长度为横坐标，水平仪读数为纵坐标。根据水平仪读数依次画出各折线段，每一段的起点与前一段的终点重合。

例如，长1 600 mm 的导轨，用精度为0.02/1 000的框式水平仪测量导轨在铅垂平面内的直线度误差。水平仪垫铁长度为 200 mm，分8段测量。用绝对读数法，每段读数依次为＋1、＋1、＋2、0、－1、－1、0、－0.5，如图16-1-4所示为导轨分段测量示意图。

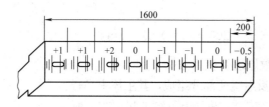

图 16-1-4　导轨分段测量示意图

取坐标纸，纵、横坐标分别按一定比例画出导轨直线度误差曲线，如图16-1-5所示。

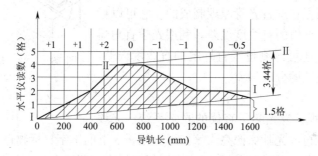

图 16-1-5　导轨直线度误差曲线

5）用两端点连线法或最小区域法确定最大误差格数及误差曲线形状。

①两端点连线法。若导轨直线度误差曲线成单凸（或单凹）时，作首尾两端点连线 Ⅰ—Ⅰ，并过曲线最高点（或最低点）作直线Ⅱ—Ⅱ与Ⅰ—Ⅰ线平行。两包容线间最大纵坐标值就是最大误差值。在图16-1-5中，最大误差在导轨长为600 mm 处。曲线右端点坐标值为1.5格，按相似三角形解法，导轨 600 mm 处最大误差值为4－0.56＝3.44格。

②最小区域法。如图16-1-6所示为用最小区域法确定导轨曲线误差，多在直线度误差曲线有凸有凹时采用。过曲线上两个最低点（或两个最高点）作一条包容线Ⅰ—Ⅰ；过曲线上的最高点（或最低点）作平行于Ⅰ—Ⅰ线的另一条包容线Ⅱ—Ⅱ，将误差曲线全部包容在两平行线之间，两平行线之间沿纵轴方向的最大坐标值就是最大误差。

6）按误差格数换算。导轨直线度误差一般按下式换算：

$$\Delta = nil$$

式中　Δ——导轨直线度误差，mm；

n——曲线图中最大误差格数；

i——水平仪的读数精度；

l——每段测量长度，mm。

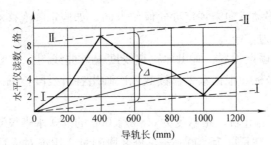

图 16-1-6 用最小区域法确定导轨曲线误差

在上例中：

$$\Delta = nil = 3.44 \times \frac{0.02}{1\,000} \times 200 \text{ mm} \approx 0.014 \text{ mm}$$

2. 光学平直仪的读数原理及使用方法

光学平直仪由主体和反射镜两部分组成，其主体由平行光管和望远镜组成，反射镜安装在桥板上。如图 16-1-7 所示为用光学平直仪检查导轨直线度误差。

（1）用途

光学平直仪是根据自准直光管原理制成的。它可以精确地测量机床或仪器导轨的直线度误差，利用光学直角器和带磁反射镜等附件还可以测量垂直导轨的直线度误差，与多面体联用可测量圆的分度误差。

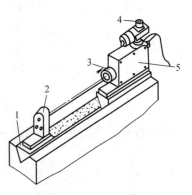

图 16-1-7 用光学平直仪检查导轨直线度误差
1—桥板 2—反射镜 3—望远镜
4—目镜 5—主体

（2）读数原理

如图 16-1-8 所示为光学平直仪的光学系统。光线由光源 1 发出，经绿色滤光片 2 照亮十字指示分划板 3 上的十字目标物像。该十字目标物像经立方棱镜 4、反射镜 5、物镜 6 后形成十字平行光射出，照射在平面反射镜 12 上，然后经平面反射镜 12 反射。反射回的亮十字目标物像再经物镜 6、反射镜 5、立方棱镜 4 原路返回并向上聚焦在固定分划板 7 上成像。固定分划板 7 上有粗读刻度标尺，并刻有 5、10 和 15 等读数。若导轨平直，反射镜面与平行光垂直，反射回去的十字目标物像在固定分划板中间，并与可动分划板 8 黑长刻线重合，如图 16-1-8b 所示。

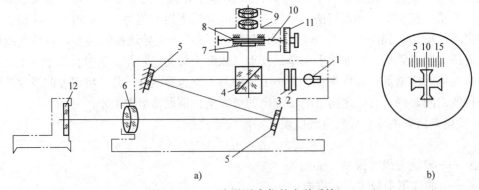

a)

b)

图 16-1-8 光学平直仪的光学系统
1—光源 2—绿色滤光片 3—十字指示分划板 4—立方棱镜 5—反射镜 6—物镜
7—固定分划板 8—可动分划板 9—目镜 10—测微螺杆 11—测微鼓轮 12—平面反射镜

（3）使用方法

如图 16-1-7 所示，先将光学平直仪的主体和反射镜分别置于被测导轨两端，借助桥板移动反射镜，使其接近主体。左右摆动反射镜，同时观察目镜，直至反射回来的亮十字目标物像位于视场中心为止。然后将反射镜移至原位，再观察亮十字目标物像是否仍在视场中心，否则应重新调整，调整好后主体不再移动。开始检查时，将反射镜桥板置于起始测量位置，转动测微鼓轮使可动分划板上的黑长单刻线在亮十字目标物像中间，记下刻度值，然后按反射镜桥板支承点距离逐段、首尾相连地进行测量。记下每次测量的刻度值，用作图法或计算法求出导轨直线度误差。

三、普通车床装配质量的技术条件

在《金属切削机床通用技术条件》和《普通车床制造与验收技术要求》中，对车床生产的质量要求和基本性能要求提出了全面的规定。下面主要叙述有关装配质量方面的一些共同性要求，以便于在装配机床时掌握。

1. 机床应按装配工艺规程进行装配。装配到机床上的零件、部件（包括外购件）均应符合质量要求，不应放入图样未规定的垫片和套等。

2. 对已加工的零部件的表面，在操作、搬运、保管及装配过程中，不应有碰伤、锈蚀等。

3. 机床上滑（滚）动配合面、结合缝隙、变速箱的润滑系统、滚动轴承和滑动轴承等，在装配过程中应仔细清洗干净。机床的内部不应有切屑和其他污物。

4. 对装配的零件，除特殊规定外，不应有锐边和尖角。导轨的加工面与不加工面交接处应倒钝锐边。丝杠等的第一圈螺纹端部应该倒角。

5. 沉头螺钉不应突出于零件表面。固定销应略突出于零件外表面。螺栓尾部应突出于螺母，突出长度略大于倒角尺寸。外露轴端应突出于包容件的端面，突出长度约为倒角尺寸。

6. 装配可调节的滑动轴承和镶条等零件或机构时，应留有调整和修理的规定余量。

7. 机床的床鞍手轮、中滑板手柄、小滑板手柄、尾座手轮等所需的操纵力应小于规定的数值。

8. 有刻度装置的手轮（手柄），其反向空程量不应超过规定值。

9. 对可调的齿轮、齿条等传动件，装配后的接触斑点和侧隙应符合相应的标准。对滑移齿轮，在操纵滑移时不应有卡住和阻滞现象。变换机构应保证准确、可靠地定位。啮合齿轮轮缘宽度小于或等于 20 mm 时，轴向错位不得大于 1 mm；啮合齿轮轮缘宽度大于 20 mm 时，轴向错位不得超过轮缘宽度的 5%，且不得大于 5 mm。

10. 装配时对于刮研表面研点的要求。在用配合件的结合面（或检验工具）做涂色法检验时，刮研点应均匀，在 100 cm^2 面积（计算面积）内平均计算，每 25 mm×25 mm 的面积内，研点数不得少于规定的数值。如两配合件的结合面一个是刮研面，另一个是机械加工面，则用配合件的机械加工面检验刮研面的研点时，不得少于规定的点数。个别的 25 mm×25 mm 面积内的最低点数不得少于规定点数的一半。显示剂为红丹粉。

11. 凡用涂色法检验的滑动导轨面，还应用 0.04 mm 的塞尺检验，在导轨、镶条滑动面的端部，允许插入深度不大于 10 mm。重要的固定结合面应紧密贴合，紧固后用 0.04 mm 的塞尺检验时不得插入；凡用涂色法检验的特别重要的固定结合面，为避免紧固后机床产生变形，应在紧固前、后用 0.04 mm 的塞尺检验，均不得插入。在《普通车床制造与验收技术要求》中规定，车床重要固定结合面有床身与床身、床身与床脚、进给箱与床身、三杠支架与床身、齿条与床身等的结合面。车床特别重要结合面有床头箱与床身、四方刀架与刀架上部、刀架中部与横刀架、尾座体与尾座底板等的结合面。

12. 机床运转时不应有不正常的尖叫声和不规则的冲击声。机床噪声的测量应在空运转条件下进行，精密车床噪声不得超过 76dB(A)，普通车床噪声不得超过 85dB(A)。

◎ **任务实施**

操作提示

1. 严格按照工艺规程所规定的操作步骤和工具进行装配。

2. 在装配进程中，应遵循从里到外、从下到上，以不影响下道工序为原则的次序进行。

3. 装配时要认真、细心，对各配合零件的操作，不能破坏其本身的精度和表面质量。

4. 在任何情况下，均应保证不使脏物进入机器的零部件内。

5. 机器总装后，要在滑动和旋转部分加润滑油，以防止在运动时拉毛、咬住或烧毁。

6. 最后要严格按照技术要求进行逐项检查，如油路要畅通，手柄位置要正确，各种变速和变向机构要操纵灵活等。

车床的总装配主要是保证组成车床的各个部件之间尺寸联系及相互位置要求。普通车床的总装配一般按下列顺序进行。

一、床身与床脚的安装

床身与床脚是车床的基础，也是总装配的基准部件。床身导轨是确立车床主要部件位置和刀架运动的基准。卧式车床床身导轨截面如图 16-1-9 所示。

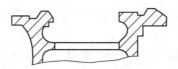

图 16-1-9 卧式车床床身导轨截面

操作提示

床身与床脚装配时的注意事项：

1. 导轨在垂直平面内的直线度公差为每 1 m 长度上 0.02 mm，全部长度上 0.04 mm，只许凸起。导轨在水平平面内的直线度公差为每 1 m 长度上 0.015 mm，全部长度上 0.03 mm。

2. 床身导轨倾斜（扭曲度），每 1 m 长度上为 0.02 mm，全部长度上为 0.03 mm。

装配床身的工艺要点：

1. 将床身装到床脚上，注意先将结合面处去毛刺及倒角，在床身、床脚的连接螺栓上垫等高垫圈，以保证结合面平整贴合，防止床身在紧固时产生变形。同时在结合面间加入

1～2 mm 的厚纸垫，可防止漏油。

2. 导轨几何精度的测量

（1）导轨在铅垂平面内的直线度误差及床鞍导轨的平行度误差的检测方法如图 16-1-10 所示。

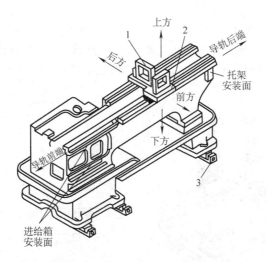

图 16-1-10　导轨在铅垂平面内的直线度误差及床鞍导轨的平行度误差的检测方法
1—水平仪　2—检验桥板　3—调整垫铁

纵放水平仪用于测量直线度误差，画导轨直线度误差曲线图，计算误差线性值。横放水平仪则用来测导轨平行度误差。

（2）导轨在水平平面内的直线度误差的检测方法如图 16-1-11 所示。移动检验桥板，百分表在全长范围内最大读数与最小读数之差为导轨在水平平面内的直线度误差。

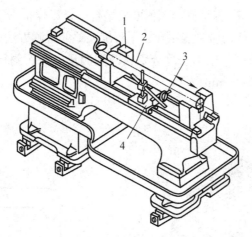

图 16-1-11　导轨在水平平面内的直线度误差的检测方法
1—等高垫块　2—检验心轴　3—百分表　4—检验桥板

二、床鞍配刮与床身装配

床鞍部件是保证刀架运动的关键。床鞍上、下导轨面分别与床身导轨和刀架下滑座配刮完成。

1. 配刮横向燕尾导轨

┌─ 操作提示
　　配刮床鞍横向燕尾导轨时，为减少刮削时床鞍变形（因床鞍本身刚度较低），应将床鞍放在床身导轨上。

（1）以刀架下滑座的表面 2 和 3 为基准，配刮床鞍横向燕尾导轨表面 5 和 6，如图 16-1-12 所示。推研时，手握工艺心棒，以保证安全。

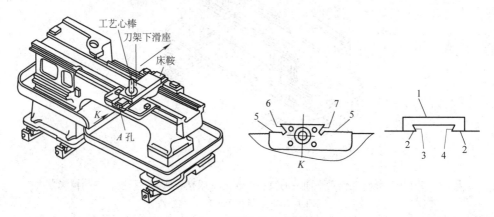

图 16-1-12　刮研床鞍上燕尾导轨表面

导轨表面 5 和 6 刮削后应满足对横丝杠 A 孔轴线的平行度要求，其误差在全长上应不大于 0.02 mm。检测方法如图 16-1-13 所示，在 A 孔中插入检验心轴，将百分表吸附在角形平尺上，分别在心轴上母线及侧母线上测量其平行度误差。

（2）修刮燕尾导轨面 7，保证其与平面 6 的平行度，以保证刀架横向移动顺利。可用角形平尺或下滑座为研具进行刮研。燕尾导轨平行度误差的检测方法如图 16-1-14 所示：将测量圆柱放在燕尾导轨两端，用千分尺分别在两端测量，两次测得的读数差就是平行度误差，在全长上应不大于 0.02 mm。

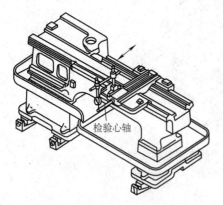

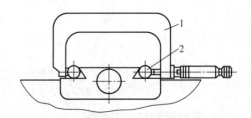

图 16-1-13　床鞍上导轨面对横丝杠孔轴线
平行度误差的检测方法

图 16-1-14　燕尾导轨平行度误差的检测方法
1—千分尺　2—测量圆柱

2. 配镶条

配镶条的目的是使刀架横向进给时有适当的间隙，并能在使用过程中不断调整间隙，以保证足够的寿命。

操作提示

配镶条时，镶条按燕尾导轨和刀架下滑座配刮，使刀架下滑座在床鞍燕尾导轨全长上移动时，无轻重或松紧不均匀的现象，并保证大端有 10~15 mm 的调整余量。

燕尾导轨与刀架下滑座配合表面之间用 0.03 mm 的塞尺检查，插入深度应不大于 20 mm。如图 16-1-15 所示为燕尾导轨的镶条。

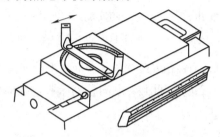

图 16-1-15　燕尾导轨的镶条

3. 配刮床鞍下导轨面

操作提示

刮削床鞍下导轨面时，主要是保证床鞍上、下导轨的垂直度。本项精度要求为 300 mm 长度内垂直度公差为 0.02 mm，只许偏向床头。

以床身导轨为基准，刮研床鞍与床身配合的表面，使其研点为 10~12 点/(25 mm×25 mm)，并按图 16-1-16 所示的方法检测床鞍上、下导轨面的垂直度误差。测量时，先纵向移动床鞍，校正床头放的直角平尺的一个边与床鞍移动方向平行。然后将百分表移放在刀架下滑座上，沿燕尾导轨全长移动，百分表的最大读数值就是床鞍上、下导轨面的垂直度误差。超过公差时，应刮研床鞍与床身结合的下导轨面，直至合格。

刮研床鞍下导轨面达到垂直度要求的同时，还要保证以下两项要求：

（1）横向应与进给箱、托架安装面垂直，溜板箱安装面与进给箱安装面垂直度误差的检测方法如图 16-1-17 所示。在床身进给箱安装面上用夹板夹持一直角尺，在直角尺处于水平的表面上移动百分表，检查溜板箱安装面的位置精度，要求 100 mm 长度内垂直度公差为 0.03 mm。

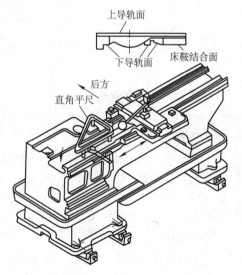

图 16-1-16　床鞍上、下导轨面垂直度
误差的检测方法

287

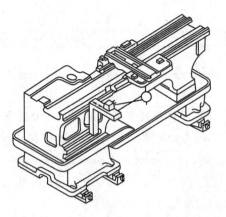

图 16-1-17　溜板箱安装面与进给箱安装
面垂直度误差的检测方法

（2）纵向与床身导轨平行，溜板箱安装面与床身导轨平行度误差的检测方法如图 16-1-18
所示。将百分表吸附在床身齿条安装面上，纵向移动床鞍，在溜板箱安装面全长上百分表最
大读数差不得超过 0.06 mm。

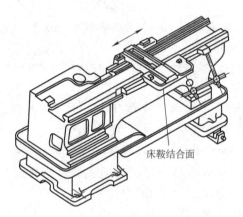

床鞍结合面

图 16-1-18　溜板箱安装面与床身导轨
平行度误差的检测方法

4. 床身与床鞍的装配

操作提示

　床身与床鞍的装配，主要是刮研床身的下导轨面及配刮床鞍两侧压板，保证床身
上、下导轨面的平行度，以达到床鞍与床身导轨在全长上能均匀结合、平稳移动的目
的。

床身与床鞍的装配如图 16-1-19 所示，装上两侧压板并调整到适当的配合，推研床
鞍，按接触情况刮研两侧压板，要求研点为 6～8 点/(25 mm×25 mm)。全部螺钉调整紧固
后，用 200～300 N 的力推动床鞍在导轨全长上移动，应无阻滞现象；用 0.03 mm 的塞尺检
查密合程度，插入深度应不大于 20 mm。

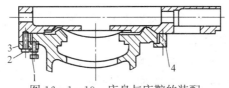

图 16-1-19　床身与床鞍的装配

1—调节螺钉　2—紧定螺钉　3—外侧压板　4—内侧压板

三、溜板箱、进给箱及主轴箱的安装

1. 安装溜板箱

溜板箱的安装在总装配过程中起重要作用。其安装位置直接影响丝杠、螺母能否正确啮合，进给能否顺利进行，还是确定进给箱和丝杠后托架安装位置的基准。确定溜板箱的位置应按下列步骤：

操作提示

溜板箱预装精度校正后，应等到进给箱和丝杠后托架的位置校正后才能钻、铰溜板箱定位销孔，配作锥销以实现最后定位。

（1）校正开合螺母中心线与床身导轨平行度

如图 16-1-20 所示安装溜板箱，在溜板箱的开合螺母体内卡紧一检验心轴，在床身检验桥板上紧固丝杠中心检测工具。分别在左、右两端校正检验心轴上母线和侧母线与床身导轨的平行度，其误差值应在 0.15 mm 以内。

（2）溜板箱左右位置的确定

左右移动溜板箱，使溜板箱横向进给传动齿轮副有合适的齿侧间隙，其调整方法如图 16-1-21 所示。将一张厚 0.08 mm 的纸放在齿轮啮合处，转动齿轮，若印痕呈现将断不断的状态就是正常侧隙。此外，侧隙也可通过横向进给手轮空转量不超过 1/30 转来检查。

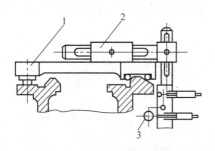

图 16-1-20　安装溜板箱

1—桥板　2—检测工具　3—检验心轴

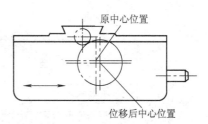

图 16-1-21　溜板箱横向进给齿轮
副侧隙的调整方法

2. 安装齿条

操作提示

安装齿条时，主要是保证纵向进给小齿轮与齿条的啮合间隙。正常啮合侧隙为 0.08 mm，检验方法和横向进给齿轮副侧隙检验方法相同，并以此确定齿条安装位置和厚度尺寸。

由于齿条加工工艺限制，车床的齿条由几根拼接、装配而成。为保证相邻齿条接合处的齿距精度，安装时，应用标准齿条进行跨接校正，如图16-1-22所示。校正时，在两根相接齿条的接合端面之间须留有0.5 mm左右的间隙。

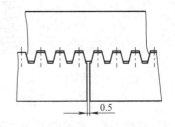

图16-1-22　标准齿条跨接校正

齿条安装后，必须在床鞍行程的全长上检查纵向进给小齿轮与齿条的啮合间隙，间隙要一致。齿条位置调好后，每个齿条都配有两个定位销，以确定其安装位置。

3. 安装进给箱和丝杠后托架

安装进给箱和丝杠后托架时，可按图16-1-23所示的方法检测丝杠三点同轴度误差，即在进给箱、溜板箱、后托架的丝杠支承孔中，各装入一根配合间隙不大于0.005 mm的检验心轴，三根检验心轴外伸测量端的外径相等。溜板箱用心轴有两种：一种其外径尺寸与开合螺母外径相等，它在开合螺母未装入时使用；另一种具有与丝杠中径尺寸一样的螺纹，测量时，卡在开合螺母中。前者测量可靠，后者测量误差较大。

安装进给箱和丝杠后托架的步骤如下：

（1）调整进给箱和后托架的丝杠安装孔轴线与床身导轨的平行度

用如图16-1-23所示的专用测量工具，检查进给箱和后托架丝杠孔的轴线，其对床身导轨的平行度公差：上母线为0.02 mm/100 mm，只许前端向上偏；侧母线为0.01 mm/100 mm，只许向床身方向偏。若超差，则通过刮削进给箱和后托架与床身结合面来调整。

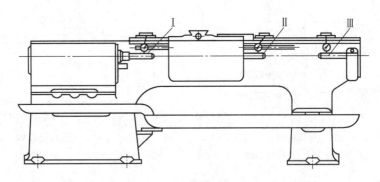

图16-1-23　丝杠三点同轴度误差的检测方法

（2）调整进给箱、溜板箱和后托架三者丝杠安装孔的同轴度

以溜板箱上的开合螺母孔轴线为基准，通过抬高或降低进给箱和后托架丝杠支承孔的轴线，使丝杠三处支承孔同轴。丝杠三点同轴度误差的检测方法如图16-1-23所示，上母线的测量误差不大于0.01 mm/100 mm。横向则移出或推进溜板箱，使开合螺母轴线与进给箱、后托架轴线同轴，其侧母线的测量误差不大于0.01 mm/100 mm。

调整合格后，进给箱、溜板箱和后托架即配作定位销，以确保位置不变。

4. 安装主轴箱

操作提示

主轴箱是以底平面和凸块侧面与床身接触来保证正确安装位置的。底面用来控制主轴轴线与床身导轨在垂直平面内的平行度；凸块侧面控制主轴轴线在水平面内与床身导轨的平行度。

安装主轴箱时，可按图 16-1-24 所示的方法检测主轴轴线与床身导轨的平行度误差。主轴孔插入检验心轴，百分表座吸在刀架下滑座上，分别在上母线和侧母线上测量，百分表在全长（300 mm）范围内的读数差就是平行度误差。

安装要求如下：上母线的平行度公差为 0.03 mm/300 mm，只许检验心轴外端向上抬起（俗称抬头），若超差则刮削底平面；侧母线的平行度公差为 0.015 mm/300 mm，只许检验心轴偏向操作者方向（俗称里勾），超差时，通过刮削凸块侧面来满足要求。

为消除检验心轴本身误差对测量的影响，测量时旋转主轴 180° 做两次测量，两次测量结果代数和的一半就是平行度误差。

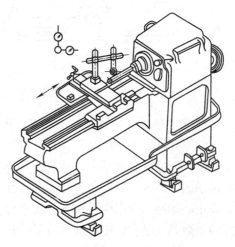

图 16-1-24　主轴轴线与床身导轨平行度误差的检测方法

四、尾座的安装

操作提示

1. 床鞍移动轨迹对尾座套筒伸出部分轴线的平行度公差：上母线为 0.01 mm/100 mm，只允许向上偏；侧母线为 0.03 mm/100 mm，只许向前偏。

2. 床鞍移动轨迹对尾座套筒锥孔轴线的平行度公差：上母线为 0.03 mm/300 mm，侧母线为 0.03 mm/300 mm。

3. 主轴锥孔轴线和尾座套筒锥孔轴线对床身导轨的等距度公差为 0.06 mm（只许尾座高）。

1. 调整尾座的安放位置

以床身上尾座导轨为基准，配刮尾座底板，使其达到精度要求。

将尾座部件装在床身上，按图 16-1-25 所示的方法检测尾座套筒轴线对床身导轨的平行度误差。

（1）床鞍移动轨迹对尾座套筒伸出部分轴线的平行度

测量方法：使尾座套筒伸出尾座体 100 mm，并与尾座体锁紧。移动床鞍，使其上的百分表触于尾座套筒的上母线和侧母线上，百分表在 100 mm 内的读数差就是平行度误差，如图 16-1-25a 所示。

（2）床鞍移动轨迹对尾座套筒锥孔轴线的平行度

在尾座套筒内插入一根检验心轴（300 mm），将尾座套筒退回尾座体内并锁紧，然后移动床鞍，使其上百分表触于检验心轴的上母线和侧母线上。百分表在 300 mm 长度范围内的读数差就是床鞍移动轨迹对尾座套筒锥孔轴线的平行度误差，如图 16-1-25b 所示。为了消除检验心轴本身误差对测量的影响，一次检验后，将检验心轴退出，转 180°再插入检验一次，两次测量结果代数和的一半就是该项误差值。

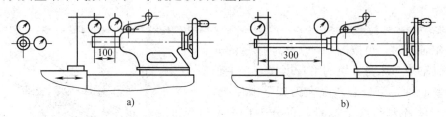

图 16-1-25　尾座套筒轴线对床身导轨平行度误差的检测方法

2. 调整主轴锥孔轴线和尾座套筒锥孔轴线对床身导轨的等距度

主轴锥孔轴线与尾座套筒锥孔轴线对床身导轨等距度的调整方法如图 16-1-26a 所示，在主轴锥孔内插入一个顶尖，并校正其与主轴轴线的同轴度。在尾座套筒内，同样装一个顶尖，两顶尖之间顶一标准检验心轴。将百分表置于床鞍上，先将百分表测头顶在心轴侧母线上，校正心轴在水平平面与床身导轨平行。再将测头触于检验心轴的上母线，百分表在心轴两端的读数差就是主轴锥孔轴线与尾座套筒锥孔轴线对床身导轨的等距度误差。为了消除尾座套筒中顶尖本身误差对测量的影响，一次检验后，将顶尖退出，转过 180°重新检验一次，两次测量结果代数和的一半就是其误差值。

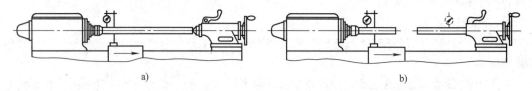

图 16-1-26　主轴锥孔轴线与尾座套筒锥孔轴线对床身导轨等距度的调整方法

如图 16-1-26b 所示为另一种测量方法，即分别测量主轴和尾座锥孔轴线的上母线，再根据两检验心轴的直径尺寸和百分表读数，经计算求得。在测量之前，也要校正两检验心轴在水平平面内与床身导轨的平行度。

若主轴锥孔轴线和尾座套筒锥孔轴线对床身导轨的等距度超差，则通过刮研尾座底板来调整。

五、丝杠和光杠的安装

溜板箱、进给箱、后托架的三支承孔同轴度校正后，就能装入丝杠、光杠。丝杠装入后应进行检验。

1. 测量丝杠两轴承孔轴线和开合螺母轴线对床身导轨的等距度

测量方法如图 16-1-27 所示，用图 16-1-20 所示的专用检测工具在丝杠两端和中间三处测量。三个位置中对导轨相对距离的最大差值就是等距度误差。测量时，开合螺母应是闭合状态，这样可以排除丝杠质量、弯曲等因素对测量数值的影响。溜板箱应在床身中间，防止丝杠挠度对测量的影响。此项精度要求：在丝杠上母线上测量公差为 0.15 mm，在丝杠侧母线上测量公差为 0.15 mm。

2. 测量丝杠的轴向窜动

测量方法如图 16-1-27 所示，在丝杠后端的中心孔内，用黄油粘住一个钢球，将平头百分表顶在钢球上。合上开合螺母，使丝杠转动，百分表的读数差就是丝杠轴向窜动误差，最大不应超过 0.015 mm。

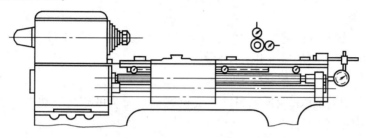

图 16-1-27　丝杠与导轨等距度及轴向窜动量的测量方法

六、刀架的安装

小刀架部件装配在刀架下滑座上，按图 16-1-28 所示的方法检测小刀架移动轨迹对主轴轴线的平行度误差。

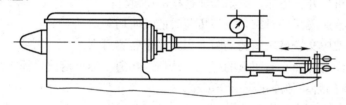

图 16-1-28　小刀架移动轨迹对主轴轴线平行度误差的检测方法

测量时，先横向移动刀架，使百分表触及主轴锥孔中插入的检验心轴上母线，再纵向移动小刀架测量，误差不超过 0.03 mm/100 mm。

> **操作提示**
>
> 若小刀架移动轨迹对主轴轴线的平行度超差，通过刮削小刀架滑板与刀架下滑座的结合面来调整。

此外，还有安装电动机、交换齿轮架、安全防护装置、保险装置及操纵机构等工作。

§16-2　试车和验收

◎ **学习目标**

掌握卧式车床的试车和验收方法。

◎ 工作任务

车床总装配后，必须经过试车和验收。卧式车床的试车和验收一般包括静态检查、空运转试验、负荷试验和精度检验4个方面。

◎ 任务实施

一、静态检查

静态检查是车床进行性能试验之前的检查，主要是检查车床各部位是否安全、可靠，以保证试车时不出事故。应从以下几方面检查：

1. 用手转动各传动件，应运转灵活。

2. 变速手柄和换向手柄应操纵灵活、定位准确、安全可靠。转动手轮或手柄时，其转动力用拉力器测量，不应超过80 N。

3. 移动机构的反向空行程量应尽量小。

4. 床鞍、刀架等在行程范围内移动时，应轻重均匀和平稳。

5. 尾座套筒在尾座孔中做全长伸缩，应运动灵活而无阻滞，手轮转动轻快，锁紧机构灵敏且无卡死现象。

6. 开合螺母机构开合可靠，无阻滞或过松的感觉。

7. 安全离合器应灵活、可靠，在超负荷时能及时切断运动。

8. 交换齿轮架中交换齿轮间的侧隙适当，固定装置可靠。

9. 各部分的润滑加油孔有明显的标记，清洁、畅通。油尺清洁，插入深度与松紧合适。

10. 电气设备的启动和停止应安全可靠。

二、空运转试验

空运转试验是在无负荷状态下启动车床，检查主轴转速。从最低转速依次提高到最高转速，各级转速的运转时间不少于5 min，最高转速的运转时间不少于3 min。同时，对机床的进给机构也要进行低、中、高进给量的空运转，并检查润滑油泵输油情况。

> **操作提示**
>
> 1. 要避免润滑不良而使主轴产生振动及过热。其他机构的轴承，在工作中发生异常的温升过高时，可用箱体外轴承法兰盖上的调整螺钉来调整，并依次测试主轴的各级转速。
>
> 2. 主轴发生异常的温升过高或振动时，应调整主轴轴承间隙。
>
> 3. 电气设备的启动、停止等动作应可靠。

车床空运转时应满足以下要求：

1. 在所有的转速下，车床的各工作机构应运转正常，不应有明显的振动。各操纵机构应平稳、可靠。

2. 润滑系统正常、畅通、可靠、无泄漏现象。

3. 安全防护装置和保险装置安全可靠。

4. 在主轴轴承达到稳定温度（即热平衡状态）时，轴承的温度和温升均不得超过规定值，即：滑动轴承温度为60℃，温升为30℃；滚动轴承温度为70℃，温升为40℃。

三、负荷试验

车床经空运转试验合格后，将其调至中速（最高转速的1/2或高于1/2的相邻一级转速）下继续运转，待其达到热平衡状态时，则可进行负荷试验。

1. 全负荷试验

全负荷试验的目的是考核车床主传动系统能否输出设计所允许的最大转矩和功率。试验方法：将尺寸为 $\phi100$ mm×250 mm 的中碳钢试件一端用卡盘夹紧，一端用顶尖顶住，用主偏角为45°的标准硬质合金（P30）右偏刀进行车削，切削用量取：$n=58$ r/min，$a_p=12$ mm，$f=0.6$ mm/r。

> **操作提示**
> 1. 在全负荷试验时，车床所有机构应工作正常，动作平稳，不准有振动和噪声。
> 2. 主轴转速不得比空转时降低5%以上。
> 3. 各手柄不得有颤抖和自动换位现象。试验时，允许将摩擦离合器调紧2～3孔，待切削完毕再松开至正常位置。

2. 精车外圆试验

精车外圆试验的目的是检验车床在正常工作温度下，主轴轴线与床鞍移动轨迹是否平行，主轴的旋转精度是否合格。

试验方法是在车床卡盘上装夹尺寸为 $\phi80$ mm×250 mm 的中碳钢试件，不用尾座顶尖，采用高速钢车刀。切削用量取 $n=397$ r/min，$a_p=0.15$ mm，$f=0.1$ mm/r。精车外圆表面。

精车后试件公差：圆度为0.01 mm，圆柱度为0.01 mm/100 mm。表面粗糙度 Ra 值不大于 3.2 μm。

3. 精车端面试验

精车端面试验应在精车外圆合格后进行，目的是检查车床在正常工作温度下，刀架横向移动轨迹对主轴轴线的垂直度误差和横向导轨的直线度误差。试件为 $\phi250$ mm 的铸铁圆盘，用卡盘装夹。用45°硬质合金右偏刀精车端面，切削用量取 $n=230$ r/min，$a_p=0.2$ mm，$f=0.15$ mm/r。

精车端面后试件平面度误差不大于0.02 mm（只许凹）。

4. 车槽试验

车槽试验的目的是考核车床主轴系统及刀架系统的抗振性能，检查主轴部件的装配精度和旋转精度、床鞍刀架系统刮研配合面的接触质量及配合间隙的调整是否合格。

车槽试验的试件为 $\phi80$ mm×150 mm 的中碳钢棒料，用前角 $\gamma_o=8°～10°$、后角 $\alpha_o=5°～6°$ 的硬质合金切断刀（P10），切削用量取 $v_c=40～70$ m/min，$f=0.1～0.2$ mm/r，切削刃宽度为5 mm。在距卡盘端（1.5～2）d 处车槽（d 为工件直径），不应有明显振动和振痕。

5. 精车螺纹试验

精车螺纹试验的目的是检查车床螺纹加工传动系统的准确性。

试验规范：$\phi40$ mm×500 mm 的中碳钢工件；60°高速钢标准螺纹车刀；切削用量取

$n=19$ r/min，$a_p=0.02$ mm，$f=6$ mm/r；工件两端用顶尖装夹。

精车螺纹试验精度要求：螺距累积误差应小于 0.025 mm/100 mm，表面粗糙度 Ra 值不大于 $3.2~\mu m$，无振动波纹。

四、精度检验

完成上述各项试验之后，在车床热平衡状态下，按 GB/T 4020—1997 规定逐项做好精度检验，认真做好记录，合格后方可出厂。

卧式车床几何精度检验项目及允差见附表 10，卧式车床工作精度检验项目及允差见附表 11。

§16-3　常见故障和消除方法

◎ **学习目标**

1. 熟悉 CA6140 型卧式车床常见故障。
2. 掌握 CA6140 型卧式车床常见故障的消除方法。

◎ **工作任务**

消除 CA6140 型卧式车床常见故障。

◎ **任务实施**

CA6140 型卧式车床常见故障的类型、产生原因及解决方法见表 16-3-1。

表 16-3-1　　　　　　　　　　　　**CA6140 型卧式车床常见故障**

类型	产生原因	解决方法
车削圆柱面产生锥度	主要是由于主轴轴线与纵向导轨不平行引起的，其次是床身导轨的质量问题	1. 调整主轴轴线，使被加工工件的锥度误差不超过 0.01~0.015 mm 2. 调整安装垫铁，校正导轨扭曲 3. 刮研或磨削床身导轨，修复其精度
车削外圆出现椭圆	1. 主轴轴承间隙过大，引起主轴径向圆跳动误差和轴向窜动过大	调整主轴轴承间隙，达到质量要求
	2. 轴承外径与箱体孔配合间隙过大	采用镀铬办法补偿间隙，也可重新镶套
	3. 主轴轴承磨损，精度丧失	更换轴承
精车端面产生中凸、中凹	1. 横向导轨和主轴轴线的垂直度超差	修刮床鞍上的横向燕尾导轨，使其垂直度误差在全长范围内不超过 0.02 mm
	2. 中滑板滑动间隙过大	刮研镶条，调整间隙

类型	产生原因	解决方法
车削工件时产生振动	1. 主轴配合间隙过大，引起主轴径向圆跳动误差过大	调整主轴配合间隙至要求
	2. 主轴尾部螺母松动，引起主轴轴向窜动过大	调整主轴尾部的两个螺母，使轴向间隙符合要求
	3. 床鞍或小滑板的镶条松动	调整镶条至要求
	4. 刀具磨得不好，装夹不正确	重新修磨刀具，正确装夹刀具
精车外圆时表面产生有规律的波纹	1. 主电动机旋转不平稳，产生振动	对主电动机进行平衡试验
	2. 机床安装垫铁不实，地脚螺栓松动，机床产生振动	校正机床，塞实垫铁，旋紧地脚螺母
	3. 主传动 V 带松紧不均匀，产生振动	更换 V 带，使几根 V 带长度相等
	4. 主轴箱内齿轮啮合过紧或齿部损伤	调整轴承间隙，修整齿轮，保证齿轮的正常啮合
车削外圆时在工件长度中的固定位置表面出现凸纹或凹纹	1. 床身导轨面有局部碰伤、凸痕	用刮刀或油石修去凸痕和毛刺等
	2. 床身上齿条表面有凸痕或齿条间接缝不良	修整齿条和接缝，使进给齿轮平稳地通过两齿条接缝处
精车螺纹表面有波纹	1. 丝杠轴向窜动超差	调整丝杠的轴向窜动量在允差范围内
	2. 切削长工件螺纹，因工件本身弯曲而引起表面波纹	增加跟刀架，使工件不会因车刀的切入而引起跳动
车出的螺纹螺距误差大	1. 主轴轴向窜动超差	调整主轴轴向间隙
	2. 丝杠轴向窜动超差	调整丝杠轴向窜动量在 0.01 mm 之内
	3. 开合螺母闭合不好	调整开合螺母镶条
	4. 丝杠弯曲	校直丝杠
停车不及时	1. 正、反转开关手柄定位螺钉松动或定位压簧损坏	旋紧定位螺钉或更换定位压簧
	2. 摩擦离合器调整得过紧	适当调松离合器摩擦片
	3. 制动带调整得过松或磨损	调整制动带或更换磨损的制动带
主轴转速低于标牌上的转速或发生自动停车现象	1. 摩擦离合器调整得过松或摩擦片损坏	调整摩擦离合器，使其足以传递额定功率而又不产生过热现象，或者更换摩擦片
	2. 电动机传动带过松或严重磨损	调整传动带松紧度或更换磨损的传动带
车削时过载，自动进刀停不住或车削时稍一吃刀自动进刀却停住了	1. 安全离合器弹簧调得太紧或太松，以至于停车后离合器尚未完全脱开	调整安全离合器弹簧的压力
	2. 制动器失控	调整好制动器

附　表

附表 1　　　　　　　　　　　**钻钢料时的切削用量（用切削液）**

钢料的性能	进给量 f/（mm/r）													
	0.20	0.27	0.36	0.49	0.66	0.88								
	0.16	0.20	0.27	0.36	0.49	0.66	0.88							
	0.13	0.16	0.20	0.27	0.36	0.49	0.66	0.88						
	0.11	0.13	0.16	0.20	0.27	0.36	0.49	0.66	0.88					
好	0.09	0.11	0.13	0.16	0.20	0.27	0.36	0.49	0.66	0.88				
↓		0.09	0.11	0.13	0.16	0.20	0.27	0.36	0.49	0.66	0.88			
差			0.09	0.11	0.13	0.16	0.20	0.27	0.36	0.49	0.66	0.88		
				0.09	0.11	0.13	0.16	0.20	0.27	0.36	0.49	0.66	0.88	
					0.09	0.11	0.13	0.16	0.20	0.27	0.36	0.49	0.66	
						0.09	0.11	0.13	0.16	0.20	0.27	0.36	0.49	

钻头直径/mm	切削速度 v_c/（m/min）													
≤4.6	43	37	32	27.5	24	20.5	17.7	15	13	11	9.5	8.2	7	6
≤9.6	50	43	37	32	27.5	24	20.5	17.7	15	13	11	9.5	8.2	7
≤20	55	50	43	37	32	27.5	24	20.5	17.7	15	13	11	9.5	8.2
≤30	55	55	50	43	37	32	27.5	24	20.5	17.7	15	13	11	9.5
≤60	55	55	55	50	43	37	32	27.5	24	20.5	17.7	15	13	11

注：钻头为高速钢标准麻花钻。

附表 2　　　　　　　　　　　**钻铸铁时的切削用量**

铸铁硬度 HB	进给量 f/（mm/r）												
140～152	0.20	0.24	0.30	0.40	0.53	0.70	0.95	1.3	1.7				
153～166	0.16	0.20	0.24	0.30	0.40	0.53	0.70	0.95	1.3	1.7			
167～181	0.13	0.16	0.20	0.24	0.30	0.40	0.53	0.70	0.95	1.3	1.7		
182～199		0.13	0.16	0.20	0.24	0.30	0.40	0.53	0.70	0.95	1.3	1.7	
200～217			0.13	0.16	0.20	0.24	0.30	0.40	0.53	0.70	0.95	1.3	1.7
218～240				0.13	0.16	0.20	0.24	0.30	0.40	0.53	0.70	0.95	1.3

钻头直径/mm	切削速度 v_c/ (m/min)												
≤3.2	40	35	31	28	25	22	20	17.5	15.5	14	12.5	11	9.5
≤8	45	40	35	31	28	25	22	20	17.5	15.5	14	12.5	11
≤20	51	45	40	35	31	28	25	22	20	17.5	15.5	14	12.5
>20	55	53	47	42	37	33	29.5	26	23	21	18	16	14.5

注：钻头为高速钢标准麻花钻。

附表 3   **铰刀的直径公差及适用范围**

铰刀公称直径 /mm	一号铰刀			二号铰刀			三号铰刀		
	上偏差 /μm	下偏差 /μm	公差 /μm	上偏差 /μm	下偏差 /μm	公差 /μm	上偏差 /μm	下偏差 /μm	公差 /μm
>3～6	17	9	8	30	22	8	38	26	12
>6～10	20	11	9	35	26	9	46	31	15
>10～18	23	12	11	40	29	11	53	35	18
>18～30	30	17	13	45	32	13	59	38	21
>30～50	33	17	16	50	34	16	68	43	25
>50～80	40	20	20	55	35	20	75	45	30
>80～120	46	24	22	58	36	22	85	50	35
未经研磨适用的场合	H9			H10			H11		
经研磨后适用的场合	N7，M7，K7，J7			H7			H9		

附表 4   **普通螺纹公称直径与螺距**   mm

公称直径 D，d			螺距 P	
第一系列	第二系列	第三系列	粗牙	细牙
4			0.7	0.5
5			0.8	
6		7	1	0.75，0.5
8			1.25	1，0.75，(0.5)
10			1.5	1.25，1，0.75，(0.5)
12			1.75	1.5，1.25，1，(0.75)，(0.5)
	14		2	1.5，(1.25)，1，(0.75)，(0.5)
		15		1.5，(1)
16			2	1.5，1，(0.75)，(0.5)
20	18		2.5	2，1.5，1，(0.75)，(0.5)

公称直径 D, d			螺距 P	
第一系列	第二系列	第三系列	粗牙	细牙
24			3	2，1.5，1，(0.75)
		25		2，1.5，(1)
	27		3	2，1.5，1，(0.75)
30			3.5	(3)，2，1.5，1，(0.75)
36			4	3，2，1.5，(1)
		40		(3)，(2)，1.5
42	45		4.5	(4)，3.2，1.5，(1)
48			5	(4)，3，2，1.5，(1)
		50		(3)，(2)，1.5

附表 5　　普通螺纹攻螺纹前钻底孔的钻头直径　　　　mm

螺纹直径 D	螺距 P	钻头直径 d_0		螺纹直径 D	螺距 P	钻头直径 d_0	
		铸铁、青铜、黄铜	钢、可锻铸铁、纯铜、层压板			铸铁、青铜、黄铜	钢、可锻铸铁、纯铜、层压板
2	0.4	1.6	1.6	14	2	11.8	12
	0.25	1.75	1.75		1.5	12.4	12.5
2.5	0.45	2.05	2.05		1	12.9	13
	0.35	2.15	2.15	16	2	13.8	14
3	0.5	2.5	2.5		1.5	14.4	14.5
	0.35	2.65	2.65		1	14.9	15
4	0.7	3.3	3.3	18	2.5	15.3	15.5
	0.5	3.5	3.5		2	15.8	16
5	0.8	4.1	4.2		1.5	16.4	16.5
	0.5	4.5	4.5		1	16.9	17
6	1	4.9	5	20	2.5	17.3	17.5
	0.75	5.2	5.2		2	17.8	18
8	1.25	6.6	6.7		1.5	18.4	18.5
	1	6.9	7		1	18.9	19
	0.75	7.1	7.2	22	2.5	19.3	19.5
10	1.5	8.4	8.5		2	19.8	20
	1.25	8.6	8.7		1.5	20.4	20.5
	1	8.9	9		1	20.9	21
	0.75	9.1	9.2	24	3	20.7	21
12	1.75	10.1	10.2		2	21.8	22
	1.5	10.4	10.5		1.5	22.4	22.5
	1.25	10.6	10.7		1	22.9	23
	1	10.9	11				

英制螺纹				圆柱管螺纹		
螺纹直径/in	牙/in	钻头直径/mm		螺纹直径/in	牙/in	钻头直径/mm
		铸铁、青铜、黄铜	钢、可锻铸铁			
3/16	24	3.8	3.9	1/8	28	8.8
1/4	20	5.1	5.2	1/4	19	11.7
5/16	18	6.6	6.7	3/8	19	15.2
3/8	16	8	8.1	1/2	14	18.9
1/2	12	10.6	10.7	3/4	14	24.4
5/8	11	13.6	13.8	1	11	30.6
3/4	10	16.6	16.8	$1\frac{1}{4}$	11	39.2
7/8	9	19.5	19.7	$1\frac{3}{8}$	11	41.6
1	8	22.3	22.5	$1\frac{1}{2}$	11	45.1
$1\frac{1}{8}$	7	25	25.2			
$1\frac{1}{4}$	7	28.2	28.4			
$1\frac{1}{2}$	6	34	34.2			
$1\frac{3}{4}$	5	39.5	39.7			
2	$4\frac{1}{2}$	45.3	45.6			

55°圆锥管螺纹			60°圆锥管螺纹		
公称直径/in	牙/in	钻头直径/mm	公称直径/in	牙/in	钻头直径/mm
1/8	28	8.4	1/8	27	8.6
1/4	19	11.2	1/4	18	11.1
3/8	19	14.7	3/8	18	14.5
1/2	14	18.3	1/2	14	17.9
3/4	14	23.6	3/4	14	23.2
1	11	29.7	1	$11\frac{1}{2}$	29.2
$1\frac{1}{4}$	11	38.3	$1\frac{1}{4}$	$11\frac{1}{2}$	37.9
$1\frac{1}{2}$	11	44.1	$1\frac{1}{2}$	$11\frac{1}{2}$	43.9
2	11	55.8	2	$11\frac{1}{2}$	56

附表 8 　　　　　　　　　　　　　**套螺纹前的圆杆直径**

粗牙普通螺纹				英制螺纹			圆柱管螺纹		
螺纹直径 /mm	螺距/mm	圆杆直径/mm		螺纹直径 /in	圆杆直径/mm		螺纹直径/in	圆杆直径/mm	
		最小直径	最大直径		最小直径	最大直径		最小直径	最大直径
6	1	5.8	5.9	1/4	5.9	6	1/8	9.4	9.5
8	1.25	7.8	7.9	5/16	7.4	7.6	1/4	12.7	13
10	1.5	9.75	9.85	3/8	9	9.2	3/8	16.2	16.5
12	1.75	11.75	11.9	1/2	12	12.2	1/2	20.5	20.8
14	2	13.7	13.85	—	—	—	5/8	22.5	22.8
16	2	15.7	15.85	5/8	15.2	15.4	3/4	26	26.3
18	2.5	17.7	17.85	—	—	—	7/8	29.8	30.1
20	2.5	19.7	19.85	3/4	18.3	18.5	1	32.8	33.1
22	2.5	21.7	21.85	7/8	21.4	21.6	$1\frac{1}{8}$	37.4	37.7
24	3	23.65	23.8	1	24.5	24.8	$1\frac{1}{4}$	41.4	41.7
27	3	26.65	26.8	$1\frac{1}{4}$	30.7	31	$1\frac{3}{8}$	43.8	44.1
30	3.5	29.6	29.8	—	—	—	$1\frac{1}{2}$	47.3	47.6
36	4	35.6	35.8	$1\frac{1}{2}$	37	37.3	—	—	—
42	4.5	41.55	41.75	—	—	—	—	—	—
48	5	47.5	47.7	—	—	—	—	—	—
52	5	51.5	51.7	—	—	—	—	—	—
60	5.5	59.45	59.7	—	—	—	—	—	—
64	6	63.4	63.7	—	—	—	—	—	—
68	6	67.4	67.7	—	—	—	—	—	—

附表 9 　　　　　　**车床、钻床类组、系划分表（GB/T 15375—2008）**

一、车床类 C

组		系		组		系	
代号	名称	代号	名称	代号	名称	代号	名称
0	仪表车床	0	仪表台式精整车床	1	单轴自动车床	0	主轴箱固定型自动车床
		1				1	单轴纵切自动车床
		2				2	单轴横切自动车床
		3	仪表转塔车床			3	单轴转塔自动车床
		4	仪表卡盘车床			4	单轴卡盘自动车床
		5	仪表精整车床			5	
		6	仪表卧式车床			6	正面操作自动车床
		7	仪表棒料车床			7	
		8	仪表轴车床			8	
		9	仪表卡盘精整车床			9	

组		系		组		系	
代号	名称	代号	名称	代号	名称	代号	名称
2	多轴自动、半自动车床	0	多轴平行作业棒料自动车床	5	立式车床	0	
		1	多轴棒料自动车床			1	单柱立式车床
		2	多轴卡盘自动车床			2	双柱立式车床
		3				3	单柱移动立式车床
		4	多轴可调棒料自动车床			4	双柱移动立式车床
		5	多轴可调卡盘自动车床			5	工作台移动单柱立式车床
		6	立式多轴半自动车床			6	
		7	立式多轴平行作业半自动车床			7	定梁单柱立式车床
		8				8	定梁双柱立式车床
		9				9	
3	回轮、转塔车床	0	回轮车床	6	落地及卧式车床	0	落地车床
		1	滑鞍转塔车床			1	卧式车床
		2	棒料滑枕转塔车床			2	马鞍车床
		3	滑枕转塔车床			3	轴车床
		4	组合式转塔车床			4	卡盘车床
		5	横移转塔车床			5	球面车床
		6	立式双轴转塔车床			6	
		7	立式转塔机床			7	
		8	立式卡盘车床			8	
		9				9	
4	曲轴及凸轮轴车床	0	旋风切削曲轴车床	7	仿形及多刀车床	0	转塔仿形车床
		1	曲轴车床			1	仿形车床
		2	曲轴主轴颈车床			2	卡盘仿形车床
		3	曲轴连杆轴颈车床			3	立式仿形车床
		4				4	转塔卡盘多刀车床
		5	多刀凸轮轴车床			5	多刀车床
		6	凸轮轴车床			6	卡盘多刀车床
		7	凸轮轴中轴颈车床			7	立式多刀车床
		8	凸轮轴端轴颈车床			8	异形仿形车床
		9	凸轮轴凸轮车床			9	

组		系		组		系	
代号	名称	代号	名称	代号	名称	代号	名称
8	轮、轴、辊、锭及铲齿车床	0	车轮车床	9	其他车床	0	落地镗车床
		1	车轴车床			1	
		2	动轮曲拐销车床			2	单能半自动车床
		3	轴颈车床			3	气缸套镗车床
		4	轧辊车床			4	
		5	钢锭车床			5	活塞车床
		6				6	轴承车床
		7	立式车轮车床			7	活塞环车床
		8				8	
		9	铲齿车床			9	钢锭模车床

二、钻床类 Z

组		系		组		系	
代号	名称	代号	名称	代号	名称	代号	名称
0		0		2	深孔钻床	0	
		1				1	深孔钻床
		2				2	
		3				3	
		4				4	
		5				5	
		6				6	
		7				7	
		8				8	
		9				9	
1	坐标镗钻床	0	台式坐标镗钻床	3	摇臂钻床	0	摇臂钻床
		1				1	万向摇臂钻床
		2	立式坐标镗钻床			2	车式摇臂钻床
		3	转塔坐标镗钻床			3	滑座摇臂钻床
		4				4	坐标摇臂钻床
		5				5	滑座万向摇臂钻床
		6	定臂坐标镗钻床			6	无底座式万向摇臂钻床
		7				7	移动万向摇臂钻床
		8				8	龙门式钻床
		9				9	

组		系		组		系	
代号	名称	代号	名称	代号	名称	代号	名称
4	台式钻床	0	台式钻床	7	铣钻床	0	台式铣钻床
		1	工作台台式钻床			1	立式铣钻床
		2	可调多轴台式钻床			2	
		3	转塔台式钻床			3	
		4	台式攻钻床			4	龙门式铣钻床
		5				5	十字工作台立式铣钻床
		6	台式排钻床			6	镗铣钻床
		7				7	磨铣钻床
		8				8	
		9				9	
5	立式钻床	0	圆柱立式钻床	8	中心孔钻床	0	
		1	方柱立式钻床			1	中心孔钻床
		2	可调多轴立式钻床			2	平端面中心孔钻床
		3	转塔立式钻床			3	
		4	圆方柱立式钻床			4	
		5	龙门型立式钻床			5	
		6	立式排钻床			6	
		7	十字工作台立式钻床			7	
		8	柱动式钻削加工中心			8	
		9	升降十字工作台立式钻床			9	
6	卧式钻床	0		9	其他钻床	0	双面卧式玻璃钻床
		1				1	数控印刷板钻床
		2	卧式钻床			2	数控印刷板铣钻床
		3				3	
		4				4	
		5				5	
		6				6	
		7				7	
		8				8	
		9				9	

卧式车床几何精度检验（GB/T 4020—1997）

序号	检验项目	允差/mm
G_1	A—床身导轨调平 ①纵向：导轨在垂直平面内的直线度 ②横向：导轨应在同一平面内	①0.02（只许凸起） ②在任意 250 长度上局部公差为 0.007 5 ③0.04/1 000
G_2	B—溜板 溜板移动在水平平面内的直线度	0.02
G_3	尾座移动对溜板移动的平行度 ①在垂直平面内 ②在水平平面内	①和②0.03 任意 500 长度上局部公差为 0.02
G_4	C—主轴 ①主轴的轴向窜动 ②主轴轴肩支承面的跳动	①0.01 ②0.02
G_5	主轴定心轴颈的径向圆跳动	0.01
G_6	主轴轴线的径向圆跳动 ①靠近主轴端面 ②距主轴端面 $D/2$ 或不超过 300 mm	①0.01 ②在 300 测量长度上为 0.02
G_7	主轴轴线对溜板移动的平行度 ①在垂直平面内 ②在水平平面内	①在 300 测量长度上为 0.02 向上 ②在 300 测量长度上为 0.01 向前
G_8	主轴顶尖径向圆跳动	0.015
G_9	D—尾座 尾座套筒轴线对溜板移动的平行度 ①在垂直平面内 ②在水平平面内	①在 100 测量长度上为 0.02 向上 ②在 100 测量长度上为 0.015 向前
G_{10}	尾座套筒锥孔轴线对溜板移动的平行度 ①在垂直平面内 ②在水平平面内	①在 300 测量长度上为 0.03 向上 ②在 300 测量长度上为 0.03 向前
G_{11}	E—顶尖 主轴与尾座两顶尖的等高度	0.04 尾座顶尖高于主轴顶尖
G_{12}	F—小刀架 小刀架纵向移动对主轴轴线的平行度	在 300 测量长度上为 0.04
G_{13}	G—横刀架 横刀架横向移动对主轴轴线的垂直度	0.02/300（偏差方向 $\alpha \geqslant 90°$）

序号	检验项目	允差/mm
G₁₄	H—丝杠 丝杠的轴向窜动	0.015
G₁₅	由丝杠所产生的螺距累积误差	①在 300 测量长度上为 0.04 ②在任意 60 测量长度上为 0.015

附表 11　　**卧式车床工作精度检验 （GB/T 4020—1997）**

序号	检验项目	允差/mm
P₁	精车外圆 ①圆度 试件固定端环带处的直径变化，至少取 4 个读数 ②在纵截面内直径的一致性 在同一纵向截面内测的试件各端环带处加工后直径间的变化，应当是大直径靠近主轴端	①0.01 ②在 300 长度上为 0.04
P₂	精车端面的平面度	300 直径上为 0.025 （只许凹）
P₃	精车 300 mm 长螺纹的螺距累积误差	①在 300 测量长度上为 0.04 ②在任意 60 测量长度上为 0.015